#개념원리
#개념완전정복

개념
해결의 법칙

Chunjae
Makes
Chunjae

[개념 해결의 법칙] 초등 수학 1-2

기획총괄 김안나
편집개발 한인숙, 홍은지
디자인총괄 김희정
표지디자인 윤순미, 여화경
내지디자인 박희춘, 이혜미
제작 황성진, 조규영

발행일 2024년 3월 15일 개정초판 2024년 3월 15일 1쇄
발행인 (주)천재교육
주소 서울시 금천구 가산로9길 54
신고번호 제2001-000018호
고객센터 1577-0902

※ 정답 분실 시에는 천재교육 교재 홈페이지에서 내려받으세요.
※ KC 마크는 이 제품이 공통안전기준에 적합하였음을 의미합니다.
※ 주의
책 모서리에 다칠 수 있으니 주의하시기 바랍니다.
부주의로 인한 사고의 경우 책임지지 않습니다.
8세 미만의 어린이는 부모님의 관리가 필요합니다.

모든 개념을 다 보는 해결의 법칙

수학

1·2

스케줄표

1-2

1일차 월 일	2일차 월 일	3일차 월 일	4일차 월 일	5일차 월 일
1. 100까지의 수 8쪽 ~ 11쪽	1. 100까지의 수 12쪽 ~ 15쪽	1. 100까지의 수 16쪽 ~ 19쪽	1. 100까지의 수 20쪽 ~ 21쪽	1. 100까지의 수 22쪽 ~ 25쪽
6일차 월 일	**7일차** 월 일	**8일차** 월 일	**9일차** 월 일	**10일차** 월 일
2. 덧셈과 뺄셈 (1) 28쪽 ~ 31쪽	2. 덧셈과 뺄셈 (1) 32쪽 ~ 33쪽	2. 덧셈과 뺄셈 (1) 34쪽 ~ 37쪽	2. 덧셈과 뺄셈 (1) 38쪽 ~ 41쪽	2. 덧셈과 뺄셈 (1) 42쪽 ~ 45쪽
11일차 월 일	**12일차** 월 일	**13일차** 월 일	**14일차** 월 일	**15일차** 월 일
3. 모양과 시각 48쪽 ~ 51쪽	3. 모양과 시각 52쪽 ~ 55쪽	3. 모양과 시각 56쪽 ~ 59쪽	3. 모양과 시각 60쪽 ~ 61쪽	3. 모양과 시각 62쪽 ~ 65쪽
16일차 월 일	**17일차** 월 일	**18일차** 월 일	**19일차** 월 일	**20일차** 월 일
4. 덧셈과 뺄셈 (2) 70쪽 ~ 73쪽	4. 덧셈과 뺄셈 (2) 74쪽 ~ 77쪽	4. 덧셈과 뺄셈 (2) 78쪽 ~ 81쪽	4. 덧셈과 뺄셈 (2) 82쪽 ~ 85쪽	4. 덧셈과 뺄셈 (2) 86쪽 ~ 89쪽
21일차 월 일	**22일차** 월 일	**23일차** 월 일	**24일차** 월 일	**25일차** 월 일
5. 규칙 찾기 92쪽 ~ 95쪽	5. 규칙 찾기 96쪽 ~ 99쪽	5. 규칙 찾기 100쪽 ~ 103쪽	5. 규칙 찾기 104쪽 ~ 107쪽	5. 규칙 찾기 108쪽 ~ 111쪽
26일차 월 일	**27일차** 월 일	**28일차** 월 일	**29일차** 월 일	**30일차** 월 일
6. 덧셈과 뺄셈 (3) 114쪽 ~ 117쪽	6. 덧셈과 뺄셈 (3) 118쪽 ~ 121쪽	6. 덧셈과 뺄셈 (3) 122쪽 ~ 125쪽	6. 덧셈과 뺄셈 (3) 126쪽 ~ 127쪽	6. 덧셈과 뺄셈 (3) 128쪽 ~ 131쪽

스케줄표 활용법

1 먼저 스케줄표에 공부할 날짜를 적습니다.
2 날짜에 따라 스케줄표에 제시한 부분을 공부합니다.
3 채점을 한 후 확인란에 부모님이나 선생님께 확인을 받습니다.

예

1일차 월 일
1. 100까지의 수 8쪽 ~ 11쪽

모든 개념을
다 보는
해결의 법칙

개념 받아쓰기 와 개념 받아쓰기 문제 를 풀면서
개념을 내 것으로 만들자!

1 STEP

개념 파헤치기

교과서 개념원리를 꼼꼼하게 익히고, 기본 문제를 풀면서 개념을 제대로 이해했는지 확인할 수 있어요.

개념 동영상 강의 제공

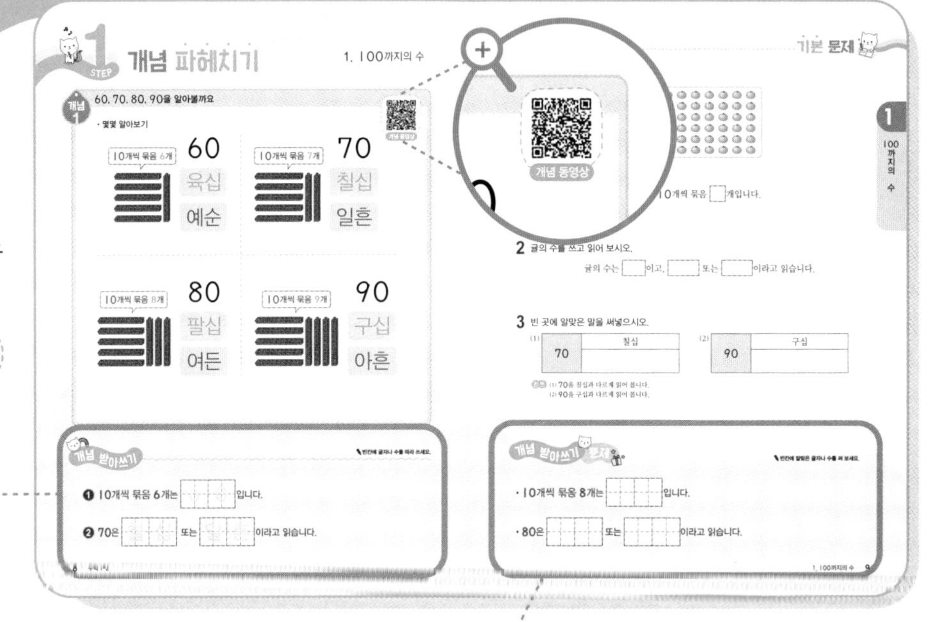

개념을 정리하고 받아쓰기 연습도 같이 할 수 있어요.

2 STEP

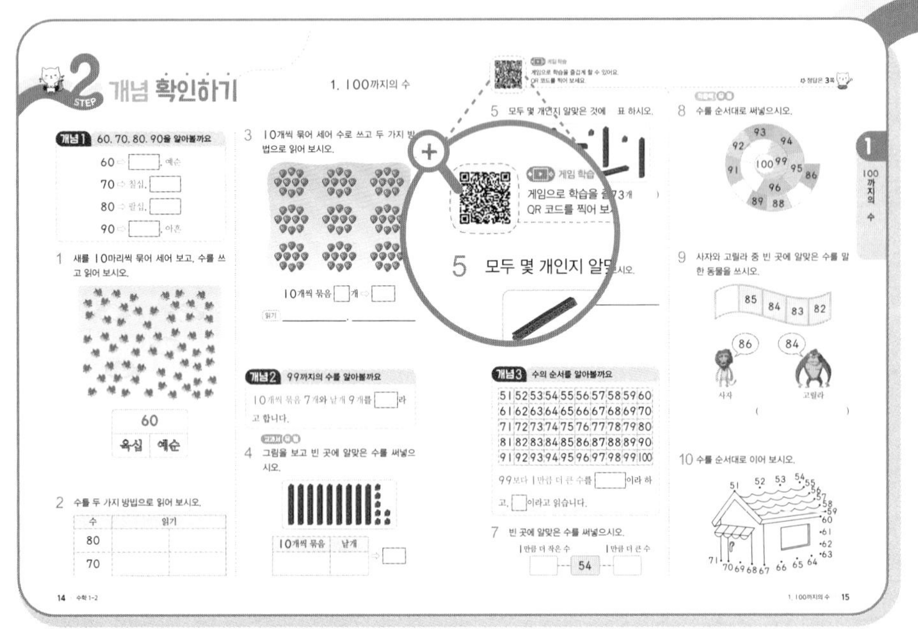

개념 확인하기

다양한 교과서, 익힘책 문제를 풀면서 앞에서 배운 개념을 완전히 내 것으로 만들어 보세요.

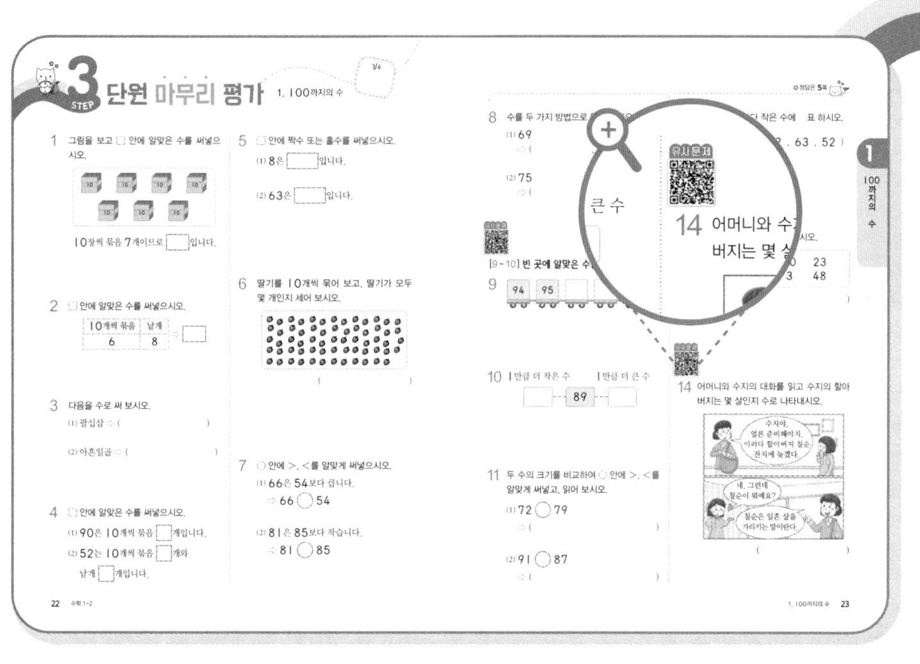

3 STEP

단원 마무리 평가

단원 마무리 평가를 풀면서 앞에서 공부한 내용을 정리해 보세요.

유사 문제 제공

마무리 개념완성

문제를 풀면서 단원에서 배운 개념을 완성하여 내 것으로 만들어 보세요.

개념 동영상 강의 제공

개념에 대해 선생님의 더 자세한 설명을 듣고 싶을 때 찍어 보세요.
교재 내 QR 코드를 통해 개념 동영상 강의를 무료로 제공하고 있어요.

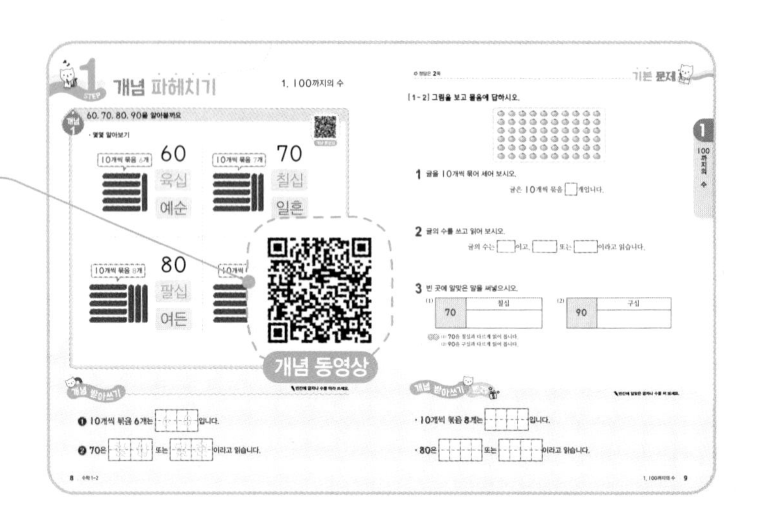

유사 문제 제공

3단계에서 비슷한 유형의 문제를 더 풀어 보고 싶다면 QR 코드를 찍어 보세요. 추가로 제공되는 유사 문제를 풀면서 앞에서 공부한 내용을 정리할 수 있어요.

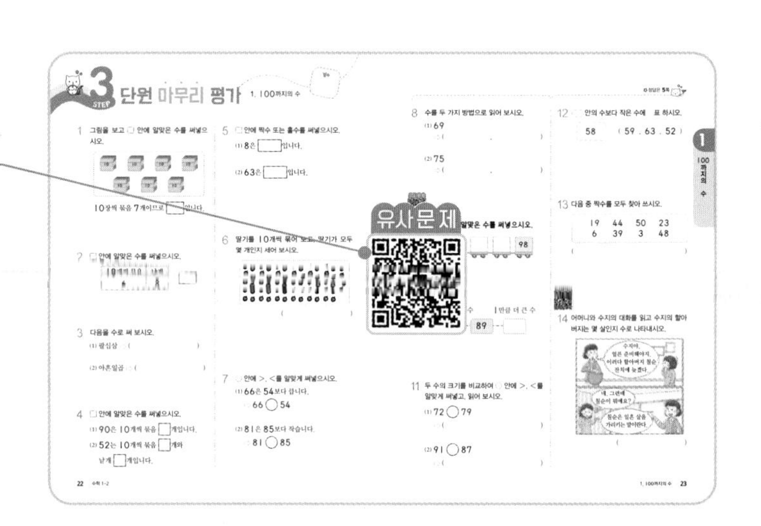

게임 학습

2단계의 시작 부분과 3단계의 끝 부분에 있는 QR 코드를 찍어 보세요. 게임을 하면서 개념을 정리할 수 있어요.

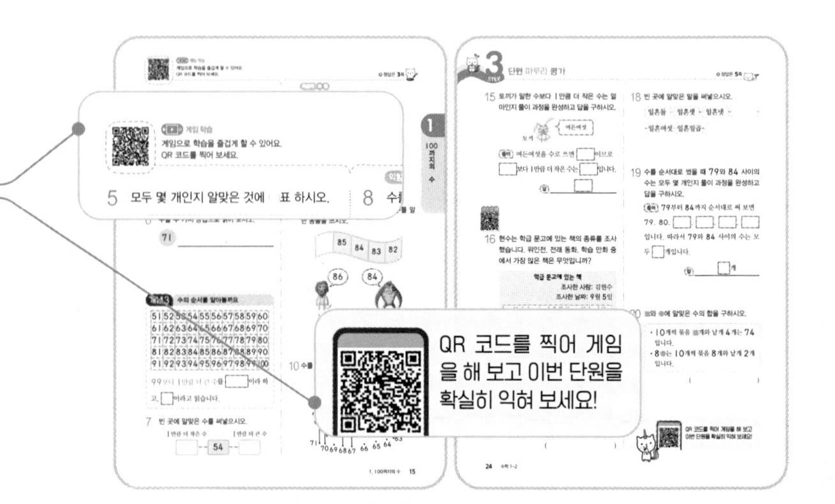

1-2

1 100까지의 수 6

2 덧셈과 뺄셈 (1) 26

3 모양과 시각 46

4 덧셈과 뺄셈 (2) 68

5 규칙 찾기 90

6 덧셈과 뺄셈 (3) 112

1 100까지의 수

제1화 사라진 검은 상아

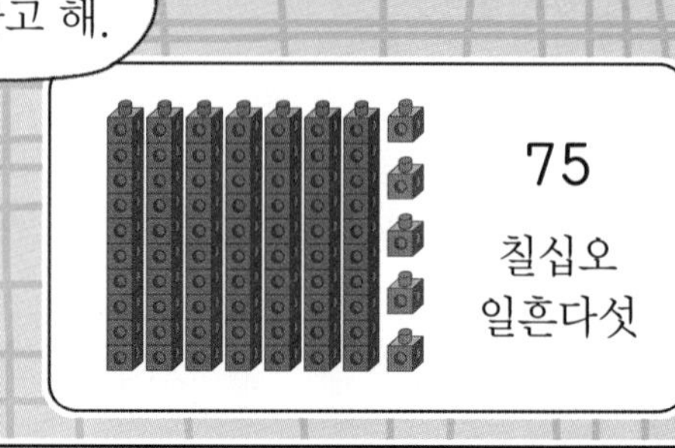

이전에 배운 내용	이번에 배울 내용	앞으로 배울 내용
[1-1 50까지의 수] • 10과 십몇 알아보기 • 10과 십몇을 모으기와 가르기 • 10개씩 묶어 세기 • 50까지의 수 세기 • 수의 순서, 크기 비교하기	• 60, 70, 80, 90 알아보기 • 99까지의 수 • 수의 순서 알아보기 • 수의 크기 비교하기 • 짝수와 홀수 알아보기	[2-1 세 자리 수] • 백, 몇백 알아보기 • 세 자리 수 읽고 쓰기 • 자릿값 알아보기 • 뛰어 세기 • 두 수의 크기 비교하기

개념 파헤치기

개념 1 60, 70, 80, 90을 알아볼까요

개념 동영상

• 몇십 알아보기

빈칸에 글자나 수를 따라 쓰세요.

❶ 10개씩 묶음 6개는 [6][0] 입니다.

❷ 70은 [칠][십] 또는 [일][흔] 이라고 읽습니다.

[1 ~ 2] 그림을 보고 물음에 답하시오.

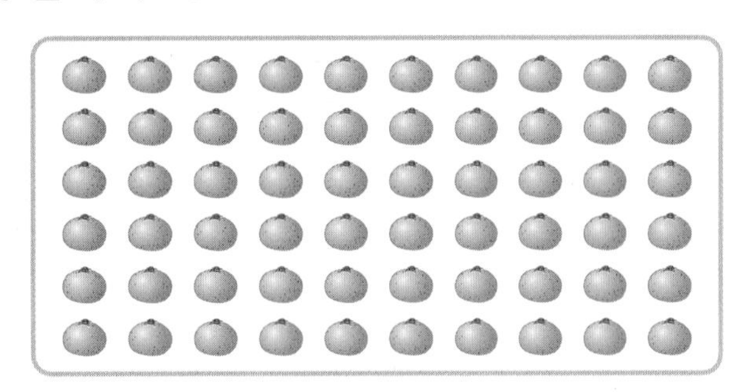

1 귤을 10개씩 묶어 세어 보시오.

귤은 10개씩 묶음 ☐개입니다.

2 귤의 수를 쓰고 읽어 보시오.

귤의 수는 ☐이고, ☐ 또는 ☐이라고 읽습니다.

3 빈 곳에 알맞은 말을 써넣으시오.

(1)

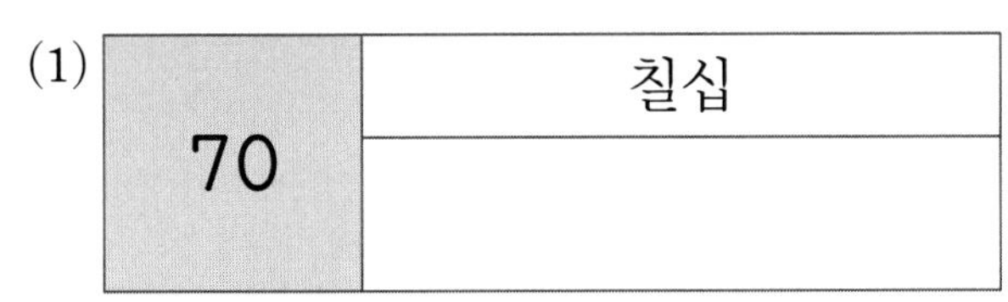

70	칠십

(2)

90	구십

힌트 (1) 70을 칠십과 다르게 읽어 봅니다.
(2) 90을 구십과 다르게 읽어 봅니다.

빈칸에 알맞은 글자나 수를 써 보세요.

- 10개씩 묶음 8개는 ☐입니다.
- 80은 ☐ 또는 ☐이라고 읽습니다.

개념 파헤치기

99까지의 수를 알아볼까요

• 몇십몇 알아보기

10개씩 묶음 6개 / 낱개 4개

64

육십사

예순넷

10개씩 묶음 6개와 낱개 4개를 64라고 합니다.

• 몇십몇 읽기

10개씩 묶음					낱개								
5	6	7	8	9	1	2	3	4	5	6	7	8	9
오십	육십	칠십	팔십	구십	일	이	삼	사	오	육	칠	팔	구
쉰	예순	일흔	여든	아흔	하나	둘	셋	넷	다섯	여섯	일곱	여덟	아홉

예 5 2
오십 이
쉰 둘

❶ 10개씩 묶음 7개와 낱개 3개는 73이고 칠십삼 또는 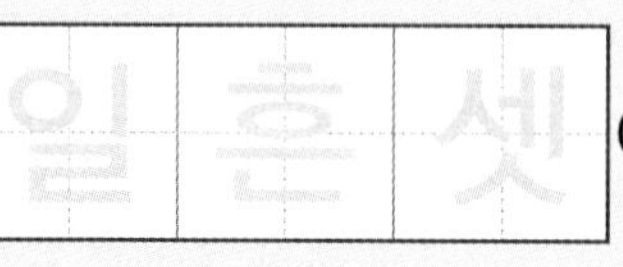 이라고 읽습니다.

❷ 10개씩 묶음 9개와 낱개 8개는 98이고 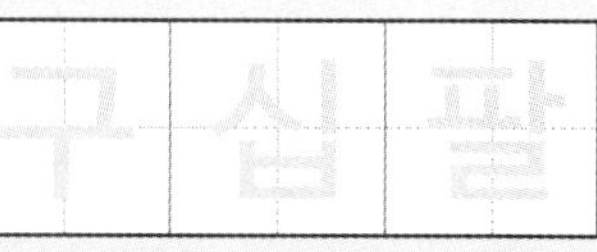 또는 아흔여덟이라고 읽습니다.

[1~2] 그림을 보고 물음에 답하시오.

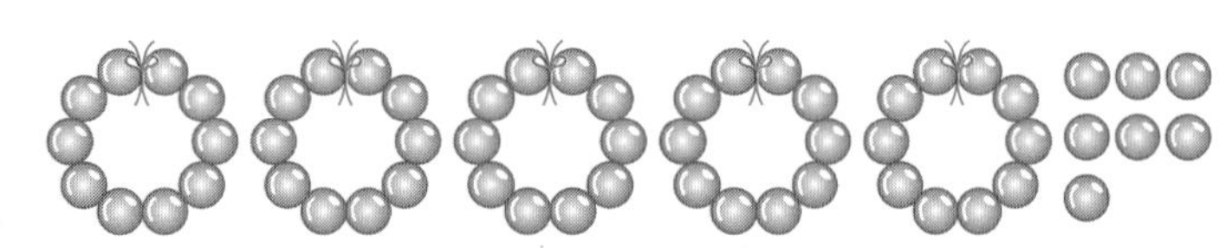

1 그림을 보고 빈 곳에 알맞은 수를 써넣으시오.

10개씩 묶음	낱개

힌트 10개씩 묶음은 몇 개인지 세어 보고 낱개는 몇 개인지 세어 봅니다.

2 구슬의 수를 쓰고 읽어 보시오.

구슬의 수는 [ ]이고, [ ] 또는 [ ]이라고 읽습니다.

3 빈 곳에 알맞은 말을 써넣으시오.

(1)

93	구십삼

(2)

78	칠십팔

10개씩 묶음 8개와 낱개 3개를 [ ]이라 하고,

[ ] 또는 [ ]이라고 읽습니다.

개념 파헤치기

개념 3 수의 순서를 알아볼까요

• 수의 순서 알아보기

53보다 1만큼 더 작은 수 / 59보다 1만큼 더 작은 수

51 - 52 - 53 - 54 - 55 - 56 - 57 - 58 - 59 - 60 - 61

53보다 1만큼 더 큰 수 / 59보다 1만큼 더 큰 수

수를 순서대로 쓸 때 1만큼 더 큰 수는 바로 뒤의 수이고, 1만큼 더 작은 수는 바로 앞의 수입니다.

• 100 알아보기

99보다 1만큼 더 큰 수

쓰기 100 읽기 백

❶ 수를 순서대로 쓸 때 **1만큼 더 큰 수**는 바로 [뒤]의 수이고, **1만큼 더 작은 수**는 바로 [앞]의 수입니다.

❷ **99보다 1만큼 더 큰 수**는 [1][0][0]이라 쓰고, [백]이라고 읽습니다.

1 모형을 보고 수로 나타내고 □ 안에 알맞은 수를 써넣으시오.

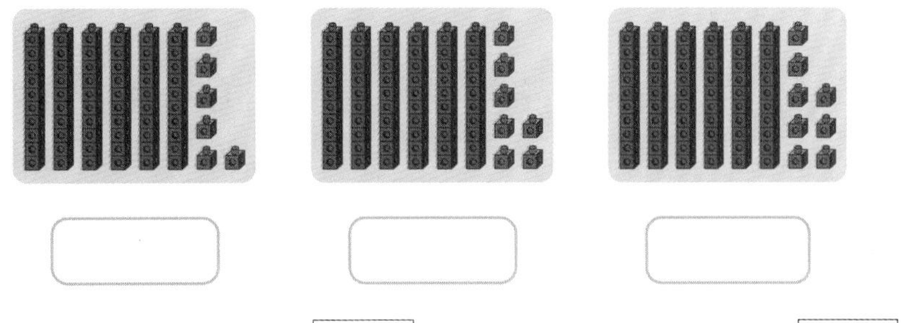

67보다 1만큼 더 작은 수는 □이고, 1만큼 더 큰 수는 □입니다.

2 빈 곳에 알맞은 수를 써넣으시오.

3 수를 순서대로 써넣으시오.

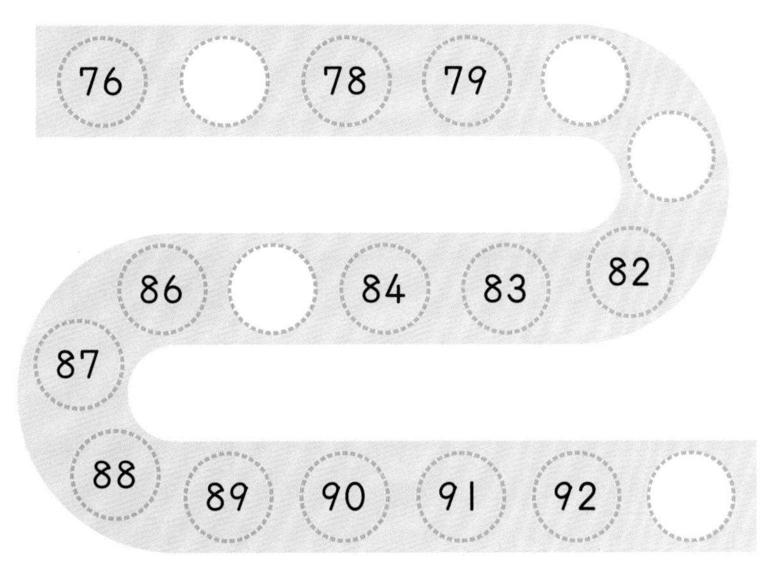

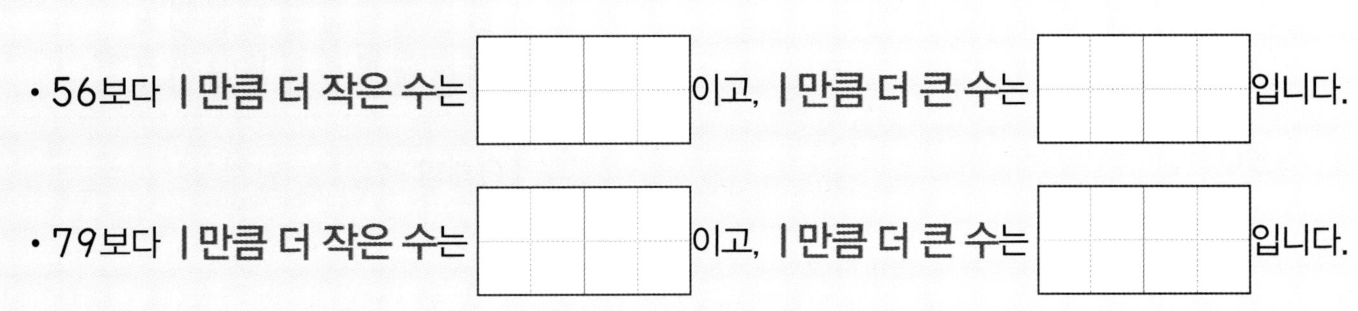

• 56보다 1만큼 더 작은 수는 □이고, 1만큼 더 큰 수는 □입니다.

• 79보다 1만큼 더 작은 수는 □이고, 1만큼 더 큰 수는 □입니다.

2 STEP 개념 확인하기

개념 1 60, 70, 80, 90을 알아볼까요

60 ⇨ [ ], 예순

70 ⇨ 칠십, [ ]

80 ⇨ 팔십, [ ]

90 ⇨ [ ], 아흔

1 새를 10마리씩 묶어 세어 보고, 수를 쓰고 읽어 보시오.

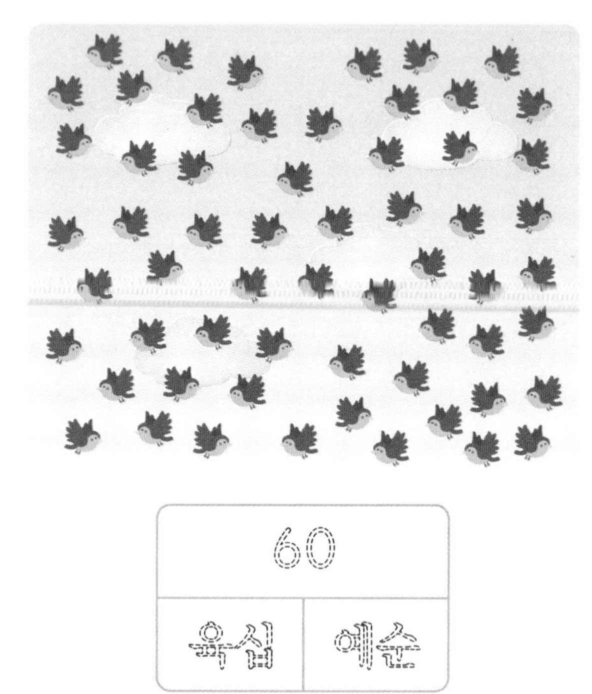

60	
육십	예순

2 수를 두 가지 방법으로 읽어 보시오.

수	읽기	
80		
70		

3 10개씩 묶어 세어 수로 쓰고 두 가지 방법으로 읽어 보시오.

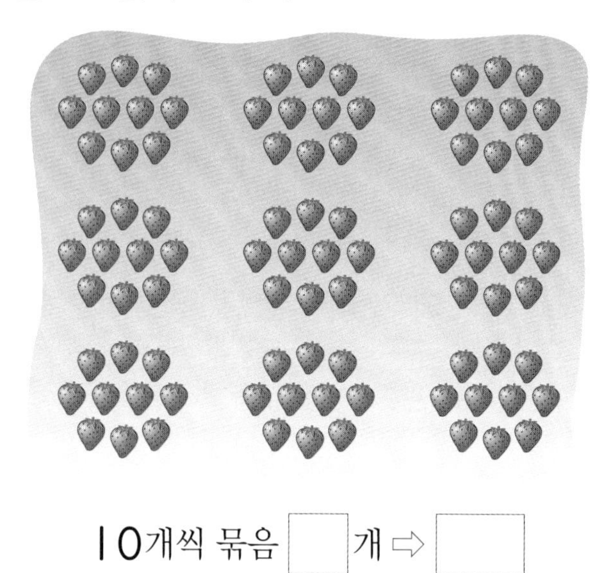

10개씩 묶음 [ ]개 ⇨ [ ]

읽기 ____________, ____________

개념 2 99까지의 수를 알아볼까요

10개씩 묶음 7개와 낱개 9개를 [ ]라고 합니다.

교과서 유형

4 그림을 보고 빈 곳에 알맞은 수를 써넣으시오.

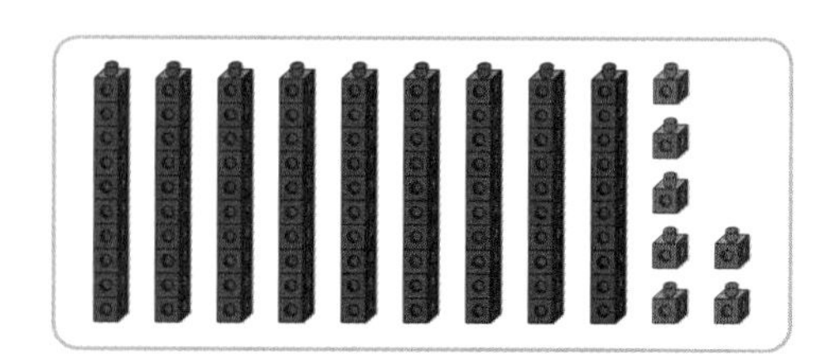

10개씩 묶음	낱개

⇨ [ ]

게임 학습
게임으로 학습을 즐겁게 할 수 있어요.
QR 코드를 찍어 보세요.

정답은 3쪽

익힘책 유형

5 모두 몇 개인지 알맞은 것에 ○표 하시오.

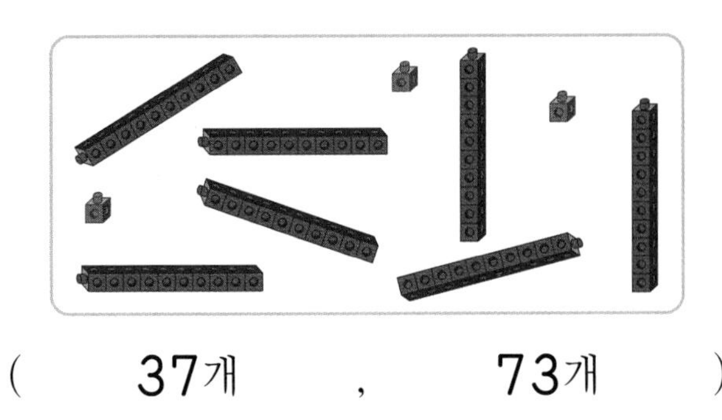

(37개 , 73개)

6 수를 두 가지 방법으로 읽어 보시오.

71 ________ , ________

개념 3 수의 순서를 알아볼까요

51	52	53	54	55	56	57	58	59	60
61	62	63	64	65	66	67	68	69	70
71	72	73	74	75	76	77	78	79	80
81	82	83	84	85	86	87	88	89	90
91	92	93	94	95	96	97	98	99	100

99보다 1만큼 더 큰 수를 [ ]이라 하고, [ ]이라고 읽습니다.

7 빈 곳에 알맞은 수를 써넣으시오.

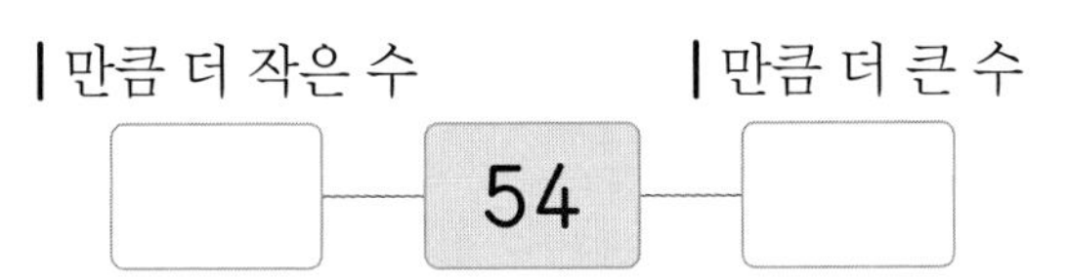

8 수를 순서대로 써넣으시오.

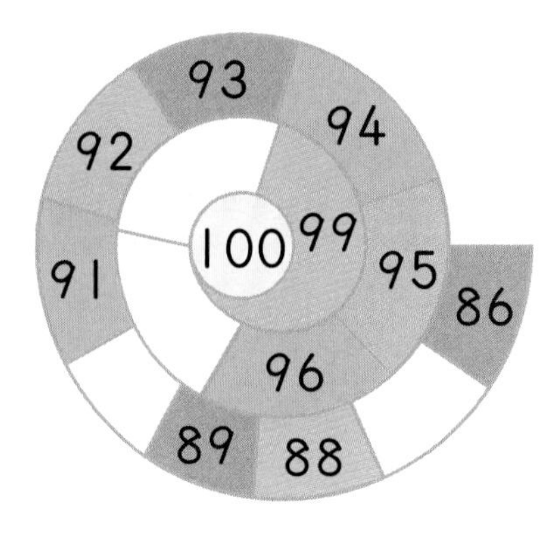

9 사자와 고릴라 중 빈 곳에 알맞은 수를 말한 동물을 쓰시오.

( )

10 수를 순서대로 이어 보시오.

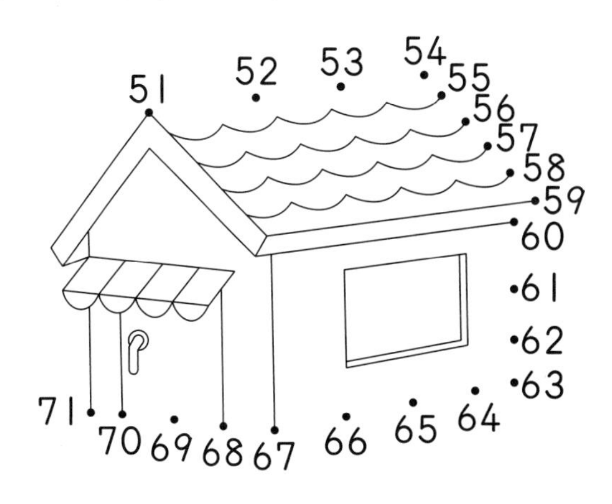

개념 파헤치기

수의 크기를 비교해 볼까요

• 10개씩 묶음의 수가 클수록 큰 수입니다.

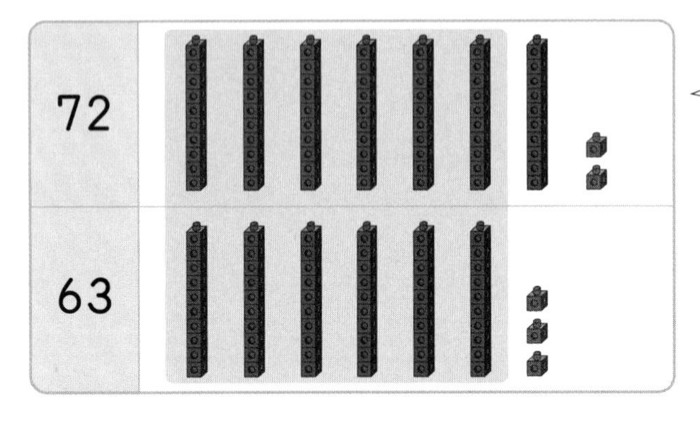

72는 63보다 큽니다. ⇨ 72>63
63은 72보다 작습니다. ⇨ 63<72

• 10개씩 묶음의 수가 같을 때 낱개의 수가 클수록 큰 수입니다.

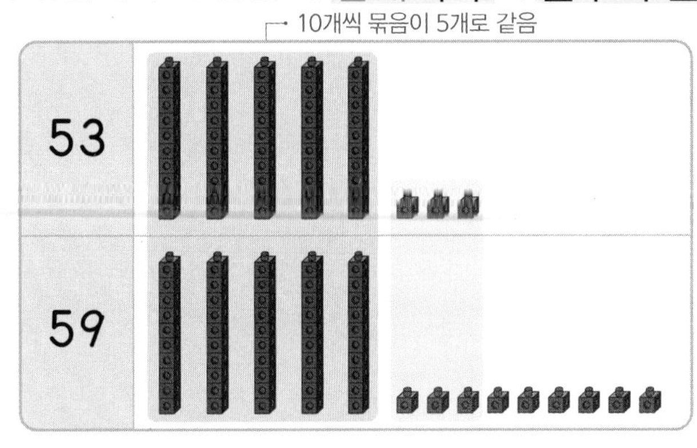

53은 59보다 작습니다. ⇨ 53<59
59는 53보다 큽니다. ⇨ 59>53

빈칸에 글자나 수를 따라 쓰세요.

❶ 10개씩 묶음의 수가 클수록 [큰] 수입니다.

❷ 10개씩 묶음의 수가 같을 때 [낱개]의 수가 클수록 큰 수입니다.

1 그림을 보고 알맞은 말에 ○표 하시오.

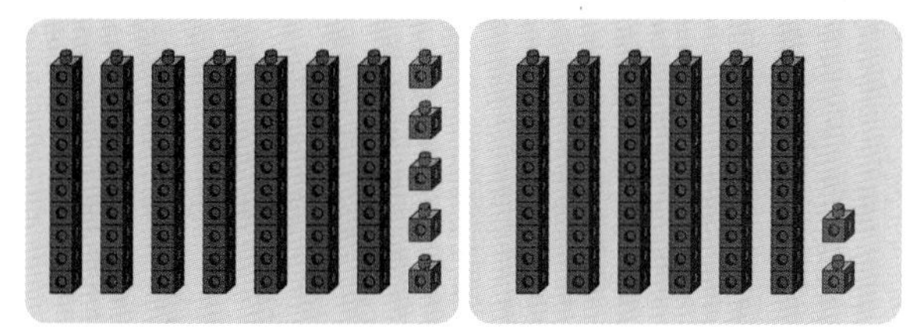

75는 62보다 (작습니다 , 큽니다).
62는 75보다 (작습니다 , 큽니다).

2 ○ 안에 >, <를 알맞게 써넣으시오.

(1) 63은 81보다 작습니다. ⇨ 63 ○ 81

(2) 98은 90보다 큽니다. ⇨ 98 ○ 90

[3~4] 수를 세어 쓰고 더 작은 수에 △표 하시오.

3

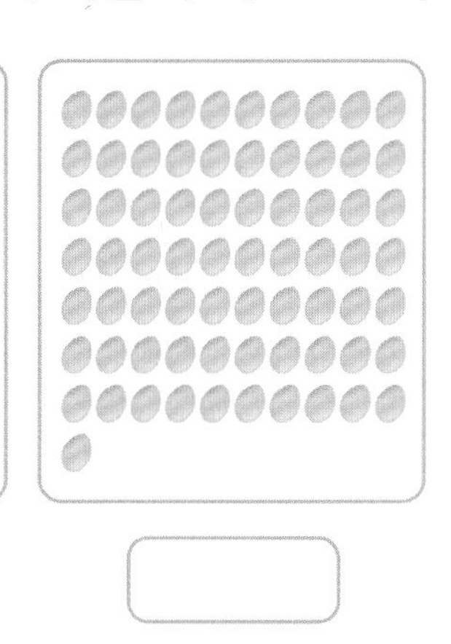

4

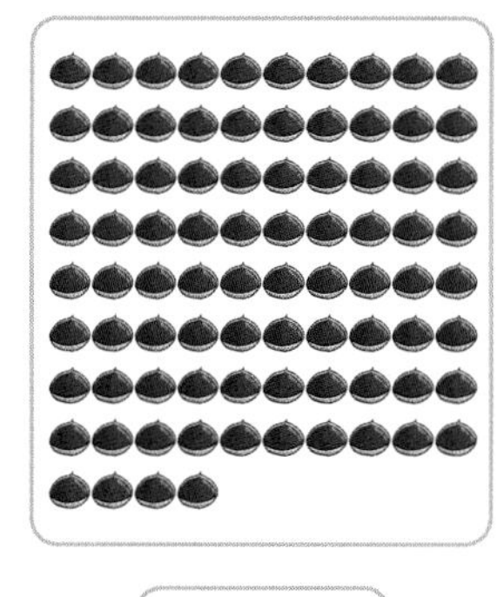

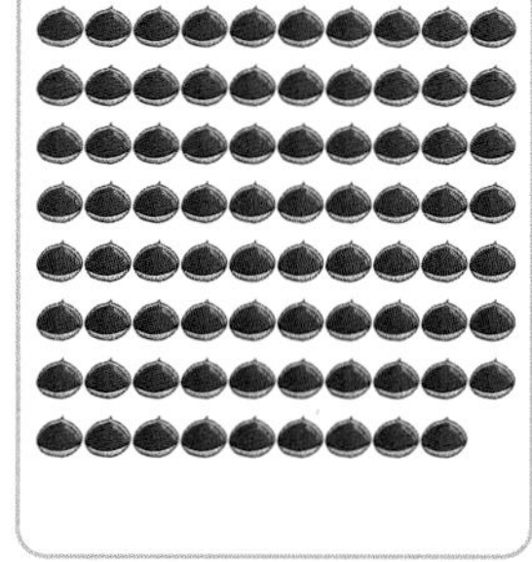

빈칸에 알맞은 글자나 수를 써 보세요.

• 74는 49보다 [　　　　　　].　• 82는 88보다 [　　　　　　].

개념 파헤치기

개념 5 짝수와 홀수를 알아볼까요

개념 동영상

• 짝수: 둘씩 짝을 지을 수 있는 수

2, 4, 6, 8, 10

둘씩 짝을 지고 남는 것이 없습니다.

• 홀수: 둘씩 짝을 지을 수 없는 수

1, 3, 5, 7, 9

둘씩 짝을 짓고 남는 것이 있습니다.

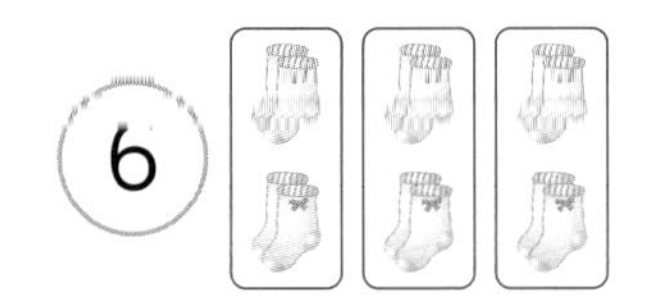

6 둘씩 짝 짓고 남는 것이 없으므로 **짝수**입니다.

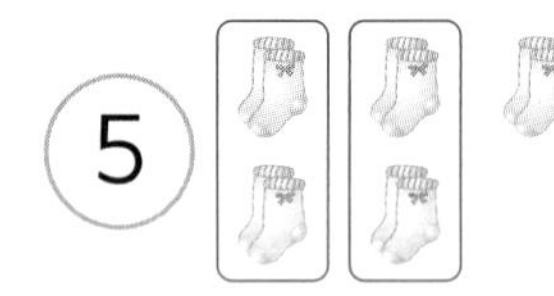

5 둘씩 짝 짓고 남는 것이 있으므로 **홀수**입니다.

개념 받아쓰기

❶ 2, 4, 6, 8, 10과 같이 **둘씩 짝을 지을 수 있는 수**를 **짝수**라고 합니다.

❷ 1, 3, 5, 7, 9와 같이 **둘씩 짝을 지을 수 없는 수**를 **홀수**라고 합니다.

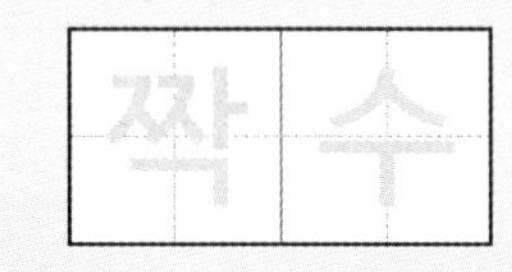

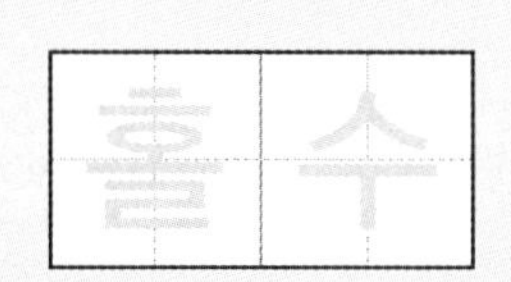

정답은 4쪽

1 다음을 보고 물음에 답하시오.

9	10

(1) ⬭로 둘씩 짝 지어 보시오.

(2) 짝수를 찾아 쓰시오.

(　　　　　　　　　　)

2 수를 세어 알맞은 말에 ○표 하시오.

(1)

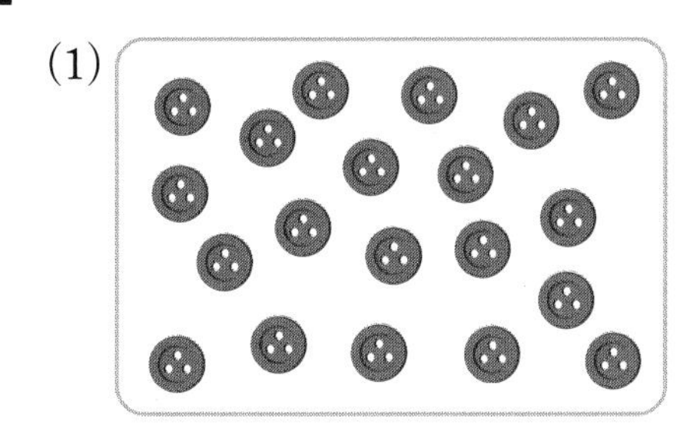

(짝수 , 홀수)

(2)

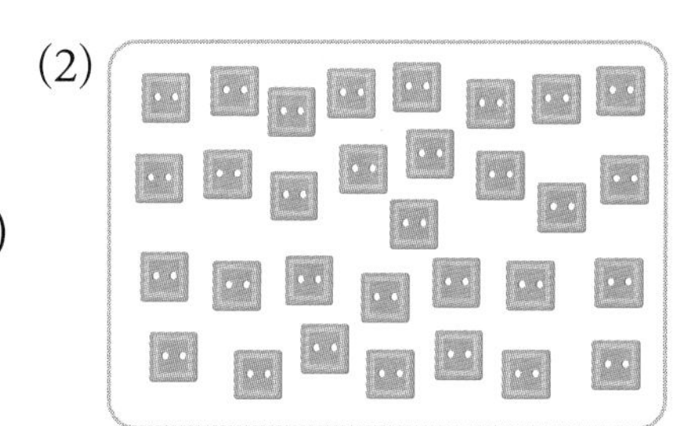

(짝수 , 홀수)

3 □ 안에 짝수 또는 홀수를 써넣으시오.

(1) 12는 □ 입니다.

(2) 59는 □ 입니다.

• 10, 12, 14, 16, 18은 **둘씩 짝을 지을 수 있으므로** □□ 입니다.

• 11, 13, 15, 17, 19는 **둘씩 짝을 지을 수 없으므로** □□ 입니다.

STEP 2 개념 확인하기

개념4 수의 크기를 비교해 볼까요

• 71과 59의 크기 비교

7>5이므로 71 ◯ 59

• 71과 75의 크기 비교

1<5이므로 71 ◯ 75

1 그림을 보고 알맞은 말에 ◯표 하시오.

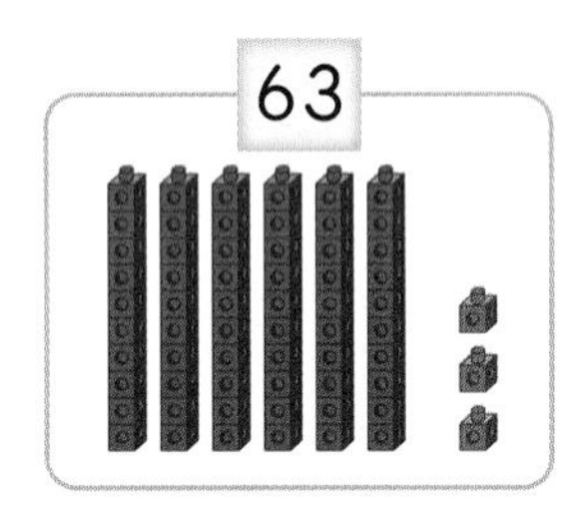

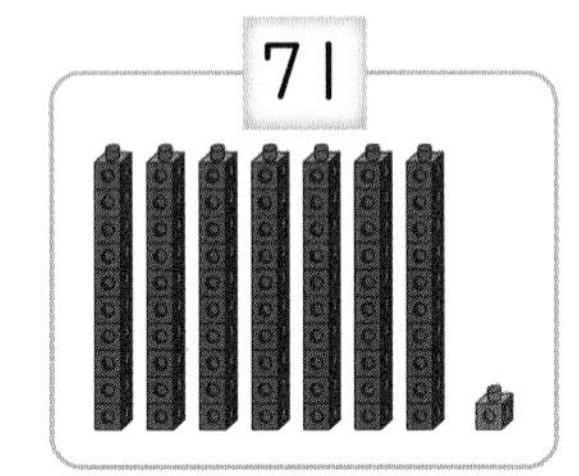

63은 71보다 (작습니다 , 큽니다).

2 각자 좋아하는 사탕을 가지고 와서 친구들과 나누어 먹으려고 합니다. 물음에 답하시오.

(1) 딸기 맛 사탕과 포도 맛 사탕은 각각 몇 개인지 차례로 쓰시오.

( ), ( )

(2) 딸기 맛 사탕과 포도 맛 사탕 중에서 무슨 맛 사탕이 더 많습니까?

( )

교과서 유형

3 두 수의 크기를 비교하여 ◯ 안에 >, <를 알맞게 써넣고, 알맞은 말에 ◯표 하시오.

87 ◯ 93

87은 93보다 (작습니다 , 큽니다).

93은 87보다 (작습니다 , 큽니다).

익힘책 유형

4 두 수의 크기를 비교하여 ◯ 안에 >, <를 알맞게 써넣으시오.

(1) 99 ◯ 62

(2) 87 ◯ 80

5 사과 농장에서 사과를 더 적게 딴 가족은 누구네 가족입니까?

( )

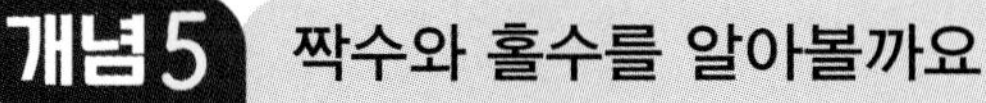

게임으로 학습을 즐겁게 할 수 있어요.
QR 코드를 찍어 보세요.

정답은 4쪽

개념 5 짝수와 홀수를 알아볼까요

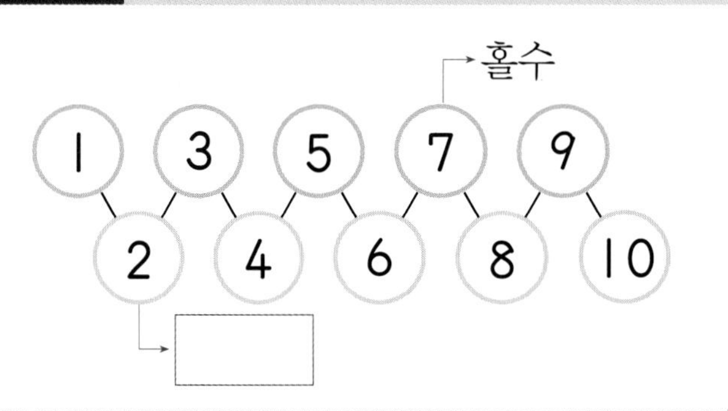

익힘책 유형

6 수를 쓰고 짝수인지, 홀수인지 ○표 하시오.

□마리

(짝수 , 홀수)

[7~8] 왼쪽의 수만큼 △를 그리고 둘씩 묶어 보시오.

7

8

9 홀수를 찾아 ○표 하시오.

(1)

10	4	1

(2)

37	26	12

10 짝수를 따라가 보시오.

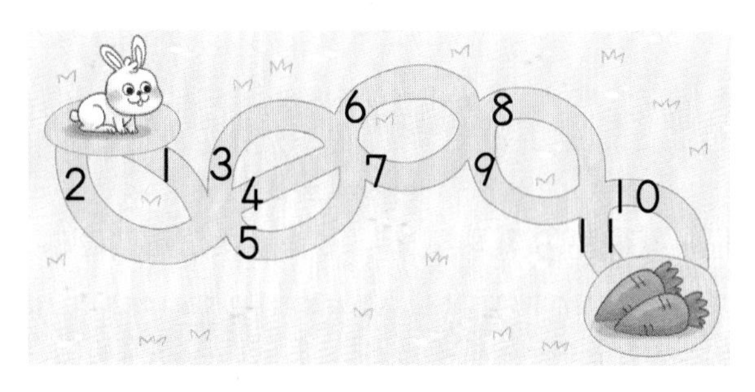

교과서 유형

[11~12] 다음을 보고 물음에 답하시오.

20	21	22	23	24
25	26	27	28	29
30	31	32	33	34
35	36	37	38	39

11 짝수를 모두 찾아 쓰시오.

12 홀수를 모두 찾아 쓰시오.

단원 마무리 평가

점수

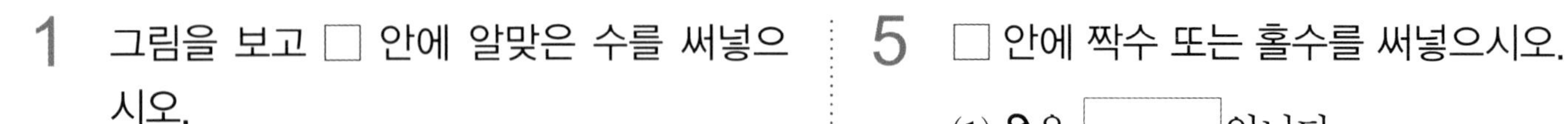

1 그림을 보고 □ 안에 알맞은 수를 써넣으시오.

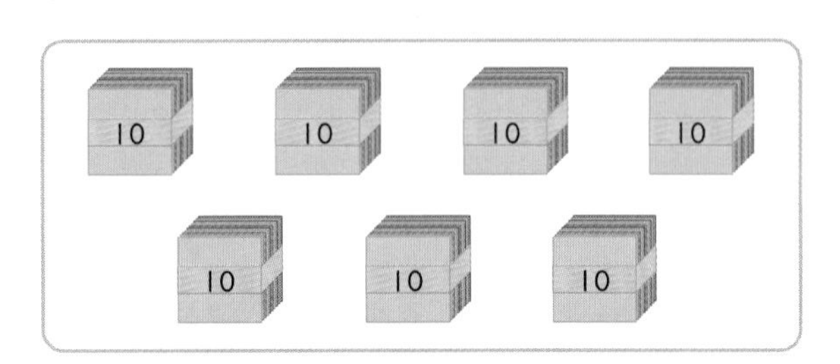

10장씩 묶음 7개이므로 □ 입니다.

2 □ 안에 알맞은 수를 써넣으시오.

10개씩 묶음	낱개
6	8

⇨ □

3 다음을 수로 써 보시오.

(1) 팔십삼 ⇨ (   )

(2) 아흔일곱 ⇨ (   )

4 □ 안에 알맞은 수를 써넣으시오.

(1) 90은 10개씩 묶음 □ 개입니다.

(2) 52는 10개씩 묶음 □ 개와 낱개 □ 개입니다.

5 □ 안에 짝수 또는 홀수를 써넣으시오.

(1) 8은 □ 입니다.

(2) 63은 □ 입니다.

6 딸기를 10개씩 묶어 보고, 딸기가 모두 몇 개인지 세어 보시오.

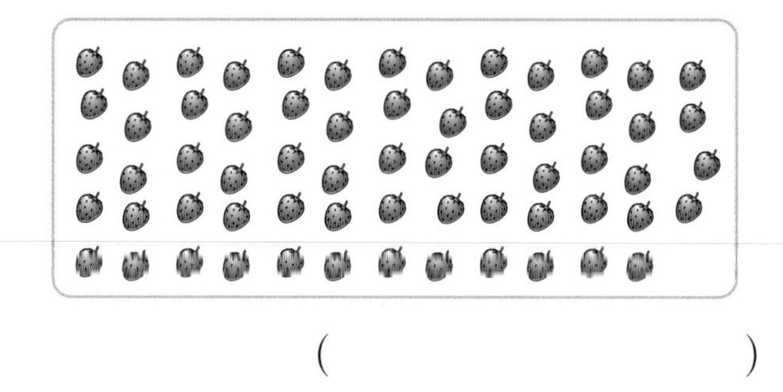

(   )

7 ○ 안에 >, <를 알맞게 써넣으시오.

(1) 66은 54보다 큽니다.

⇨ 66 ○ 54

(2) 81은 85보다 작습니다.

⇨ 81 ○ 85

8 수를 두 가지 방법으로 읽어 보시오.

(1) 69

⇨ (　　　　　,　　　　　)

(2) 75

⇨ (　　　　　,　　　　　)

유사문제

[9 ~ 10] **빈 곳에 알맞은 수를 써넣으시오.**

9

10

11 두 수의 크기를 비교하여 ○ 안에 >, <를 알맞게 써넣고, 읽어 보시오.

(1) 72 ○ 79

⇨ (　　　　　　　　　　)

(2) 91 ○ 87

⇨ (　　　　　　　　　　)

12 □ 안의 수보다 작은 수에 ○표 하시오.

58　　(59 , 63 , 52)

13 다음 중 짝수를 모두 찾아 쓰시오.

19	44	50	23
6	39	3	48

(　　　　　　　　　　)

유사문제

14 어머니와 수지의 대화를 읽고 수지의 할아버지는 몇 살인지 수로 나타내시오.

(　　　　　　)

15 토끼가 말한 수보다 1만큼 더 작은 수는 얼마인지 풀이 과정을 완성하고 답을 구하시오.

풀이 여든여섯을 수로 쓰면 ☐이므로 ☐보다 1만큼 더 작은 수는 ☐입니다.

답 ☐

16 현수는 학급 문고에 있는 책의 종류를 조사했습니다. 위인전, 전래 동화, 학습 만화 중에서 가장 많은 책은 무엇입니까?

학급 문고에 있는 책

조사한 사람: 김현수
조사한 날짜: 9월 5일

위인전	전래 동화	학습 만화
91권	76권	82권

( )

17 홀수가 아닌 것을 찾아 기호를 쓰시오.

㉠ 쉰다섯
㉡ 10개씩 묶음 7개와 낱개 8개인 수
㉢ 63

( )

18 빈 곳에 알맞은 말을 써넣으시오.

일흔둘 – 일흔셋 – 일흔넷 – ☐ – 일흔여섯 – 일흔일곱 – ☐

19 수를 순서대로 썼을 때 79와 84 사이의 수는 모두 몇 개인지 풀이 과정을 완성하고 답을 구하시오.

풀이 79부터 84까지 순서대로 써 보면
79, 80, ☐, ☐, ☐, ☐
입니다. 따라서 79와 84 사이의 수는 모두 ☐개입니다.

답 ☐개

20 ■와 ●에 알맞은 수의 합을 구하시오.

- 10개씩 묶음 ■개와 낱개 4개는 74입니다.
- 8●는 10개씩 묶음 8개와 낱개 2개입니다.

( )

QR 코드를 찍어 게임을 해 보고
이번 단원을 확실히 익혀 보세요!

정답은 6쪽

1 10개씩 묶음 8개는 ☐입니다.

2 10개씩 묶음 9개와 낱개 6개는 ☐입니다.

3 61은 ☐ 또는 ☐라고 읽습니다.

수를 두 가지 방법으로 읽어 봅니다.

4 80보다 1만큼 더 작은 수는 ☐이고, 1만큼 더 큰 수는 ☐입니다.

수를 순서대로 썼을 때 1만큼 더 큰 수는 바로 뒤의 수이고, 1만큼 더 작은 수는 바로 앞의 수입니다.

5 99보다 10만큼 더 큰 수를 100이라고 합니다.
(○ , ×)

6 84는 82보다 (큽니다 , 작습니다).

10개씩 묶음의 수가 같으면 낱개의 수를 비교합니다.

7 54는 72보다 작습니다. (○ , ×)

8 30은 (짝수 , 홀수)이고, 33은 (짝수 , 홀수)입니다.

짝수는 둘씩 짝 지을 수 있고, 홀수는 둘씩 짝 지을 수 없습니다.

개념 공부를 완성했다!

2 덧셈과 뺄셈 (1)

제2화 누가 누가 더 많이 잡았을까?

이전에 배운 내용

[1-1 덧셈과 뺄셈]
- 9 이하의 수를 모으기와 가르기
- 덧셈을 알아보고 해 보기
- 뺄셈을 알아보고 해 보기
- 0이 있는 덧셈과 뺄셈

이번에 배울 내용

- 세 수의 덧셈과 뺄셈
- 이어 세기로 두 수를 바꾸어 더하기
- 10이 되는 더하기, 10에서 빼기
- 10을 만들어 더하기

앞으로 배울 내용

[1-2 덧셈과 뺄셈 (2)]
- (몇)+(몇)=(십몇) 계산하기
- 다양한 방법으로 덧셈하기
- (십몇)−(몇)=(몇) 계산하기
- 다양한 방법으로 뺄셈하기

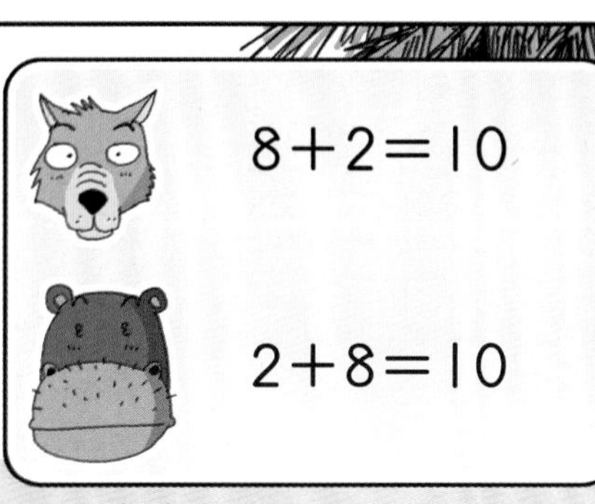

개념 파헤치기

개념 1

세 수의 덧셈을 해 볼까요

• 1+2+4의 계산

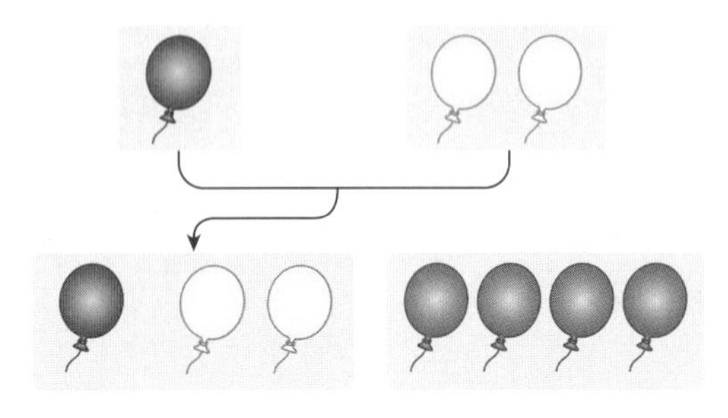

$1+2=3$

$3+4=7$

$1+2+4=7$ (1+2 → 3, 3+4 → 7)

$$\begin{array}{r} 1 \\ +\ 2 \\ \hline 3 \end{array} \rightarrow \begin{array}{r} 3 \\ +\ 4 \\ \hline 7 \end{array}$$

앞의 두 수를 먼저 더해서 나온 수에 나머지 수를 더합니다.

빈칸에 글자나 수를 따라 쓰세요.

1 세 수의 덧셈을 할 때에는 앞의 두 수를 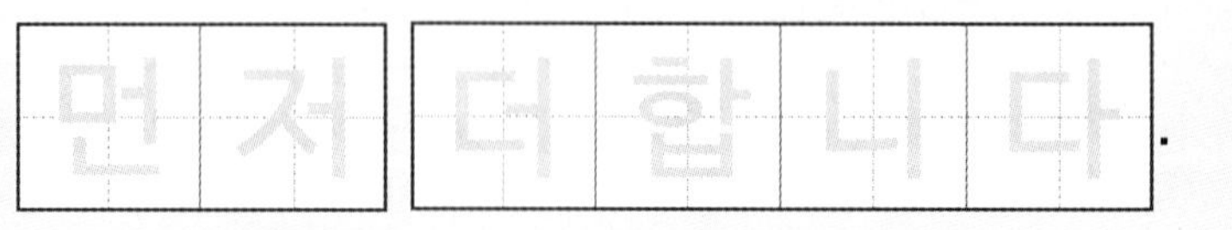.

2 $1+2+3=\boxed{6}$ ⇨ $\begin{array}{r} 1 \\ +\ 2 \\ \hline \boxed{3} \end{array} \rightarrow \begin{array}{r} \boxed{3} \\ +\ 3 \\ \hline \boxed{6} \end{array}$

1 □ 안에 알맞은 수를 써넣으시오.

(1) 2 + 2 + 3 = □

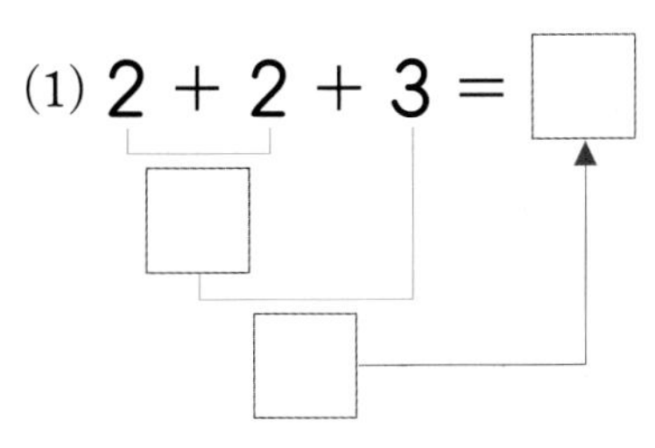

(2) 4 + 2 + 1 = □

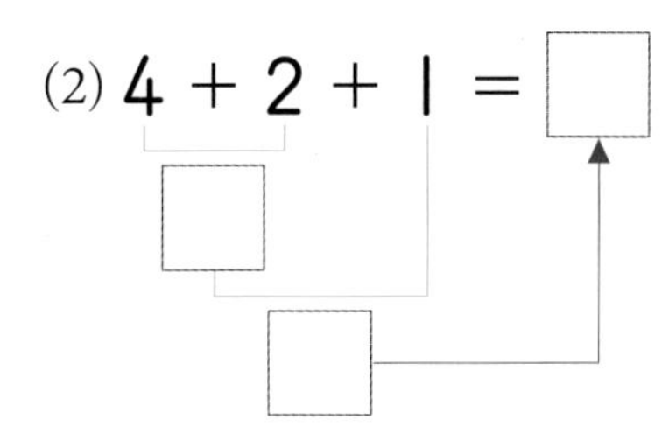

힌트 먼저 계산하는 것을 선으로 이어서 계산하고, 계산하여 나온 수에 나머지 수를 또 이어서 계산합니다.

2 □ 안에 알맞은 수를 써넣으시오.

(1)

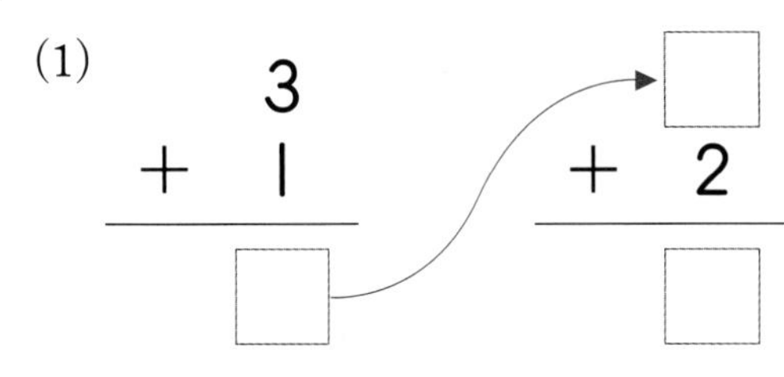

(2)

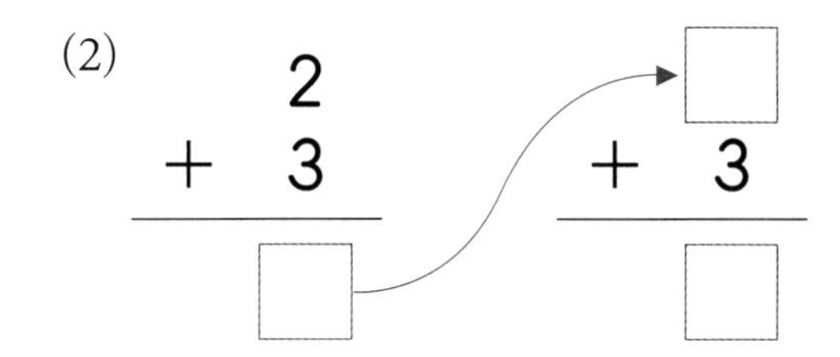

힌트 두 수를 위아래로 쓰고 계산합니다. 계산하여 나온 수의 아래에 나머지 수를 또 써서 계산합니다.

3 그림을 보고 세 수의 덧셈을 해 보시오.

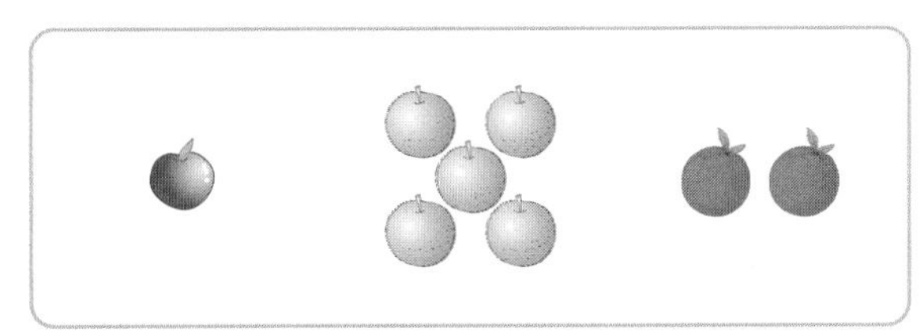

□ + □ + □ = □

✎ 빈칸에 알맞은 글자나 수를 써 보세요.

2+3+4의 계산에서 2+3을 먼저 계산하면 2+3=□이고 그 수에 4를 더합니다.

⇨ □ +4= □

개념 파헤치기

개념 2 세 수의 뺄셈을 해 볼까요

• 9－3－2의 계산

9－3＝6

6－2＝4

9－3－2＝4

6

4

$$\begin{array}{r} 9 \\ -\ 3 \\ \hline 6 \end{array} \quad \begin{array}{r} 6 \\ -\ 2 \\ \hline 4 \end{array}$$

앞의 두 수를 먼저 계산해서 나온 수에서 나머지 수를 뺍니다.

개념 받아쓰기

1 세 수의 뺄셈은 앞의 두 수를 먼저 계산합니다.

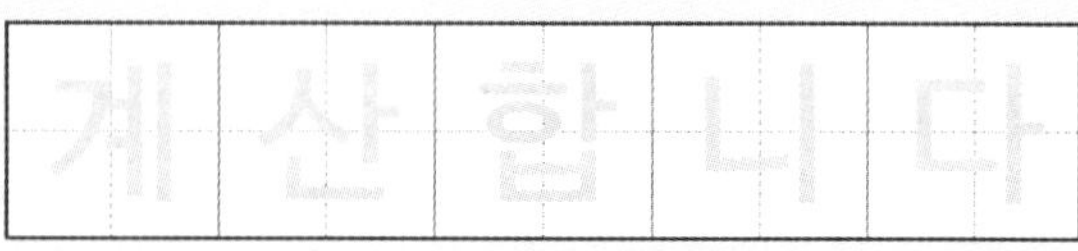

2 4－2－1＝1

$$\begin{array}{r} 4 \\ -\ 2 \\ \hline 2 \end{array} \quad \begin{array}{r} 2 \\ -\ 1 \\ \hline 1 \end{array}$$

1 □ 안에 알맞은 수를 써넣으시오.

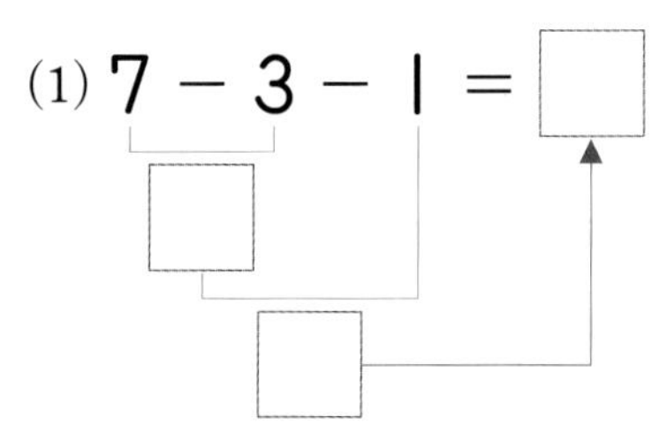

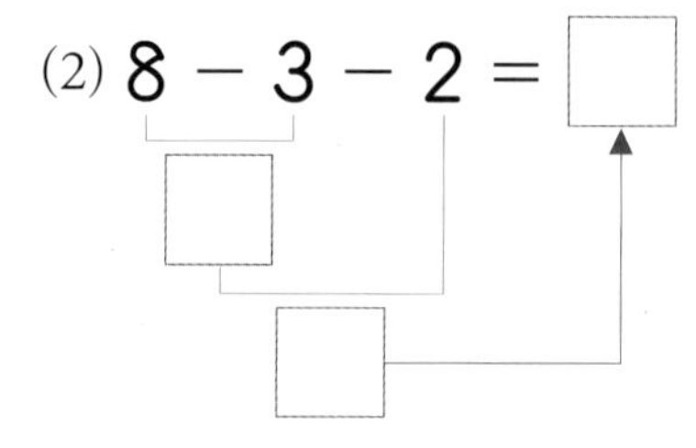

힌트 먼저 계산하는 것을 선으로 이어서 계산하고, 계산하여 나온 수에 나머지 수를 또 이어서 계산합니다.

2 □ 안에 알맞은 수를 써넣으시오.

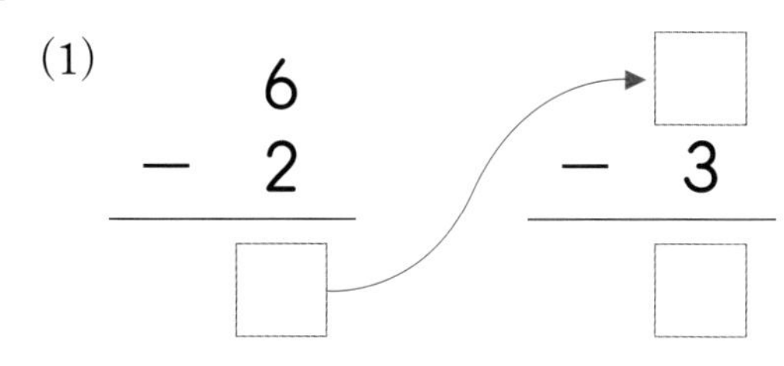

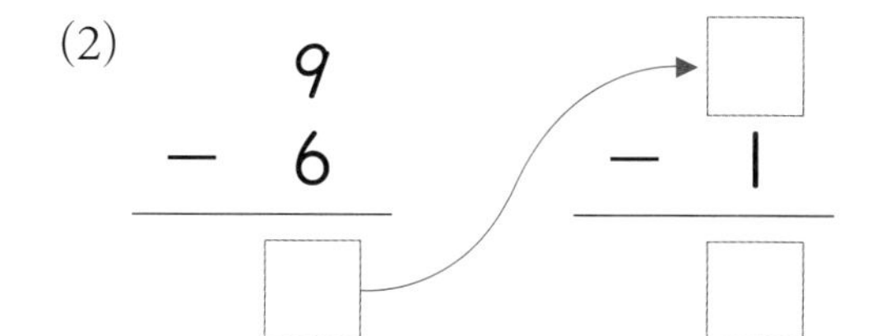

3 그림을 보고 세 수의 뺄셈을 해 보시오.

9 − □ − □ = □

5−2−1의 계산에서 **5−2를 먼저 계산하면** 5−2= □ 이고 **그 수에서 1을 뺍니다.**

⇨ □ −1= □

개념 확인하기

개념 1 세 수의 덧셈을 해 볼까요

• ■+▲+● 계산하기

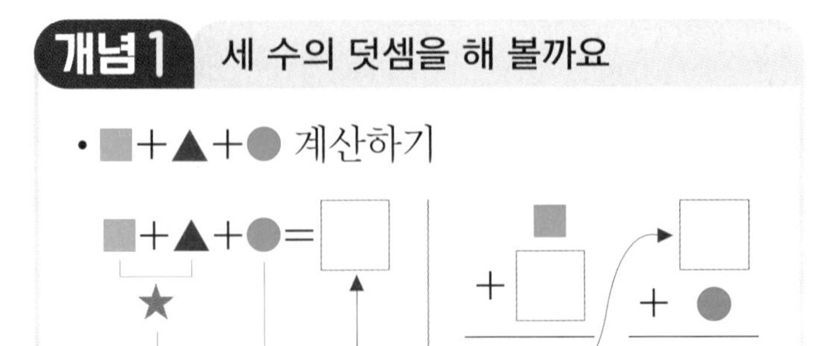

1 5+1+2를 계산하는 방법을 알아보려고 합니다. □ 안에 알맞은 수를 써넣으시오.

(1) 5 + 1 + 2 = □

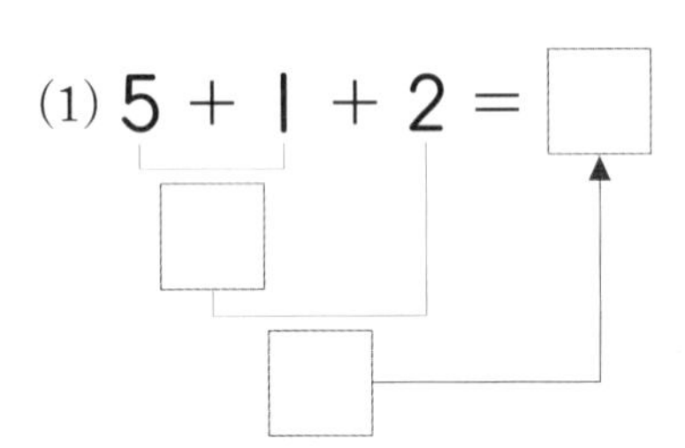

(2)

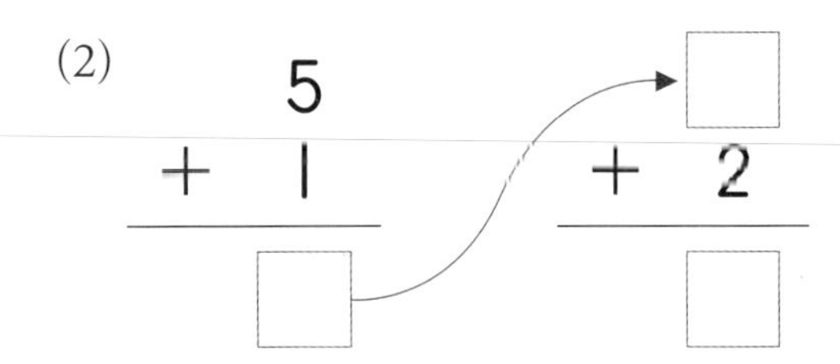

2 위 1과 같이 1+4+4를 계산하시오.

(1) 1 + 4 + 4

(2)

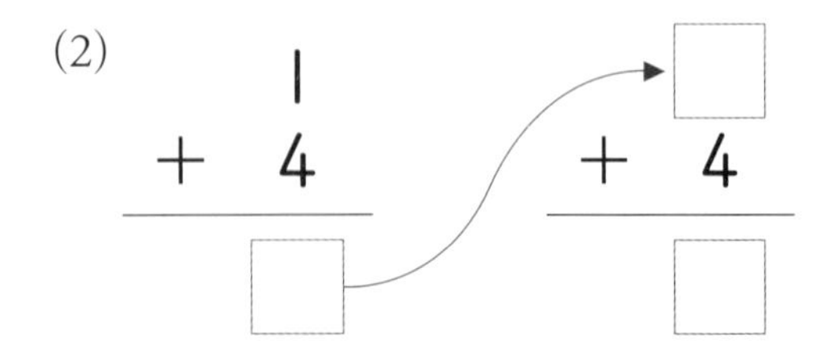

3 계산해 보시오.

(1) $2+2+2$

(2) $3+3+3$

(3) $4+3+1$

익힘책 유형

4 그림에 맞는 식을 만들고 계산해 보시오.

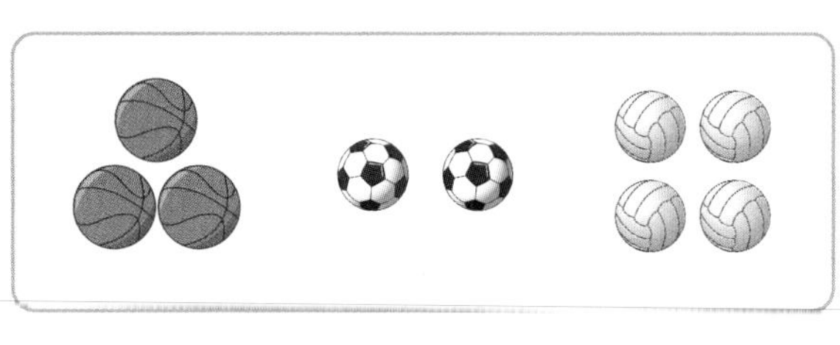

□+□+□=□

5 친구들이 모은 구슬은 모두 몇 개인지 알아보려고 합니다. □ 안에 알맞은 수를 써넣으시오.

□+□+□=□

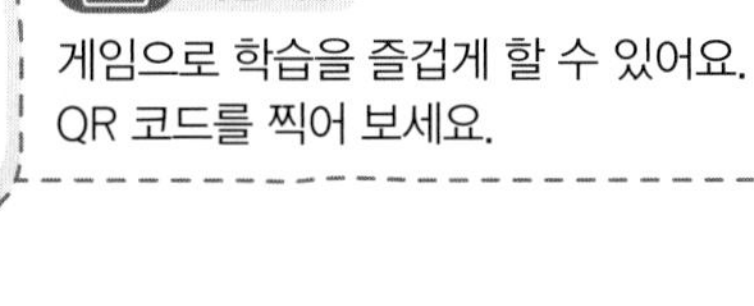

게임으로 학습을 즐겁게 할 수 있어요.
QR 코드를 찍어 보세요.

정답은 7쪽

개념 2 세 수의 뺄셈을 해 볼까요

• ■−▲−● 계산하기

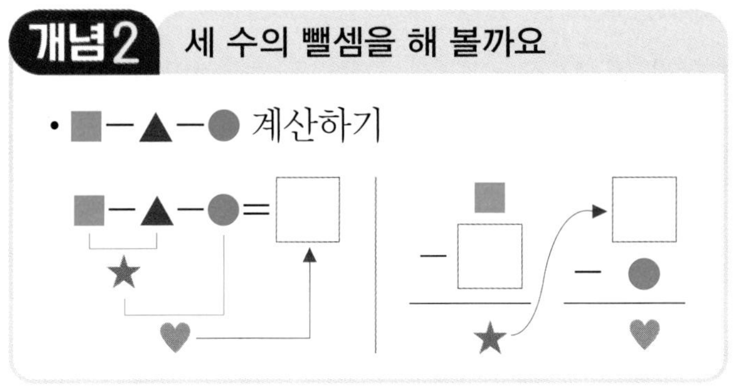

6 8−4−3을 계산하는 방법을 알아보려고 합니다. □ 안에 알맞은 수를 써넣으시오.

(1) 8 − 4 − 3 = □

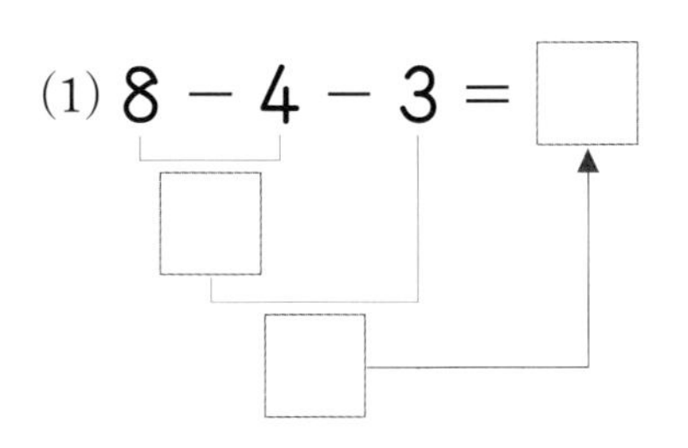

(2)

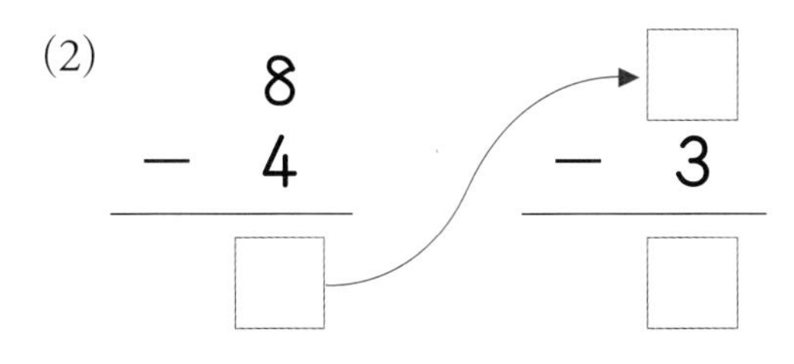

7 위 6과 같이 9−5−2를 계산하시오.

(1) 9 − 5 − 2

(2)

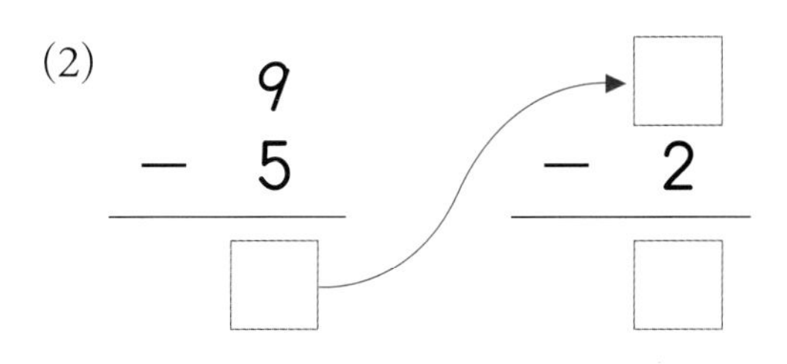

8 계산해 보시오.

(1) 7−2−4 (2) 6−1−2

9 계산 결과를 찾아 이으시오.

9−2−3 •	• 1
5−1−2 •	• 2
8−1−6 •	• 4

익힘책 유형

10 그림에 맞는 식을 만들고 계산해 보시오.

8−□−□=□

11 친구들이 곶감을 먹고 나면 남은 곶감은 몇 개인지 알아보려고 합니다. □ 안에 알맞은 수를 써넣으시오.

8−□−□=□

2 덧셈과 뺄셈 (1)

개념 파헤치기

개념 3 10이 되는 더하기를 해 볼까요

• 이어 세기로 더하기

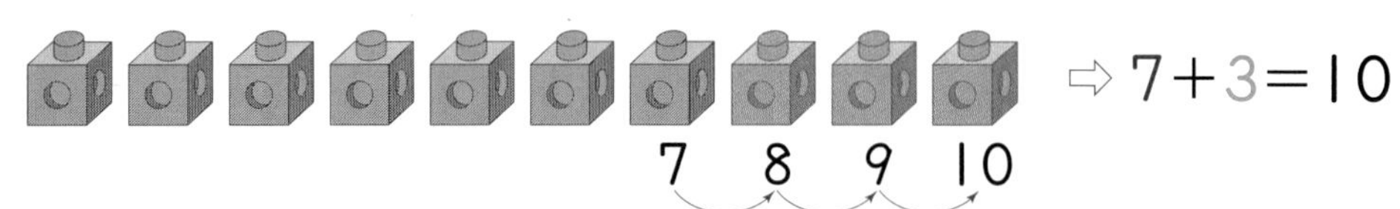

⇨ 7+3=10

7 8 9 10

• 십 배열판을 이용하여 더하기

⇨ 3+7=10

○ 3개, ○ 7개가 모여 십 배열판 10칸이 모두 채워져요.

1+9=10
2+8=10
3+7=10
4+6=10
5+5=10
6+4=10
7+3=10
8+2=10
9+1=10

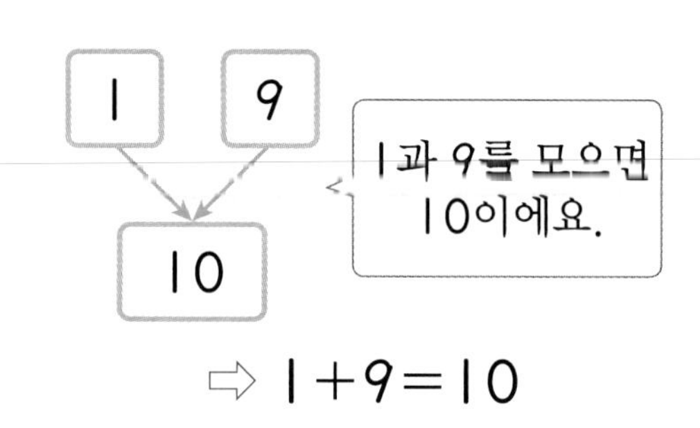

⇨ 1+9=10

개념 받아쓰기

✎ 빈칸에 글자나 수를 따라 쓰세요.

❶ 8+2에서 8 바로 뒤의 수부터 2개의 수를 이어 세면 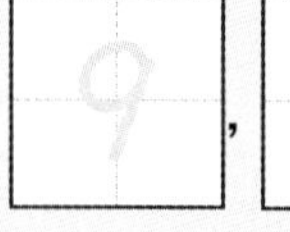, 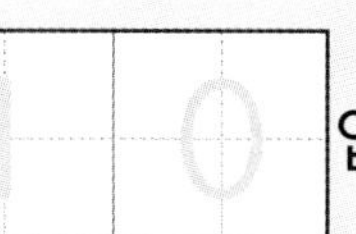입니다.

❷ 6과 4를 더하면 10입니다. ⇨ 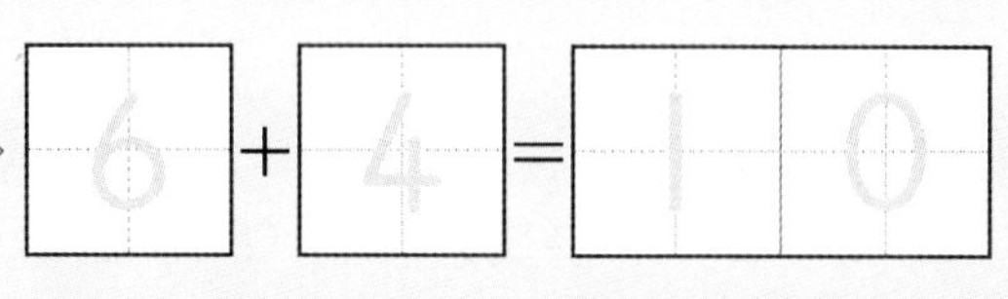

1 □ 안에 알맞은 수를 써넣으시오.

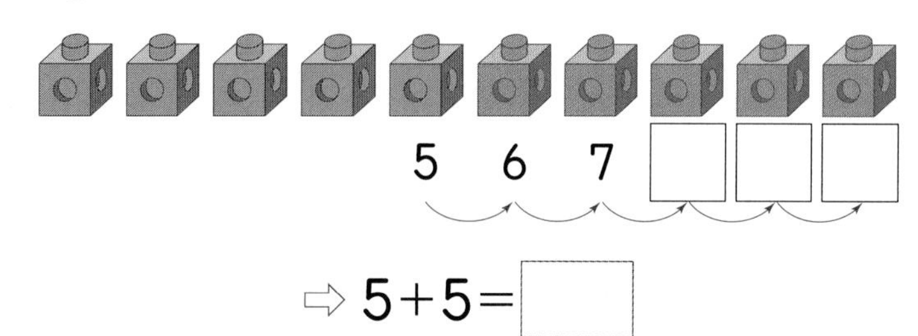

5 6 7 □ □ □

⇨ 5+5=□

2 그림을 보고 10이 되는 더하기를 하려고 합니다. □ 안에 알맞은 수를 써넣으시오.

(1)

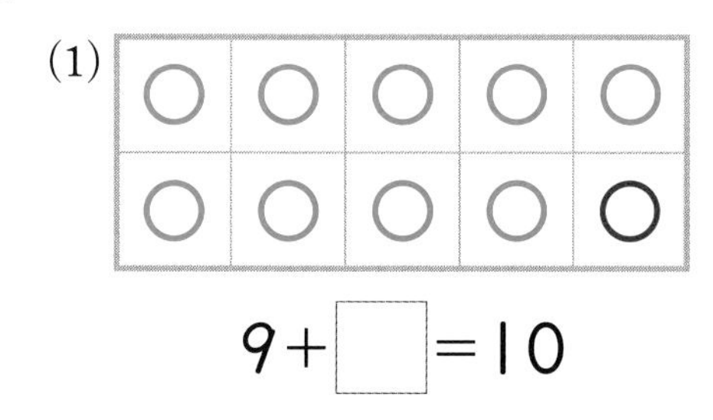

9+□=10

(2)

□+9=10

[3~4] 그림을 보고 □ 안에 알맞은 수를 써넣으시오.

3

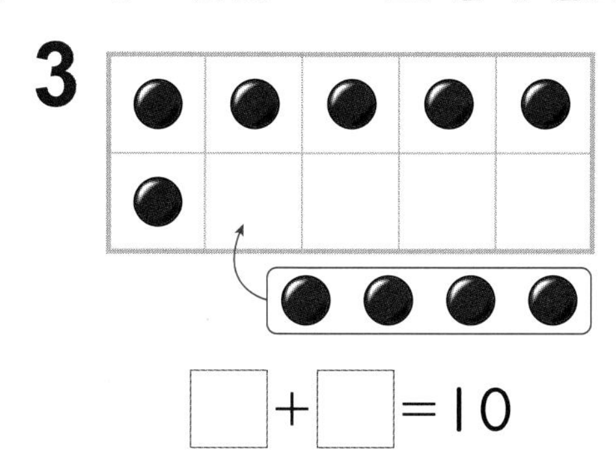

□+□=10

4

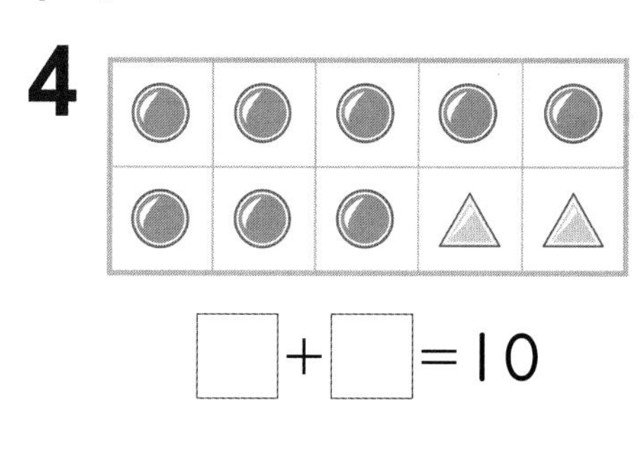

□+□=10

개념 받아쓰기 문제

빈칸에 알맞은 글자나 수를 써 보세요.

• 8과 2를 더하면 □ 입니다. ⇨ 8+□=10, 2+□=10

• 3과 7을 더하면 □ 입니다. ⇨ 3+□=10, 7+□=10

개념 4 10에서 빼기를 해 볼까요

• 거꾸로 세기로 빼기

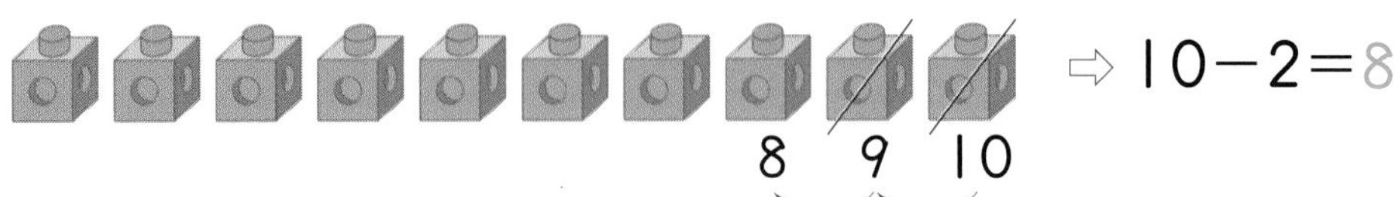

⇨ 10−2=8

• 십 배열판을 이용하여 빼기

⇨ 10−4=6

○ 10개 중에서 4개를 /으로 지우면 남아 있는 ○는 6개예요.

10−1=9
10−2=8
10−3=7
10−4=6
10−5=5
10−6=4
10−7=3
10−8=2
10−9=1

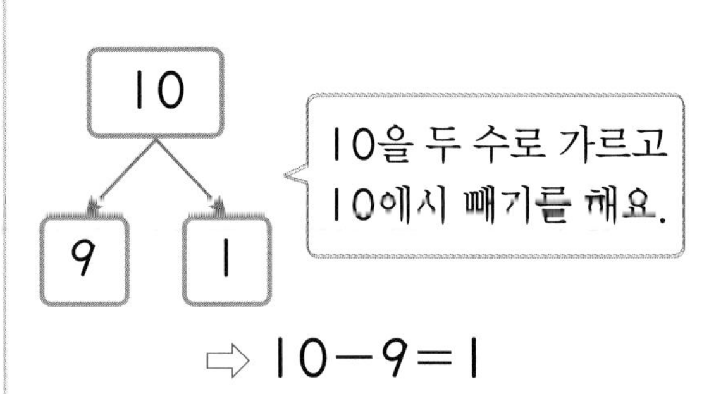

⇨ 10−9=1

❶ 10−3에서 10 바로 앞의 수부터 3개의 수를 거꾸로 세면 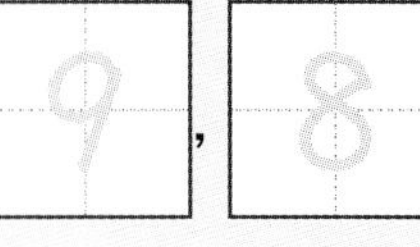 9, 8, 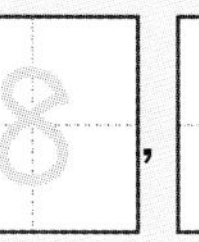 7 입니다. 

❷ 10에서 1을 빼면 9입니다. ⇨ 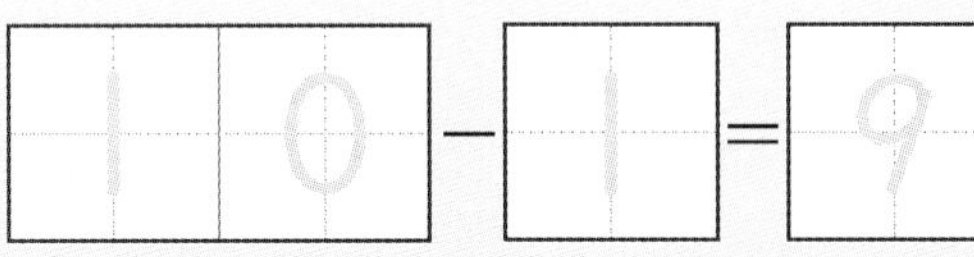 10 − 1 = 9

정답은 11쪽

생각의 방향

1. 3+2+3에서 3+2=□를 계산한 다음

□+3=□을 계산합니다.

2. 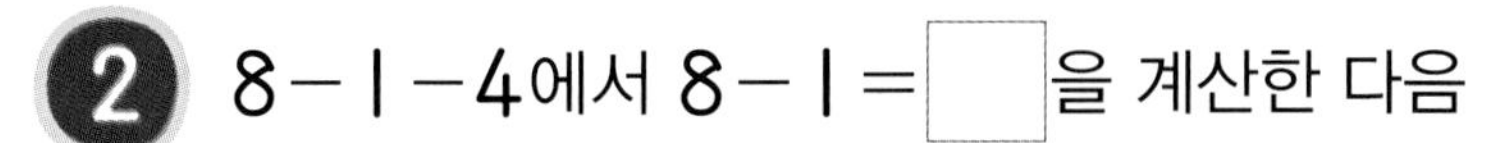
8−1−4에서 8−1=□을 계산한 다음
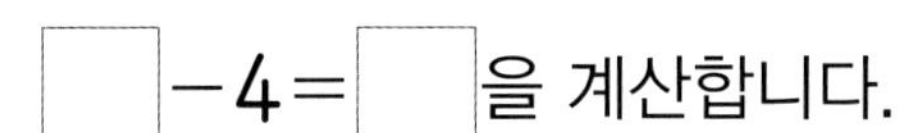
□−4=□을 계산합니다.

세 수의 뺄셈은 앞의 두 수를 먼저 계산한 후 나머지 수를 뺍니다.

3. 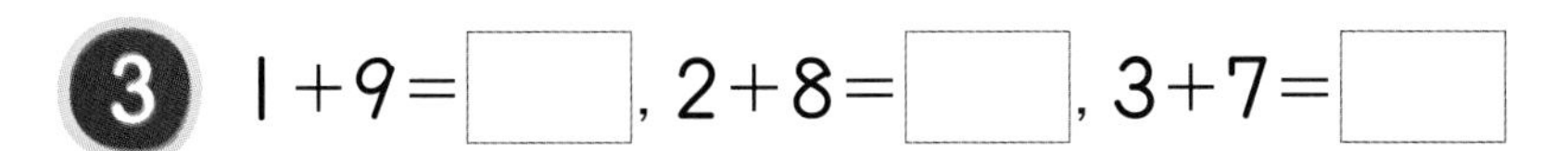
1+9=□, 2+8=□, 3+7=□

4. 3과 더해서 10이 되는 수는 6입니다. (○, ×)

5. 10에서 2를 빼면 8입니다. (○, ×)

6. 10−6=□, 10−7=□, 10−5=□

7. 3+7+4는 뒤의 두 수를 더해서 10을 만든 후 나머지 수를 더합니다. (○, ×)

8. 3+6+4=□
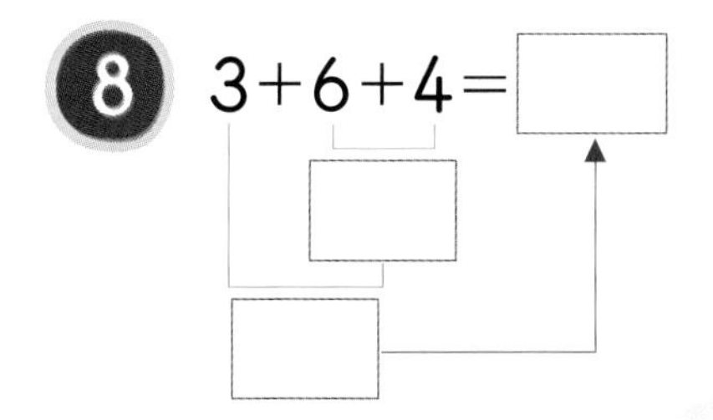

더해서 10이 되는 두 수를 먼저 더한 후 나머지 수를 더합니다.

2 덧셈과 뺄셈(1)

3 모양과 시각

제3화 모양을 더 잘 꾸민 동물은?

이전에 배운 내용

[1-1 여러 가지 모양]

- ▢, ▢, ◯ 모양 찾기
- ▢, ▢, ◯ 모양으로 만들기

이번에 배울 내용

- 여러 가지 모양 찾아보고 알아보기
- 여러 가지 모양으로 꾸며 보기
- 몇 시와 몇 시 30분 알아보기

앞으로 배울 내용

[2-1 여러 가지 도형]

- 삼각형, 사각형, 원을 알아보고 찾아보기
- 칠교판으로 모양 만들기
- 여러 가지 모양으로 쌓아 보기

[2-2 시각과 시간]

- 몇 시 몇 분 알아보기

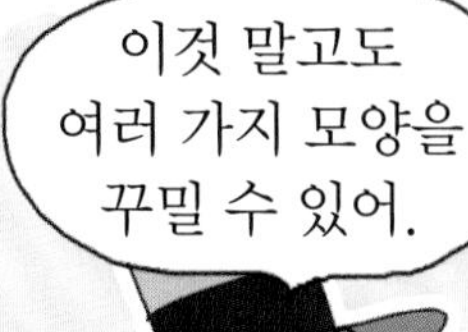

STEP 1 개념 파헤치기

개념 1 여러 가지 모양을 찾아볼까요

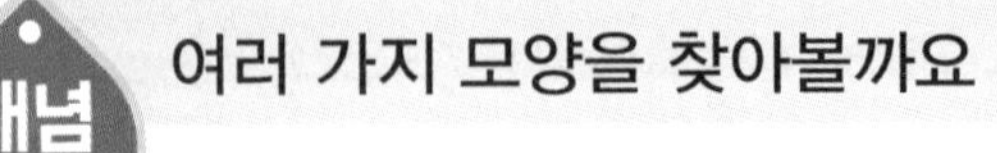

• □, △, ○ 모양 찾기

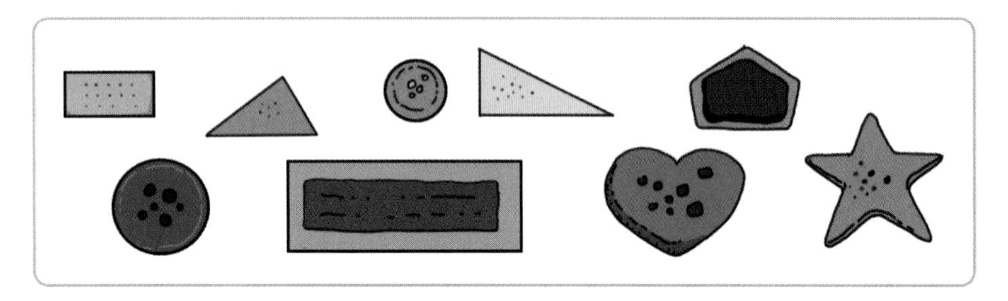

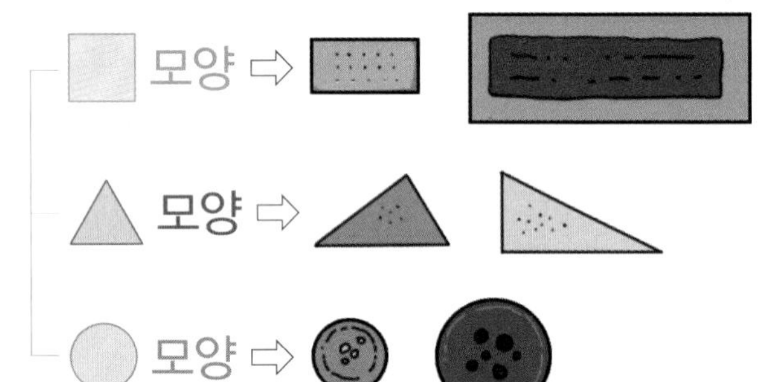

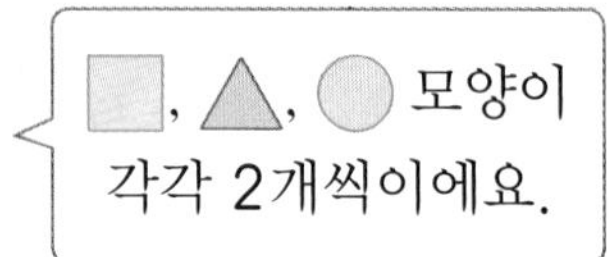

• 같은 모양끼리 모으기

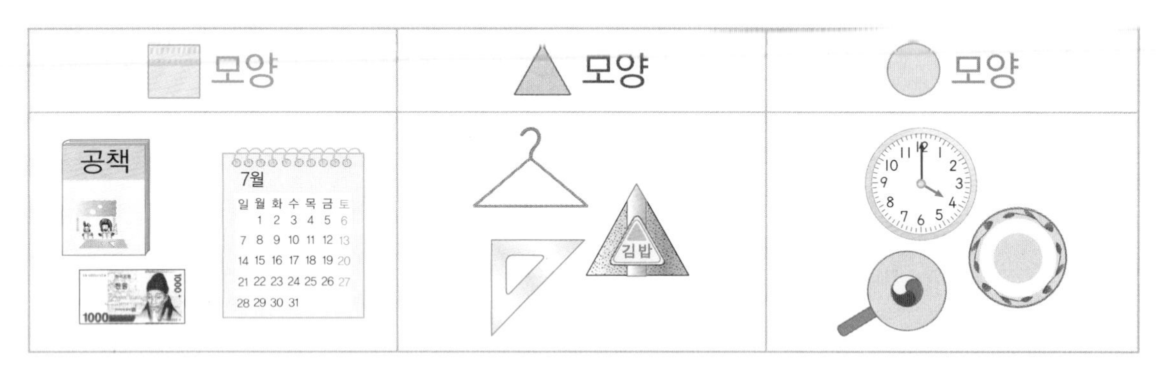

빈칸에 글자나 수를 따라 쓰세요.

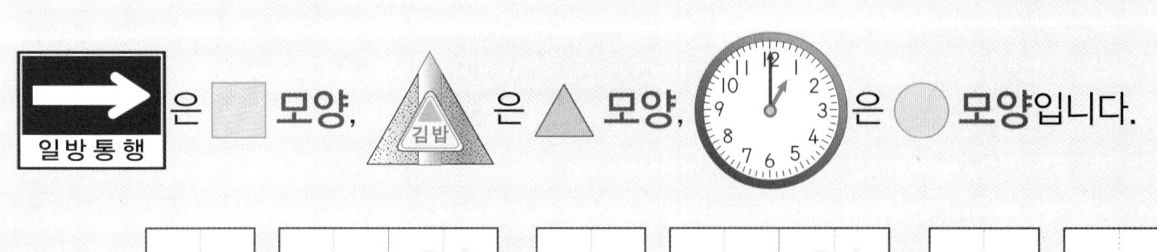

(일방통행 표지판)은 □ 모양, (김밥)은 △ 모양, (시계)은 ○ 모양입니다.

□ 모양, △ 모양, ○ 모양

1 ▢ 모양의 물건을 찾아 ○표 하시오.

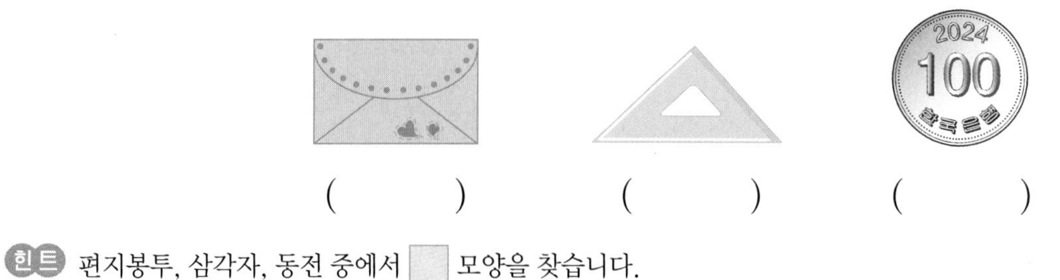

( ) ( ) ( )

힌트 편지봉투, 삼각자, 동전 중에서 ▢ 모양을 찾습니다.

2 색종이를 오려 여러 가지 모양을 만든 것입니다. △ 모양을 모두 찾아 따라 그려 보시오.

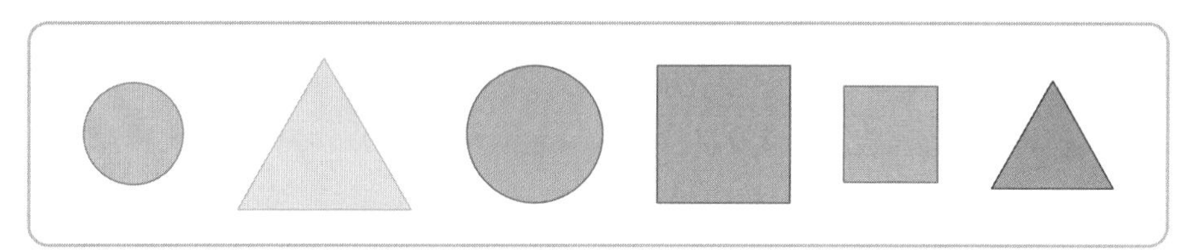

3 스케치북에 여러 가지 모양을 그린 것입니다. ○ 모양을 모두 찾아 색칠하시오.

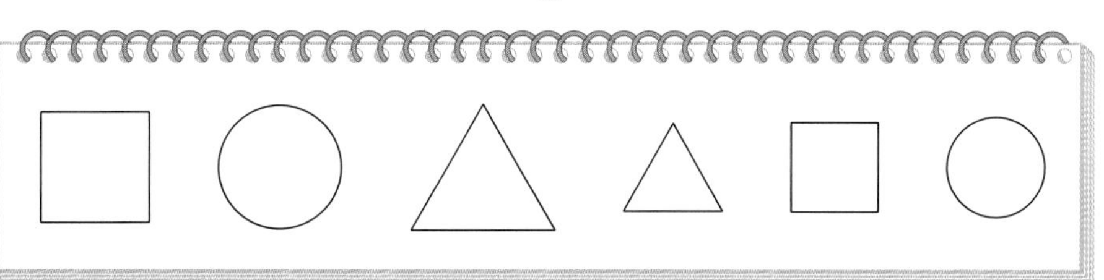

빈칸에 알맞은 글자나 수를 써 보세요.

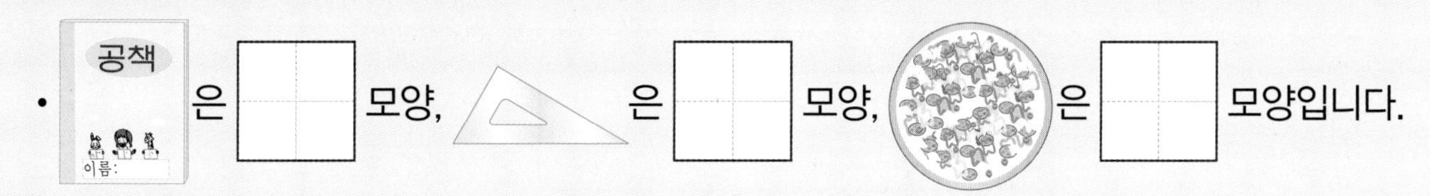

• (공책)은 ☐ 모양, (삼각자)은 ☐ 모양, (피자)은 ☐ 모양입니다.

개념 파헤치기

개념 2 여러 가지 모양을 알아볼까요

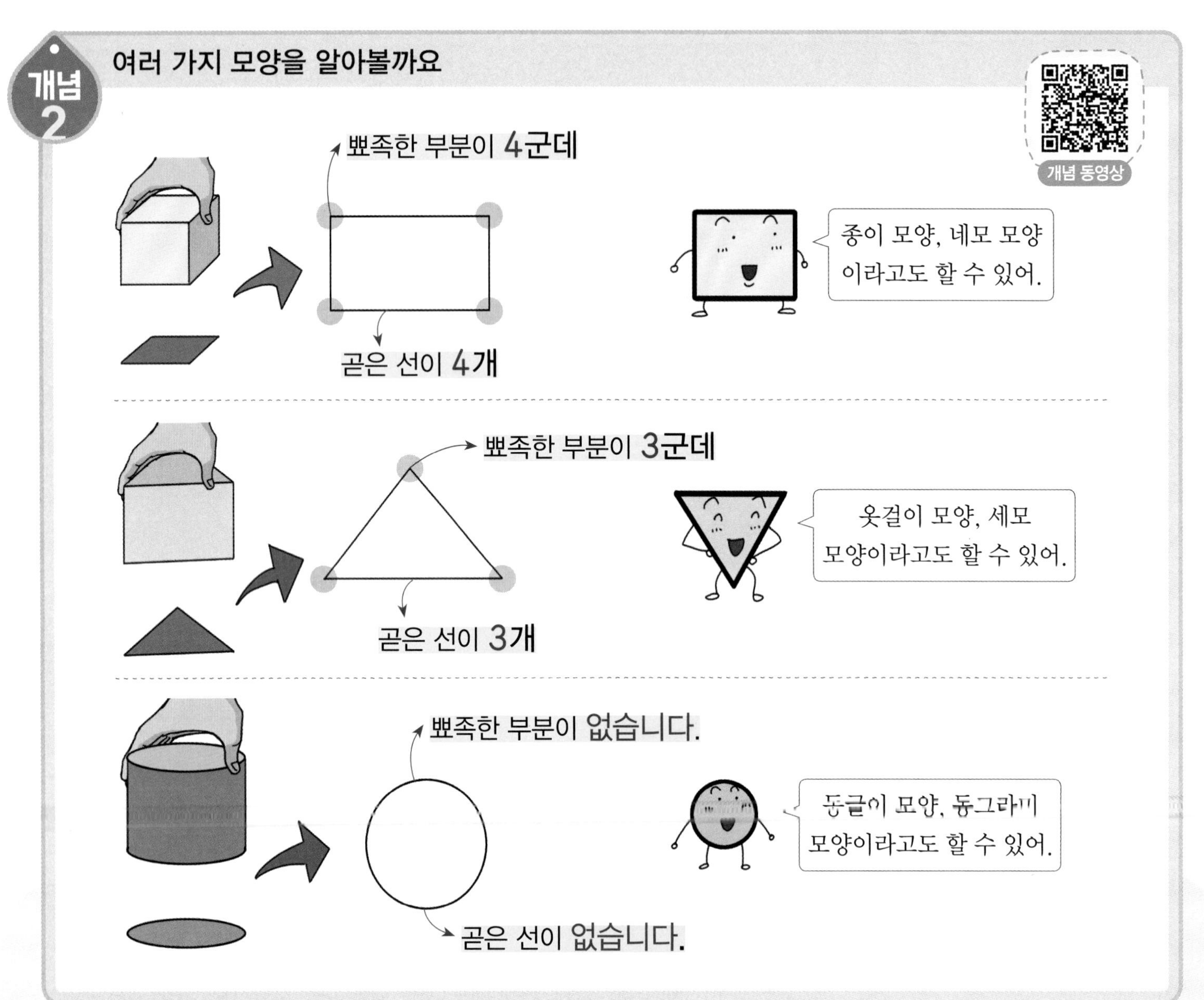

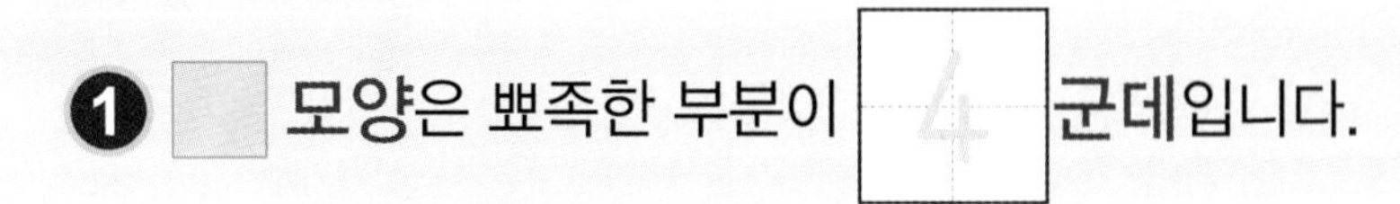

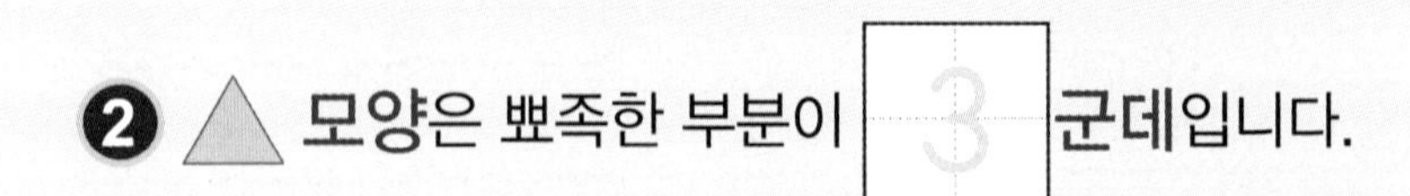

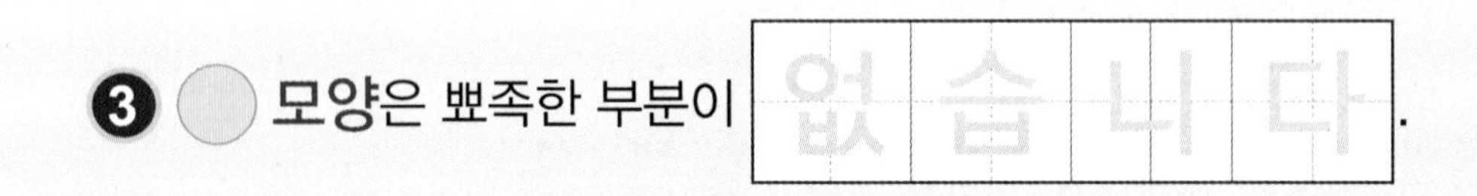

기본 문제

1 진호가 그린 모양을 찾아 ◯표 하시오.

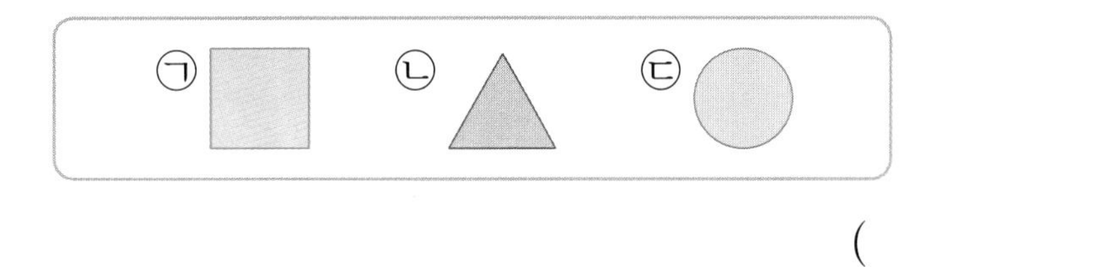

2 뾰족한 부분이 3군데인 모양을 찾아 기호를 쓰시오.

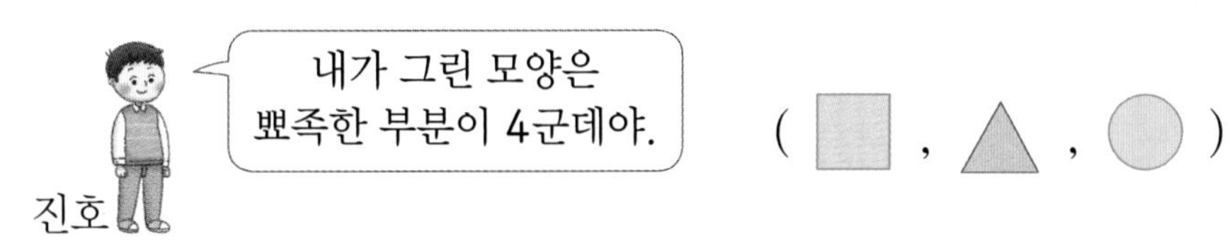

( )

3 설명에 맞는 모양을 찾아 이으시오.

곧은 선이 없습니다.

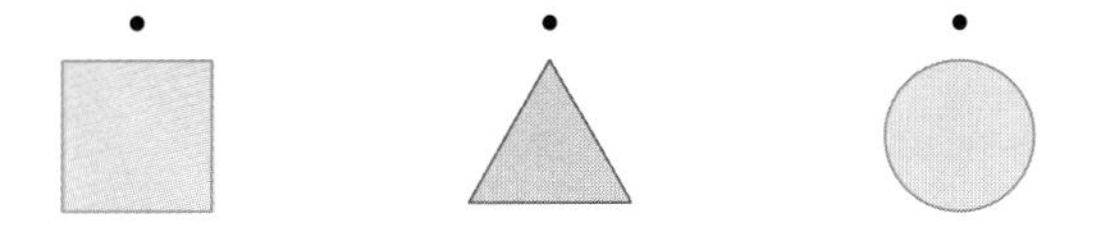

- 모양은 곧은 선이 [ ] 개입니다.
- 모양은 곧은 선이 [ ] 개입니다.
- 모양은 곧은 선이 [ ].

개념 파헤치기

개념 3 여러 가지 모양을 만들어 볼까요

• ▢, △, ○ 모양을 이용하여 로봇 만들기

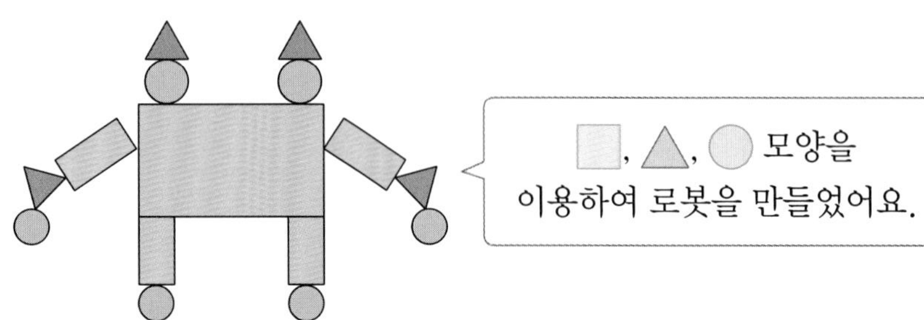

▢ 모양 5개	△ 모양 4개	○ 모양 6개

가장 적게 사용한 모양 (△) / 가장 많이 사용한 모양 (○)

• ▢, △, ○ 모양을 이용하여 꽃게 만들기

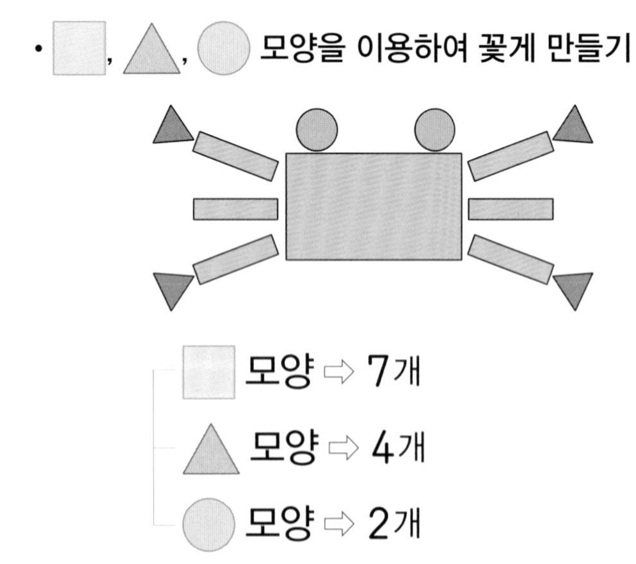

▢ 모양 ⇨ 7개

△ 모양 ⇨ 4개

○ 모양 ⇨ 2개

1 모양을 보고 맞으면 ○표, 틀리면 ×표 하시오.

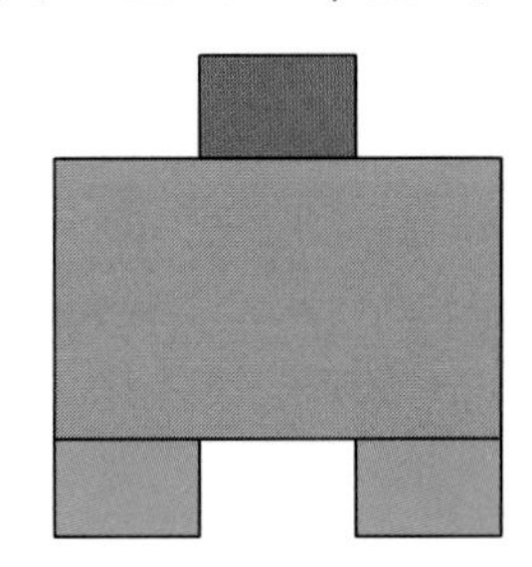

□ 모양 4개를 이용하여 꾸민 모양입니다.

(　　　　　　　　)

[2~3] 승호가 □, △, ○ 모양으로 꾸민 집 모양입니다. 물음에 답하시오.

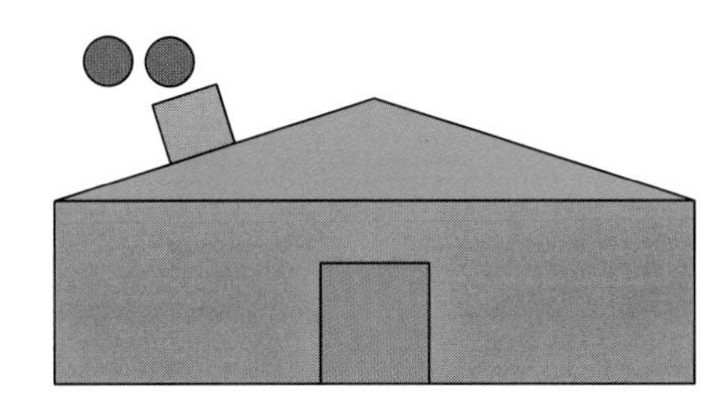

2 집 모양을 꾸미는 데 이용한 □, △, ○ 모양의 수를 각각 세어 보시오.

□ 모양: [　]개, △ 모양: [　]개, ○ 모양: [　]개

3 가장 많이 이용한 모양을 찾아 ○표 하시오.

(□ , △ , ○)

힌트 □, △, ○ 모양의 수를 비교합니다.

□ 모양 [　]개, △ 모양 [　]개, ○ 모양 [　]개를 이용하였습니다.

STEP 2 개념 확인하기

개념 1 여러 가지 모양을 찾아볼까요

1 모양을 모두 찾아 ○표 하시오.

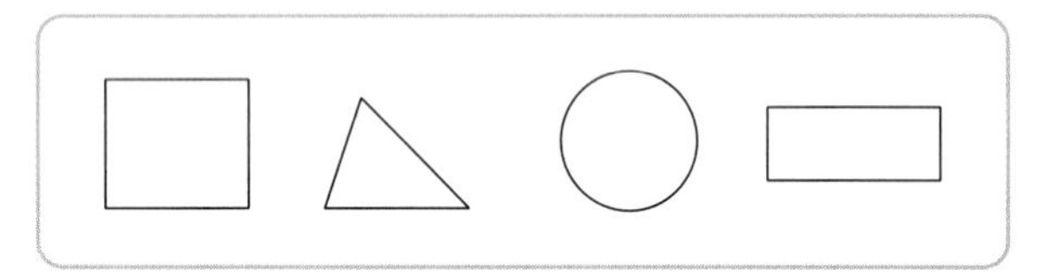

2 △ 모양은 모두 몇 개입니까?

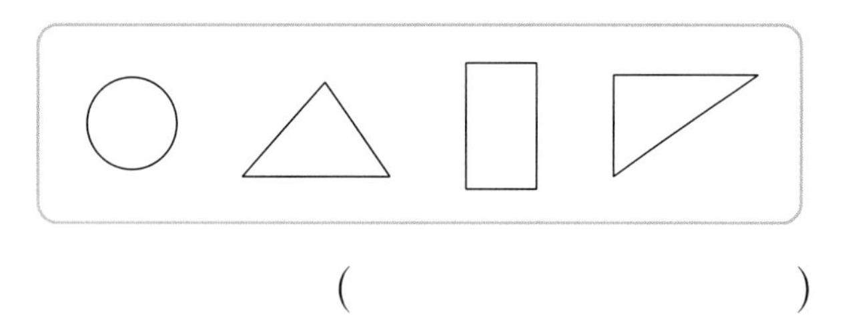

(　　　　　　)

3 모양의 물건이 아닌 것을 찾아 기호를 쓰시오.

(　　　　　　)

4 모양이 나머지와 다른 하나를 찾아 기호를 쓰시오.

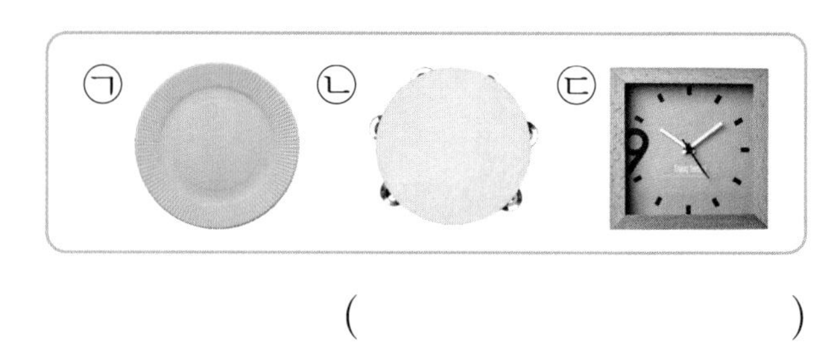

(　　　　　　)

익힘책 유형

5 나무토막 장난감 중 본떴을 때 △ 모양이 나오는 것을 찾아 기호를 쓰시오.

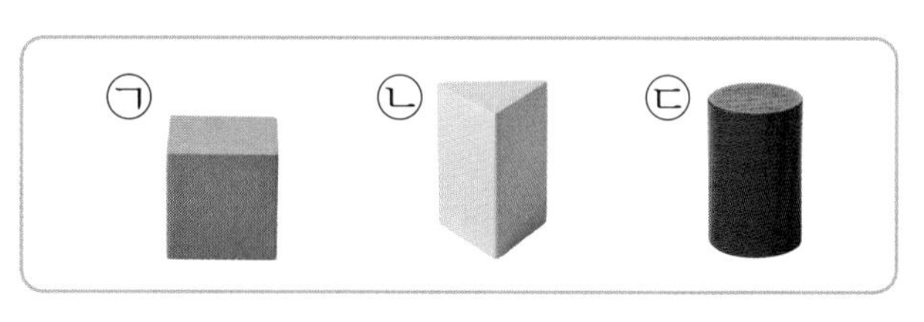

(　　　　　　)

개념 2 여러 가지 모양을 알아볼까요

□ ⇨ 뾰족한 부분이 □군데입니다.

△ ⇨ 뾰족한 부분이 □군데입니다.

○ ⇨ 뾰족한 부분이 □.

6 뾰족한 부분이 3군데인 모양의 단추를 찾아 ○표 하시오.

(　　) (　　) (　　)

7 설명에 맞는 모양을 찾아 이으시오.

곧은 선이 4개 있습니다.

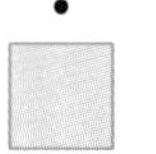 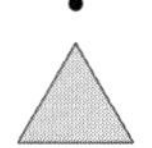 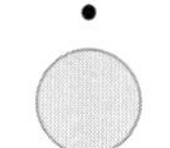

8 그림과 같이 본뜬 모양을 보고 □ 안에 알맞은 수를 써넣으시오.

⇨ 뾰족한 부분이 □군데입니다.

9 그림과 같이 본뜬 모양에 대한 설명이 맞으면 ○표, 틀리면 ×표 하시오.

뾰족한 부분이 없습니다.

(　　　　　　)

개념 3 여러 가지 모양을 만들어 볼까요

익힘책 유형

10 그림을 보고 □ 안에 알맞은 수를 써넣으시오.

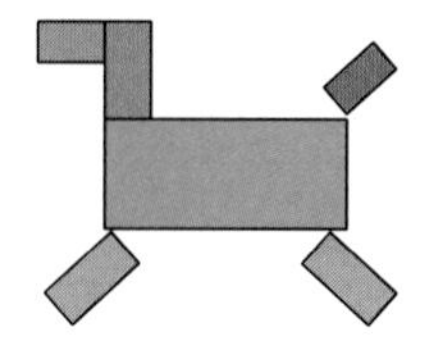

⇨ □ 모양 □개를 이용하여 꾸민 말 모양입니다.

[11~12] **재영이가 □, △, ○ 모양으로 꾸민 꽃 모양입니다. 물음에 답하시오.**

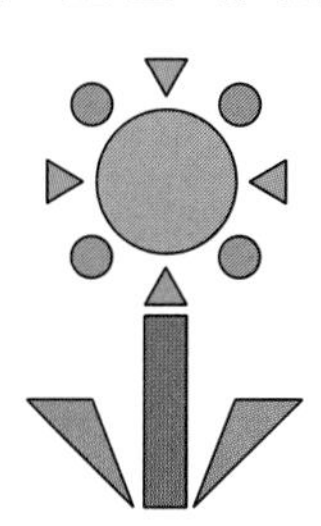

11 꽃 모양을 꾸미는 데 이용한 □, △, ○ 모양의 수를 각각 세어 보시오.

□ 모양 ⇨ □개, △ 모양 ⇨ □개,

○ 모양 ⇨ □개

12 가장 많이 이용한 모양을 찾아 ○표 하시오.

(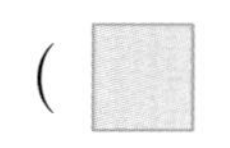 ,  , )

개념 파헤치기

몇 시를 알아볼까요

개념 동영상

• 몇 시 알아보기

짧은바늘이 10을 가리키고 긴바늘이 12를 가리킬 때 시계는 10시를 나타내고 열 시라고 읽습니다.

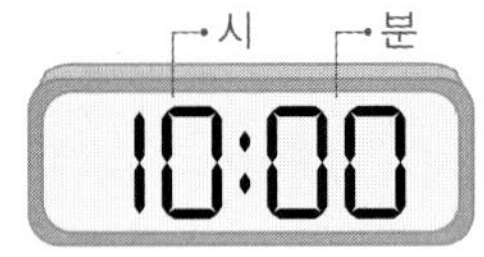

⇨ 10시

긴바늘이 12를 가리킬 때 몇 시를 나타냅니다.

• 몇 시를 시계에 나타내기

① ■시일 때 짧은바늘이 ■를 가리키도록 그립니다. ⇨ ② 긴바늘이 12를 가리키도록 그립니다.

4시 ⇨ 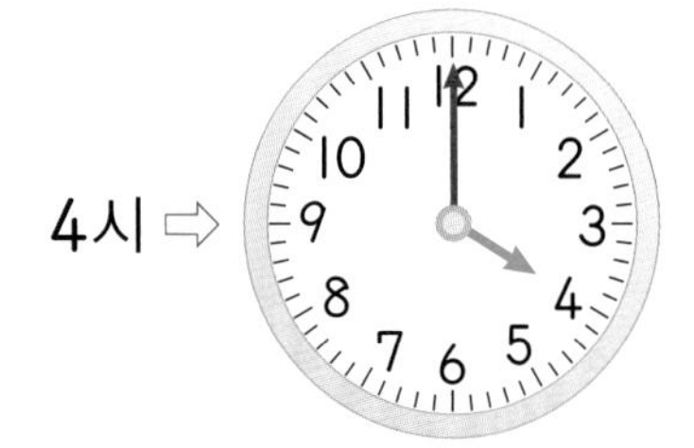

8시 ⇨ 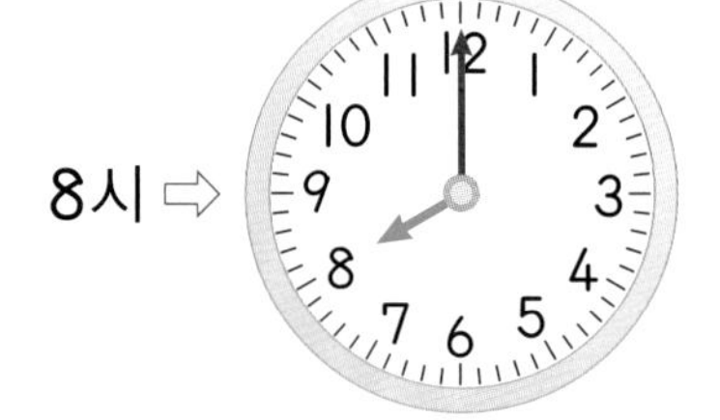

빈칸에 글자나 수를 따라 쓰세요.

짧은바늘이 9를 가리키고 긴바늘이 12를 가리킬 때 시계는 9시를 나타내고 아홉 시라고 읽습니다.

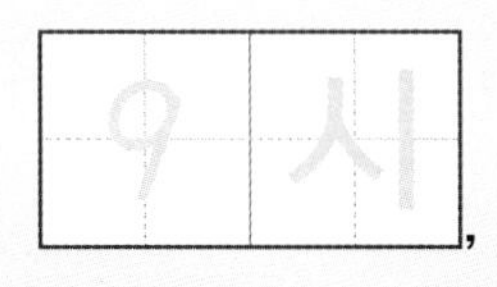

, 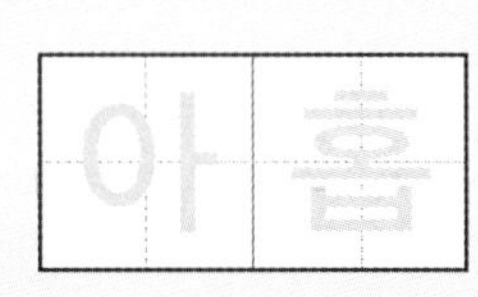

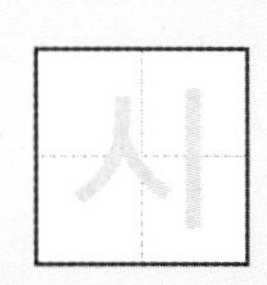

1 시각을 바르게 쓴 것에 ○표 하시오.

(1)

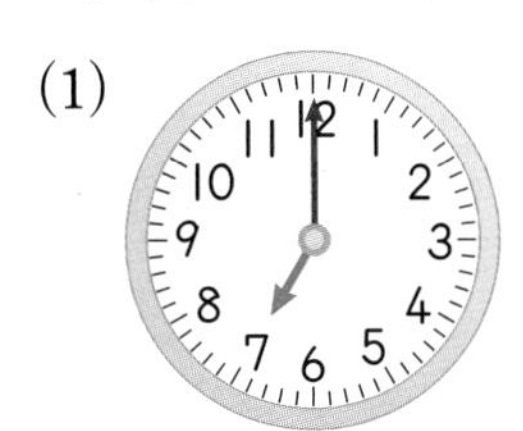

(7시 , 10시)

(2)

(12시 , 1시)

2 시각에 맞게 짧은바늘을 그려 넣으시오.

(1)

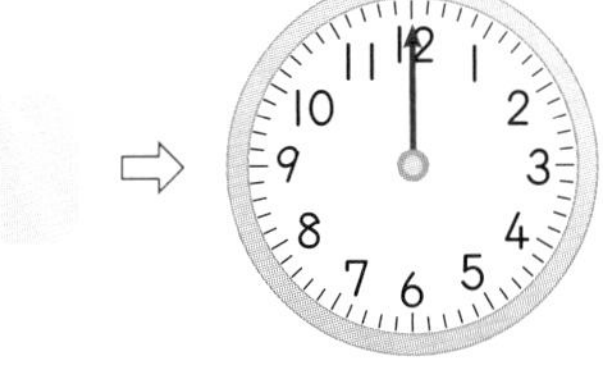

(2)

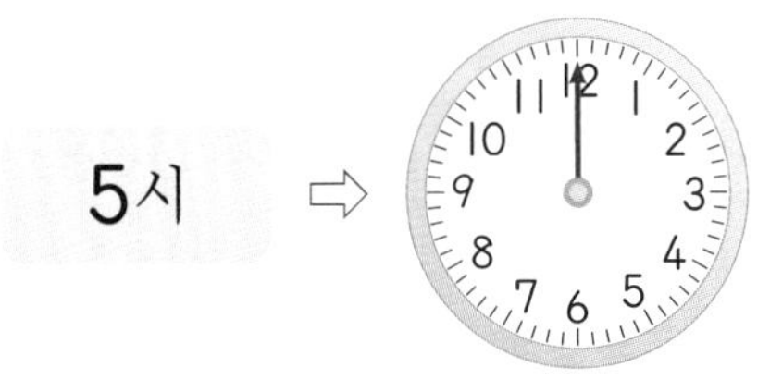

3 같은 시각끼리 이으시오.

11:00

2:00

빈칸에 알맞은 글자나 수를 써 보세요.

짧은바늘이 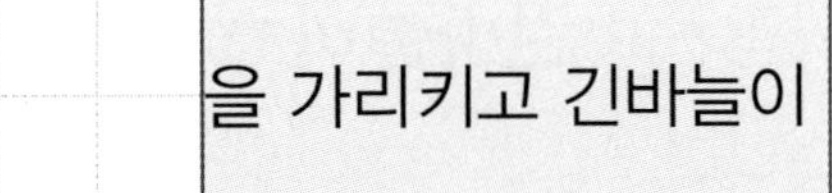 을 가리키고 긴바늘이  를 가리키므로 시계는

□ 시를 나타냅니다.

개념 파헤치기

개념 5 몇 시 30분을 알아볼까요

• 몇 시 30분 알아보기

짧은바늘이 2와 3의 가운데, 긴바늘이 6을 가리킬 때 시계는 2시 30분을 나타내고 두 시 삼십 분이라고 읽습니다.

⇨ 2시 30분

긴바늘이 6을 가리킬 때 몇 시 30분을 나타냅니다.

• 몇 시 30분을 시계에 나타내기

① ■시 30분일 때 짧은바늘이 ■와 다음 수의 가운데를 가리키도록 그립니다.

⇨

② 긴바늘이 6을 가리키도록 그립니다.

3시 30분 ⇨

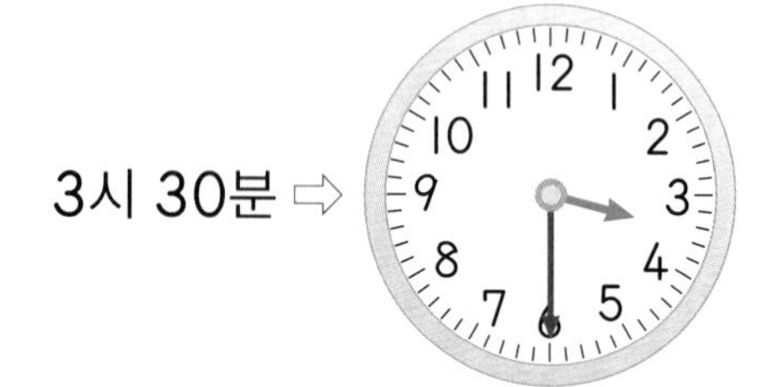

8시 30분 ⇨

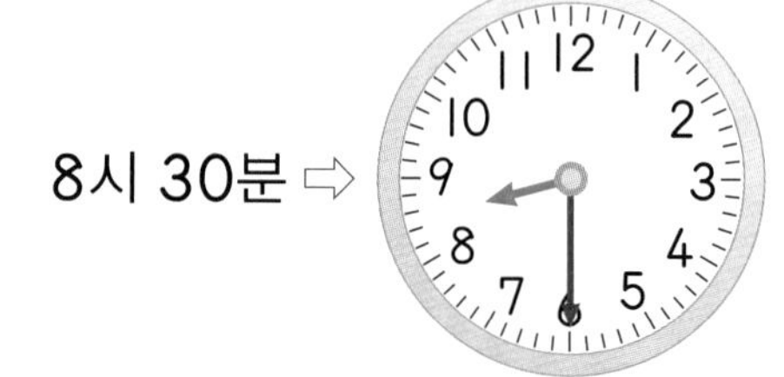

개념 받아쓰기

짧은바늘이 9와 10의 가운데를 가리키고 긴바늘이 6을 가리킬 때 시계는 9시 30분을 나타내고 아홉 시 삼십 분이라고 읽습니다.

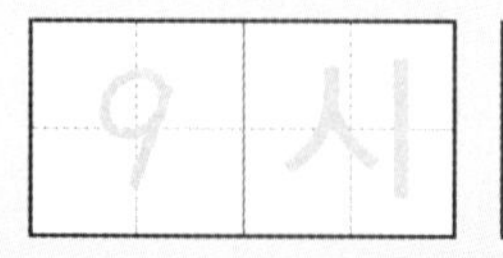

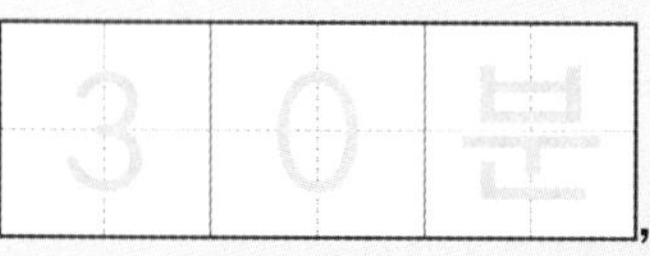

,
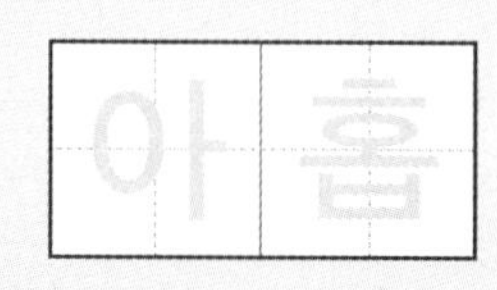

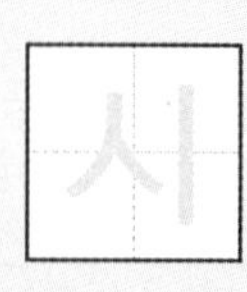

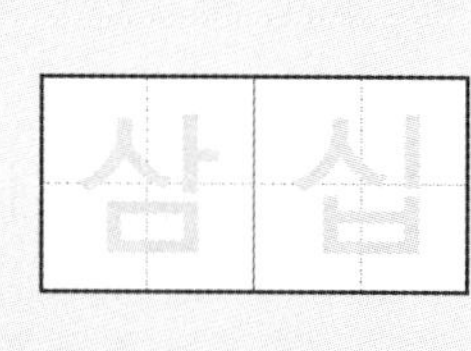

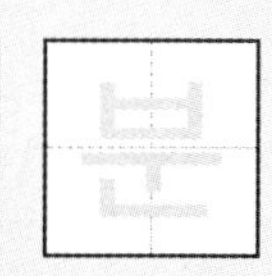

1 시각을 바르게 쓴 것에 ○표 하시오.

(1)

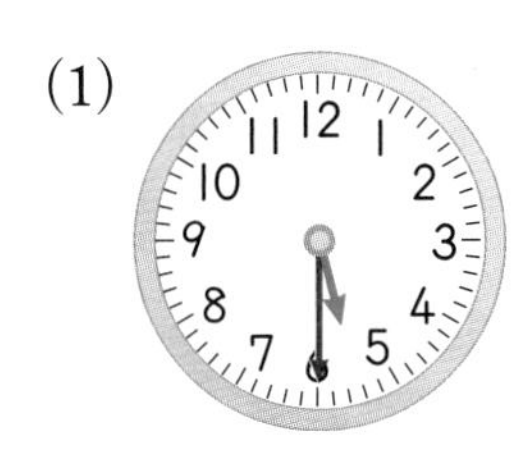

5시 30분
6시 30분

(2)

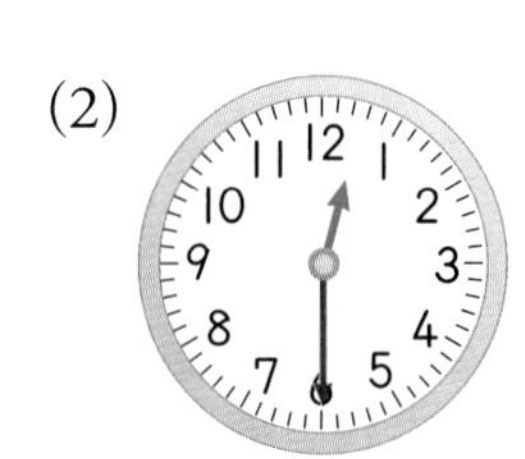

11시 30분
12시 30분

2 시각에 맞게 짧은바늘을 그려 넣으시오.

(1) 4시 30분 ⇨

(2) 6시 30분 ⇨

3 같은 시각끼리 이으시오.

 • • 9:30

 • • 1:30

3 모양과 시각

짧은바늘이 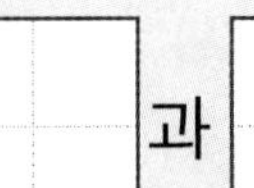 과 □ 의 가운데를 가리키고 긴바늘이  을 가리키므로 시계는 □ 시  분을 나타냅니다.

개념 확인하기

개념4 몇 시를 알아볼까요

시계에서 짧은바늘이 ■, 긴바늘이 □를 가리키면 ■시입니다.

교과서 유형

1 시각을 쓰시오.

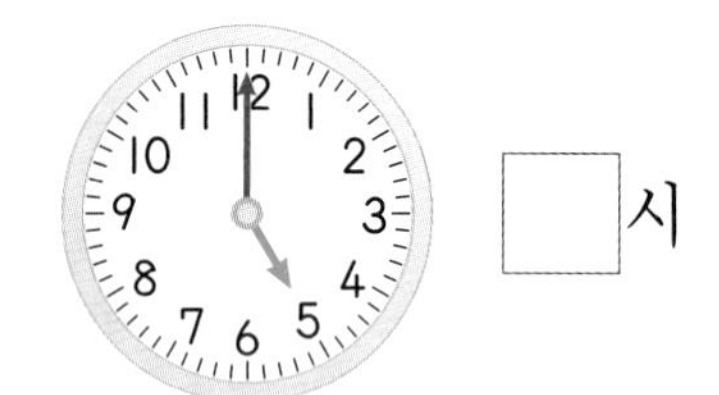

□시

[2~3] **시각을 바르게 나타냈으면 ○표, 아니면 ×표 하시오.**

2

2시

(　　　　　　)

3

10시

(　　　　　　)

익힘책 유형

4 시각에 맞게 시곗바늘을 그려 넣으시오.

(1)

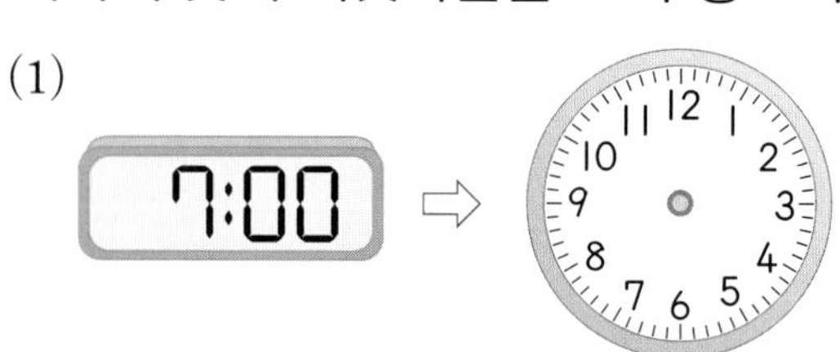

(2)

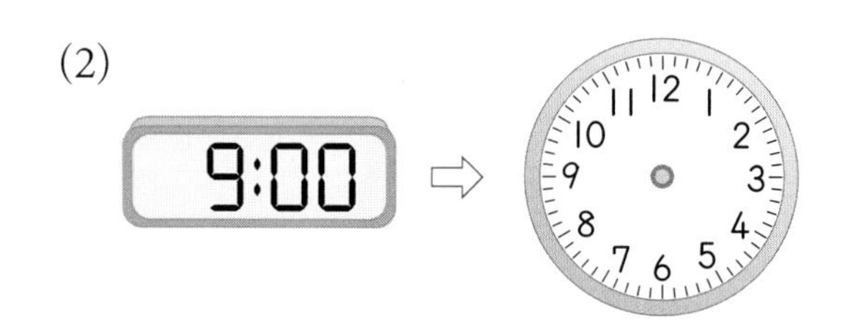

5 짧은바늘이 11, 긴바늘이 12를 가리킬 때 시각을 쓰시오.

(　　　　　　)

6 그림을 보고 □ 안에 알맞은 수를 써넣으시오.

□시에 숙제를 하고 □시에 줄넘기를 하였습니다.

게임 학습

게임으로 학습을 즐겁게 할 수 있어요.
QR 코드를 찍어 보세요.

정답은 14쪽

개념 5 몇 시 30분을 알아볼까요

시계에서 짧은바늘이 지나온 수(■)와 다음 수의 가운데, 긴바늘이 □을 가리키면 ■시 □분입니다.

7 오른쪽 시계를 보고 □ 안에 알맞은 수를 써넣으시오.

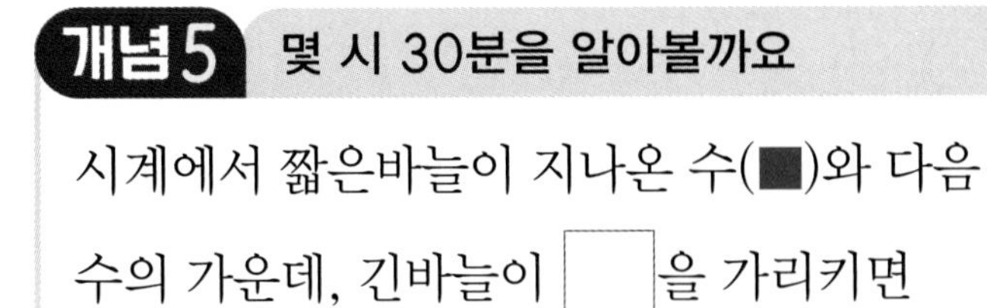

짧은바늘이 □과 2의 가운데, 긴바늘이 6을 가리키므로 □시 □분입니다.

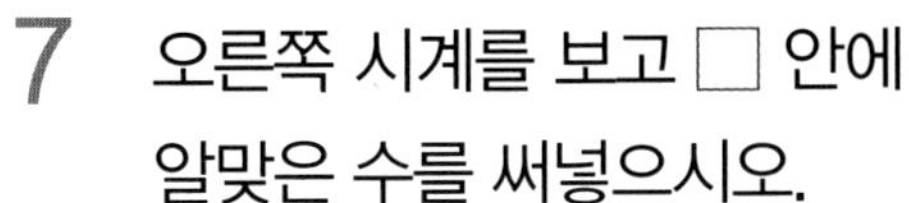

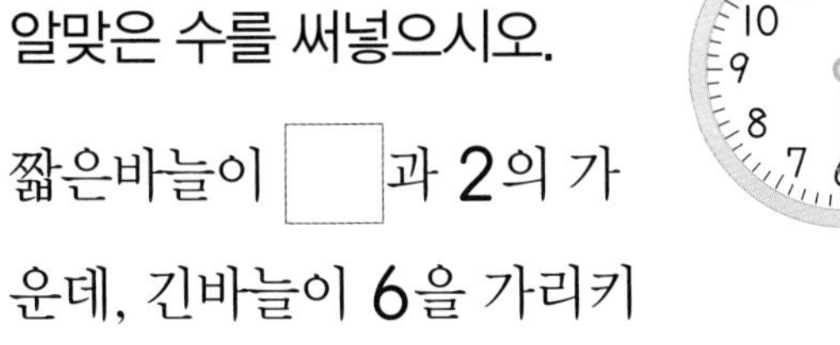

8 2시 30분을 나타내는 시계에 ○표 하시오.

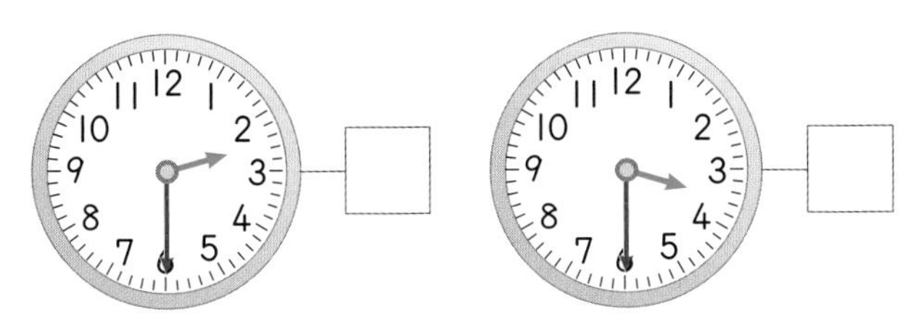

9 그림을 보고 □ 안에 알맞은 수를 써넣으시오.

학생들이 □시 □분에 놀이공원에 도착하였습니다.

10 시각을 나타내시오.

(1)

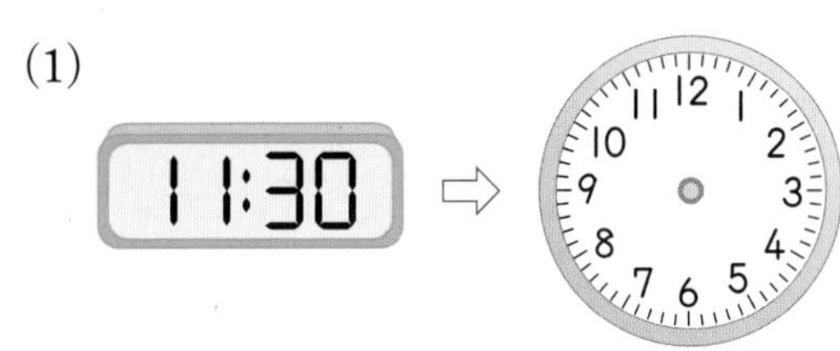

(2)

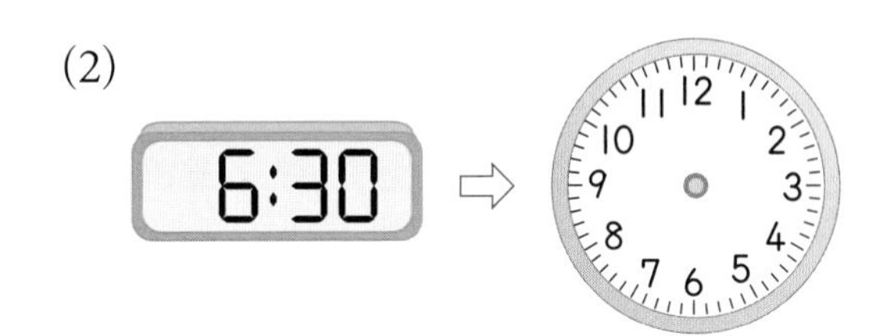

11 시각이 나머지와 다른 하나에 △표 하시오.

( ) ( ) ( )

12 시곗바늘이 잘못 그려진 시계에 ×표 하시오.

( ) ( ) ( )

3 모양과 시각

점수

[1~2] **여러 가지 물건을 보고 물음에 답하시오.**

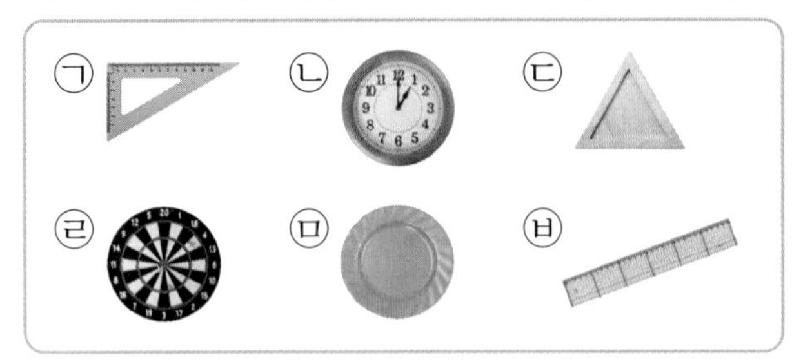

1 △ 모양의 물건을 모두 찾아 기호를 쓰시오.

( )

2 ○ 모양의 물건은 모두 몇 개입니까?

( )

[3~4] **시각에 맞게 시곗바늘을 그려 넣으시오.**

3

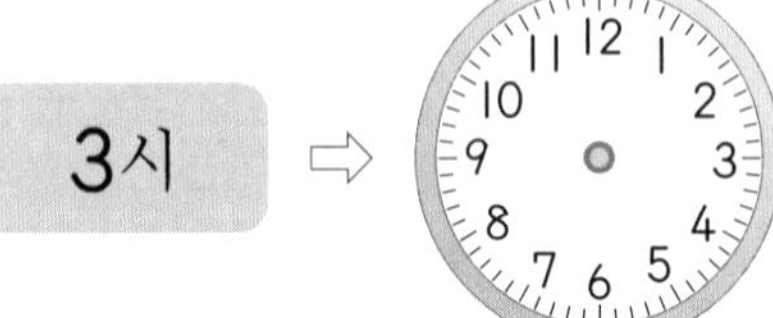

4

9시 30분 ⇨

5 그림과 같이 본뜬 모양과 같은 모양에 ○표 하시오.

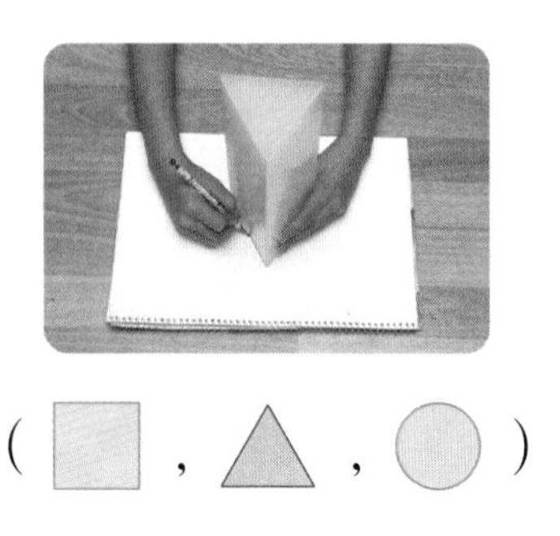

(□ , △ , ○)

[6~7] **시각을 쓰시오.**

6

□시

7

□시 □분

8 같은 시각끼리 이으시오.

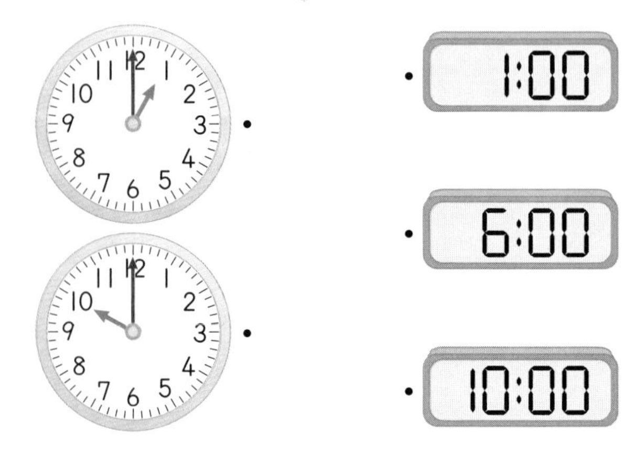

유사문제

정답은 15쪽

9 오른쪽과 같은 시각을 나타내는 시계를 찾아 ○표 하시오.

( ) ( ) ( )

10 물감을 묻혀 찍은 것입니다. □ 안에 알맞은 수를 써넣으시오.

⇨ □ 모양은 7번, △ 모양은 □번,

○ 모양은 □번 찍었습니다.

유사문제

11 태극기에서 찾을 수 없는 모양을 찾아 ×표 하시오.

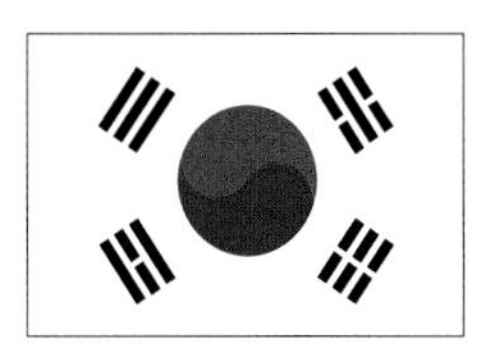

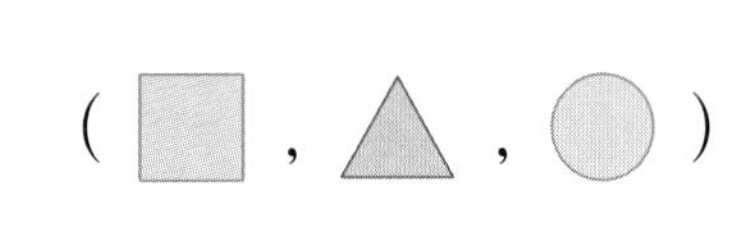

12 설명에 맞는 모양의 물건을 찾아 ○표 하시오.

뾰족한 부분이 4군데 있습니다.

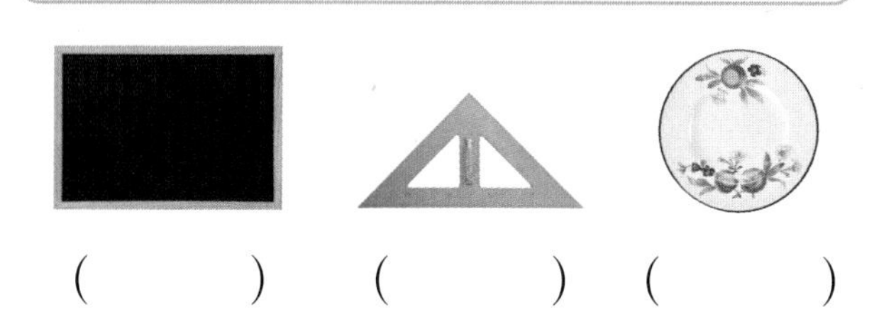

( ) ( ) ( )

13 어떤 모양의 부분을 나타낸 그림입니다. 알맞은 모양을 찾아 이으시오.

14 미주네 집 거실을 보고 미주의 말을 완성하시오.

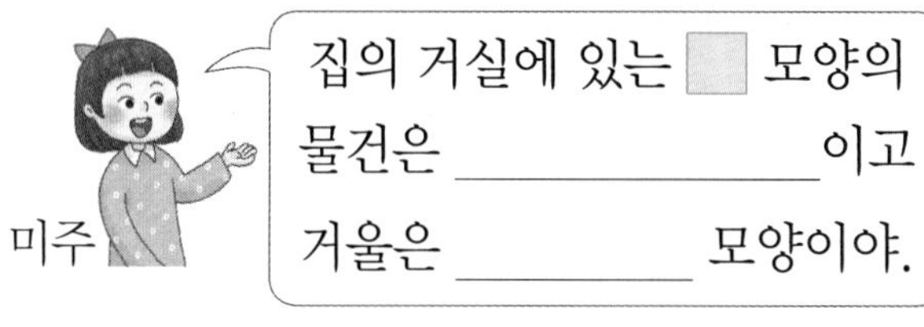

3 모양과 시각

15 시각을 시계에 나타내고 그 시각에 하고 싶은 일을 써 보시오.

10시 30분

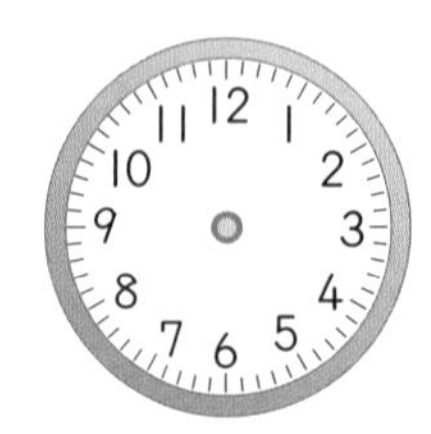

____

____

16 다음 중 시계의 두 시곗바늘이 같은 수를 가리키는 시각은 언제입니까? ····· (　　　　)

① 4시　② 6시
③ 6시 30분　④ 8시 30분
⑤ 12시

17 그림과 같이 두부를 잘랐습니다. 잘라 낸 모양과 같은 모양을 찾아 ○표 하시오.

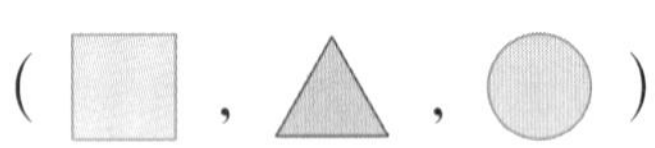

(□ , △ , ○)

유사문제

18 배 모양을 꾸미는 데 이용한 □, △, ○ 모양의 수를 각각 세어 보시오.

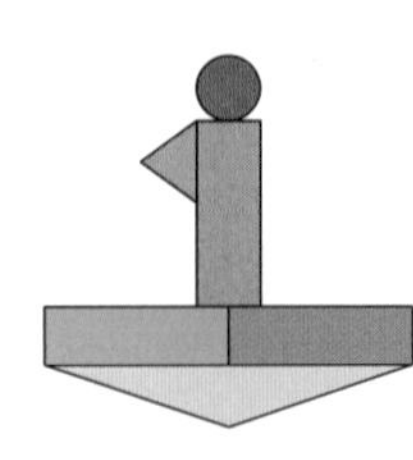

□ 모양: □개

△ 모양: □개

○ 모양: □개

[19 ~ 20] 그림을 보고 물음에 답하시오.

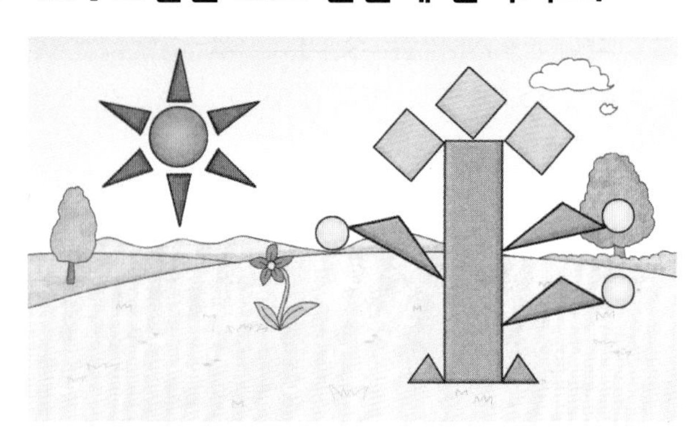

19 □ 안에 알맞은 수를 써넣으시오.

해는 ○ 모양 □개와 △ 모양 □개로 꾸몄습니다.

유사문제

20 나무를 꾸미는 데 가장 많이 이용한 모양은 무엇인지 풀이 과정을 완성하고 답을 구하시오.

풀이 나무는 □ 모양 □개, △ 모양 □개, ○ 모양 □개로 꾸몄습니다.

따라서 나무를 꾸미는 데 가장 많이 이용한 모양은 □ 모양입니다.

답 □ 모양

정답은 16쪽

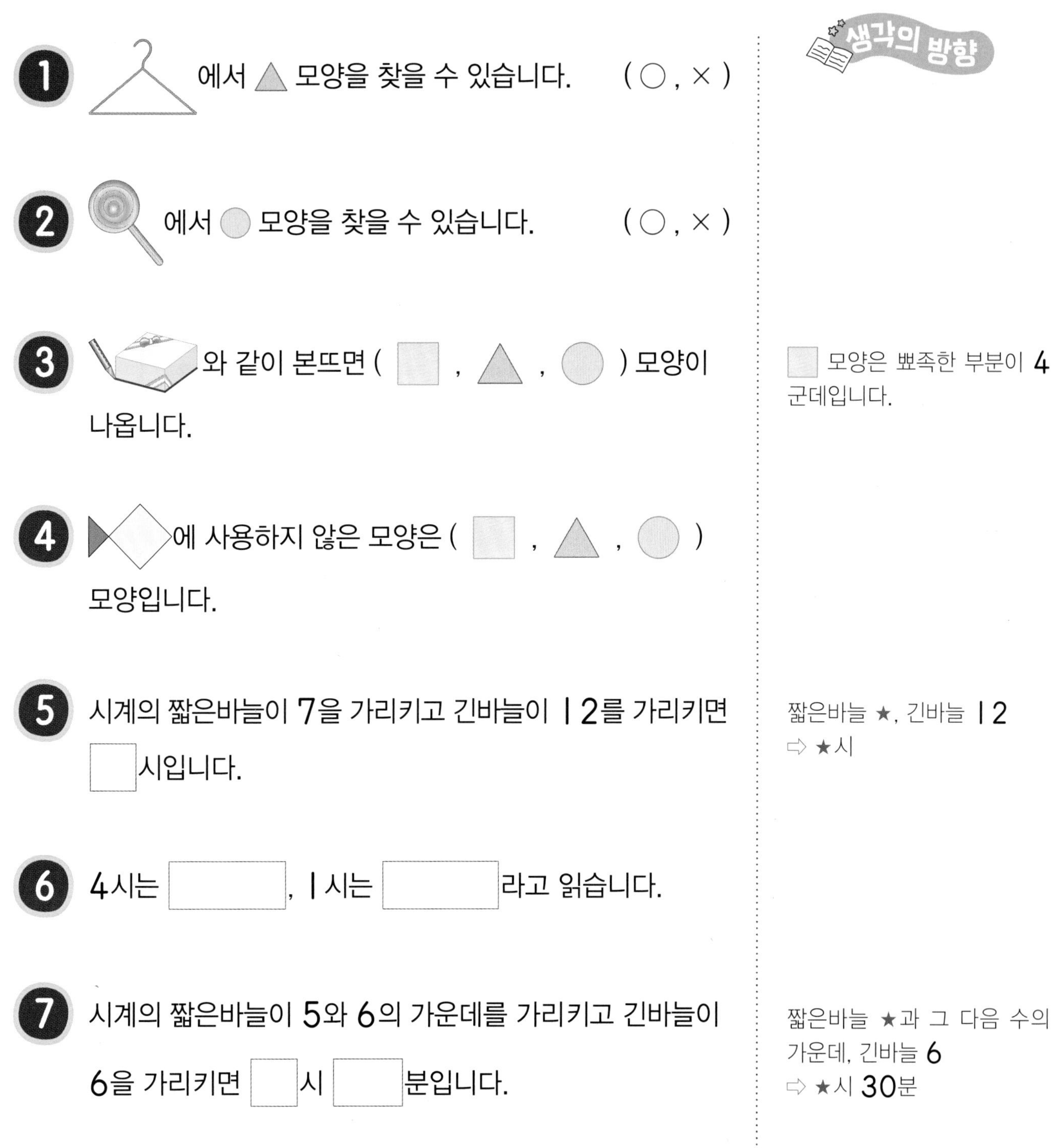

생각의 방향

1 에서 △ 모양을 찾을 수 있습니다. (○ , ×)

2 에서 ○ 모양을 찾을 수 있습니다. (○ , ×)

3 와 같이 본뜨면 (□ , △ , ○) 모양이 나옵니다.

□ 모양은 뾰족한 부분이 4군데입니다.

4 에 사용하지 않은 모양은 (□ , △ , ○) 모양입니다.

5 시계의 짧은바늘이 7을 가리키고 긴바늘이 12를 가리키면 □시입니다.

짧은바늘 ★, 긴바늘 12
⇨ ★시

6 4시는 □, 1시는 □라고 읽습니다.

7 시계의 짧은바늘이 5와 6의 가운데를 가리키고 긴바늘이 6을 가리키면 □시 □분입니다.

짧은바늘 ★과 그 다음 수의 가운데, 긴바늘 6
⇨ ★시 30분

8 12시 30분은 □이라고 읽습니다.

개념 공부를 완성했다!

3 모양과 시각

인류의 가장 오래된 계산 도구

인류의 가장 오래된 계산 도구는 손가락이에요. 손가락으로 10이 되는 더하기와 빼기를 할 수 있다는데 알아볼까요?

양손의 손가락을 모두 모으면 10개이므로 손가락을 하나씩 접을 때마다 10이 되는 더하기와 10에서 빼기를 알아볼 수 있어요.

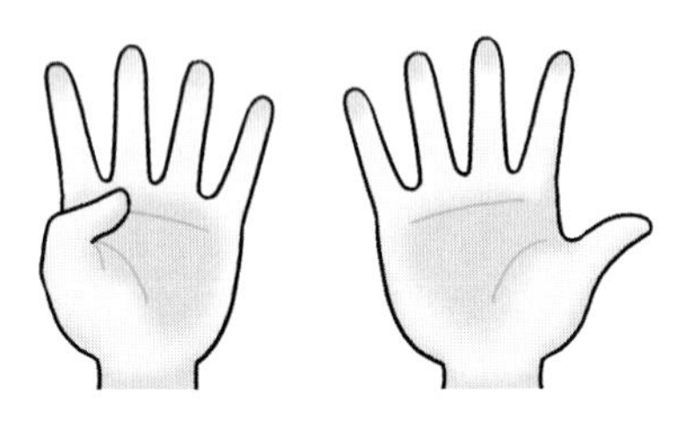

접은 손가락		편 손가락		10개
1	+	9	=	10
편 손가락		접은 손가락		10개
9	+	1	=	10

10개		접은 손가락		편 손가락
10	−	1	=	9
10개		편 손가락		접은 손가락
10	−	9	=	1

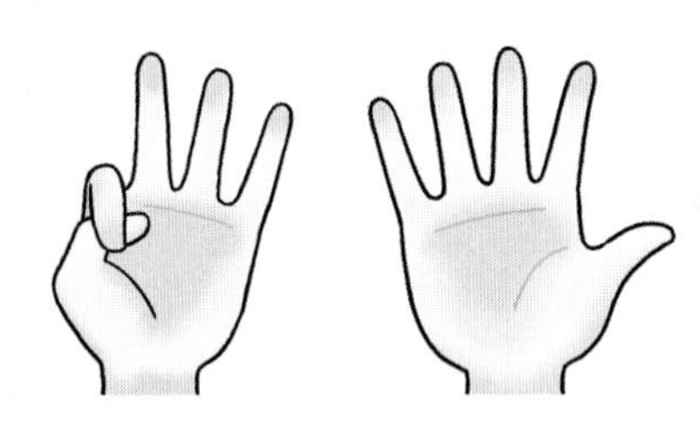

2+8=10
8+2=10
10−2=8
10−8=2

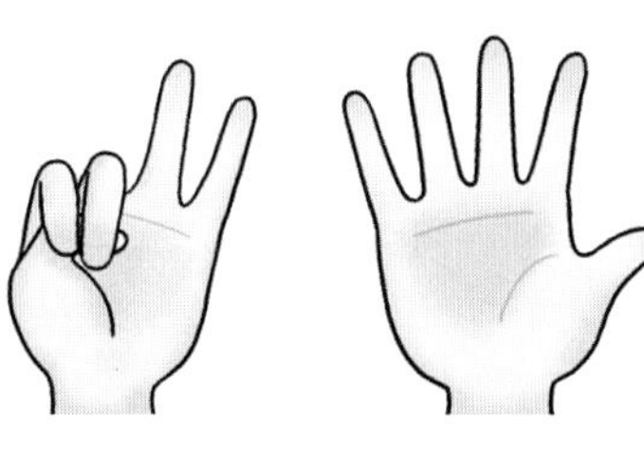

3+7=10
7+3=10
10−3=7
10−7=3

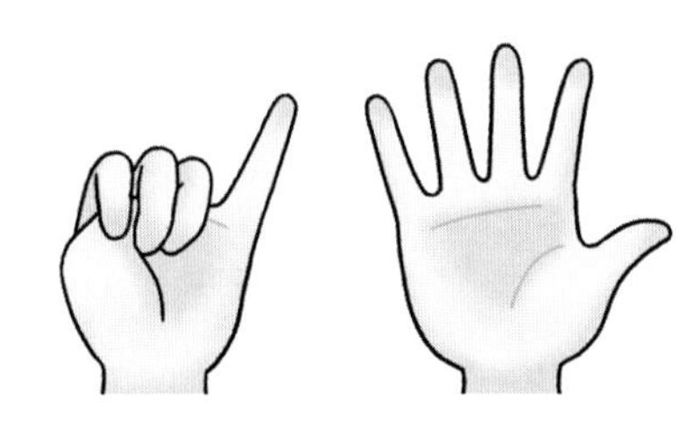

4+6=10
6+4=10
10−4=6
10−6=4

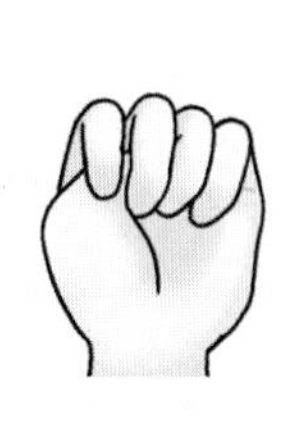
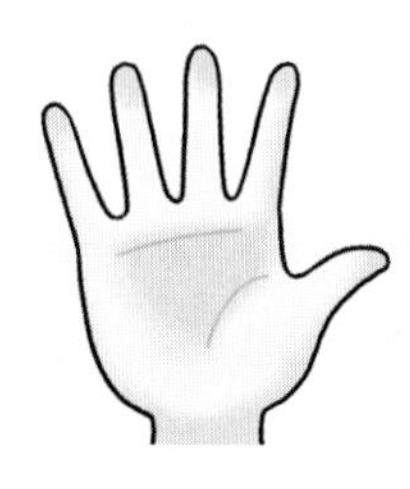

5+5=10
10−5=5

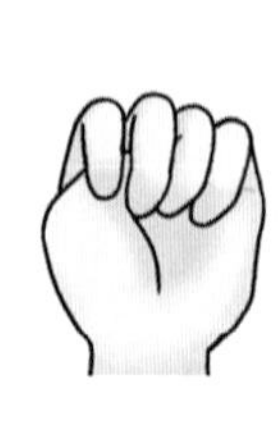
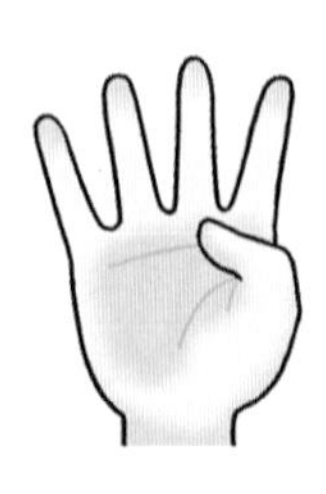

6+4=10
4+6=10
10−6=4
10−4=6

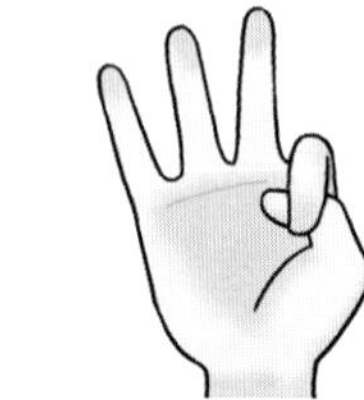

7+3=10
3+7=10
10−7=3
10−3=7

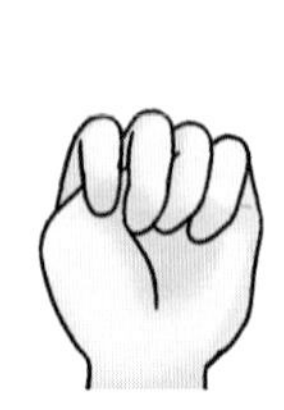

8+2=10
2+8=10
10−8=2
10−2=8

9+1=10
1+9=10
10−9=1
10−1=9

1 나비는 모두 몇 마리인지 알아보려고 합니다. 빈 곳에 알맞은 수만큼 ○를 그리고, □ 안에 알맞은 수를 써넣으시오.

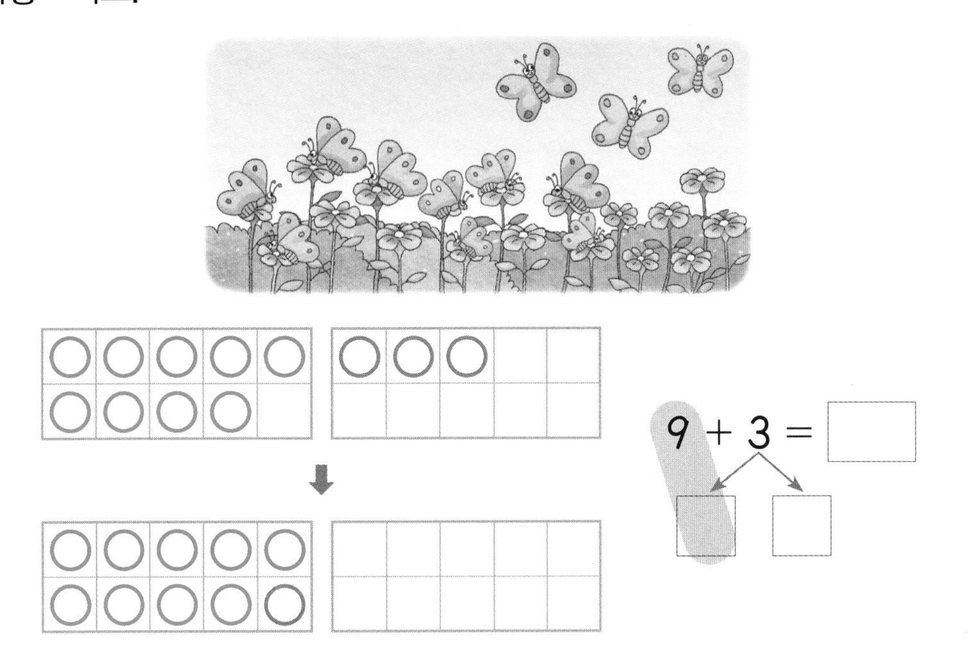

2 그림을 보고 □ 안에 알맞은 수를 써넣으시오.

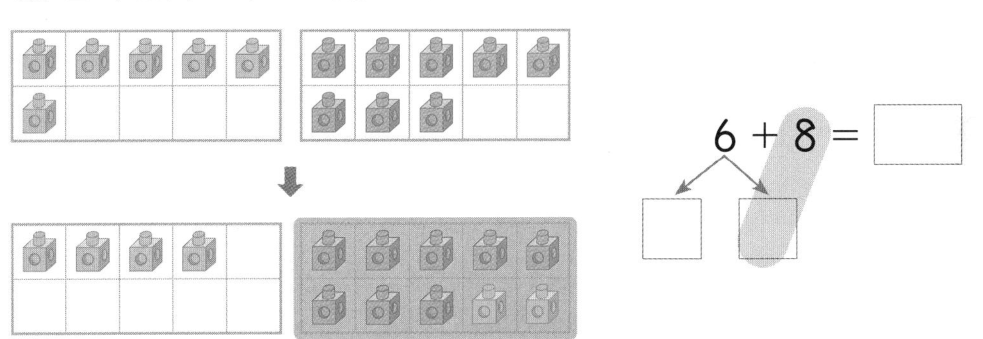

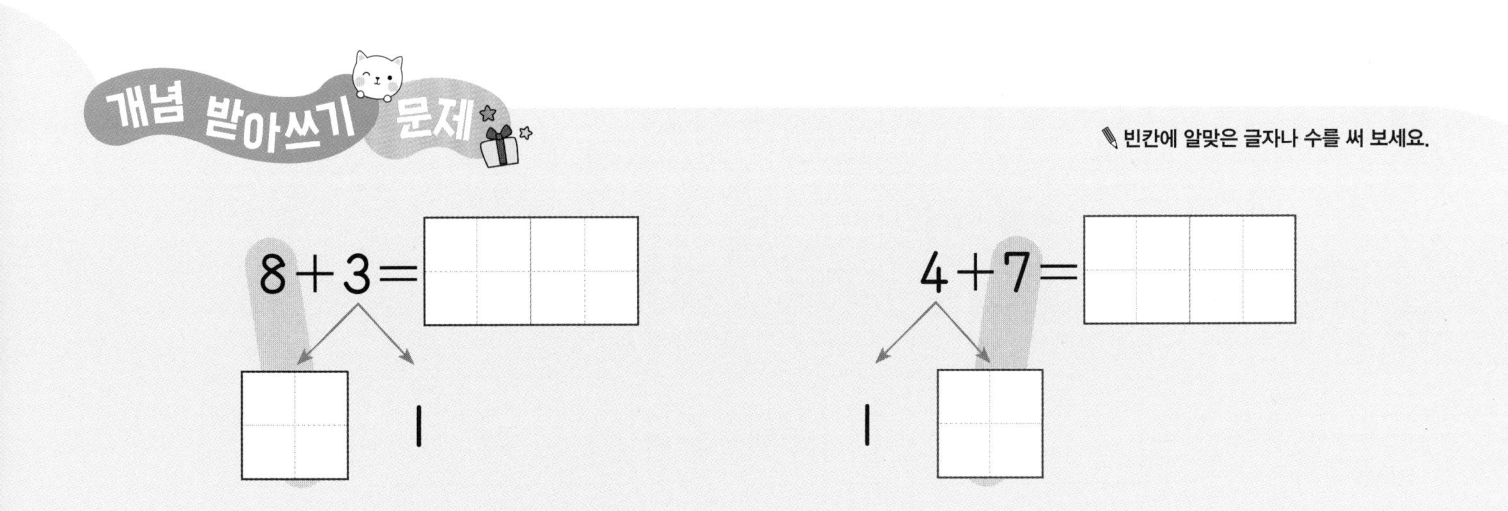

개념 파헤치기

개념 3 여러 가지 덧셈을 해 볼까요

개념 동영상

• 규칙이 있는 덧셈

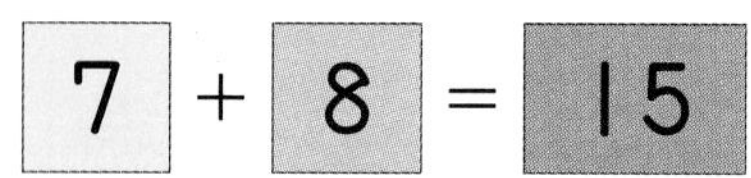

7 + 7 = 14	7 + 8 = 15
7 + 8 = 15	6 + 8 = 14
7 + 9 = 16	5 + 8 = 13

(왼쪽) 더하는 수: 1씩 커짐, 합: 1씩 커짐
(오른쪽) 더해지는 수: 1씩 작아짐, 합: 1씩 작아짐

• 두 수를 바꾸어 더하기

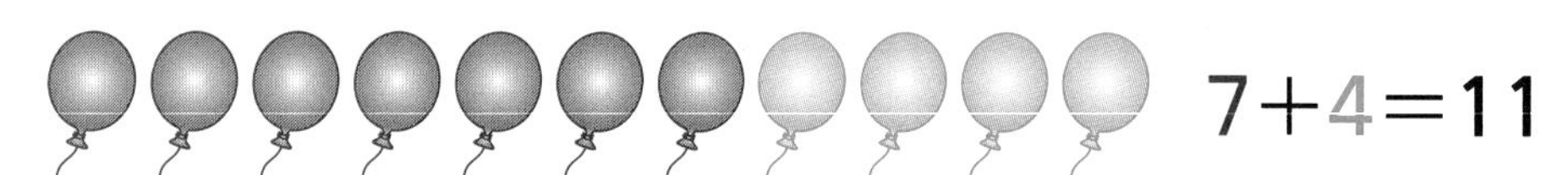

7+4=11

4+7=11

두 수를 바꾸어 더해도 합이 같습니다.

1 8+3=11, 8+4=12, 8+5=13, 8+6=14

⇨ 

씩 큰 수를 더하면 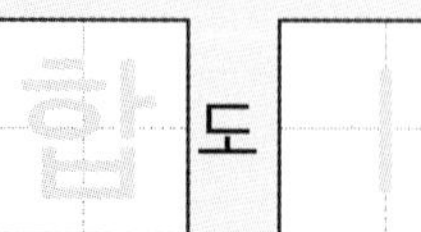

도 1 씩 커집니다.

2 4+9=13, 9+4=13

⇨ 두 수를 서로 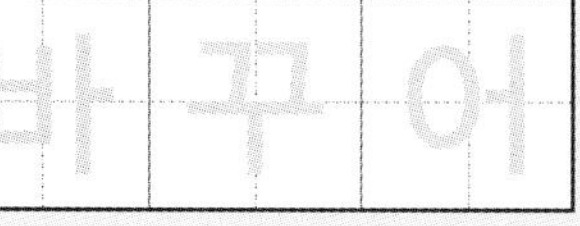

더해도 합은 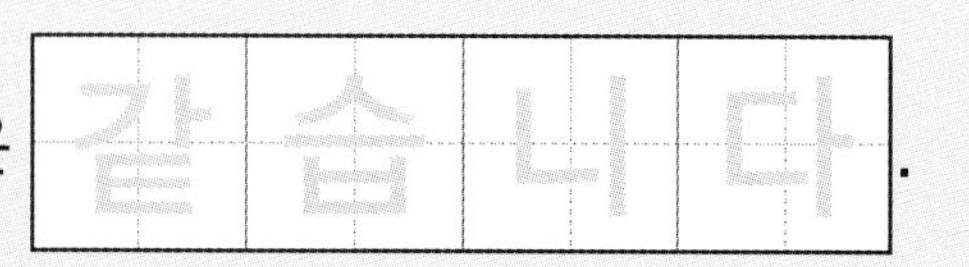

.

[1~2] 덧셈을 해 보고 알게 된 점을 쓰시오.

1

6+4= □

6+5= □

6+6= □

6+7= □

1씩 큰 수를 더하면
합도 □씩 커집니다.

2

7+8= □

8+7= □

5+6= □

6+5= □

두 수를 서로 바꾸어 더해도
합은 □.

[3~4] 합을 구하여 보기 의 색으로 칠해 보시오.

3

보기
11
12
13

	6+5	
7+4	7+5	7+6
	8+5	

4

보기
9
10
11
12
13

7+2	7+3	7+4
8+2	8+3	8+4
9+2	9+3	9+4

• 5+6= □, 5+7= □, 5+8= □

• 8+6= □, 6+8= □

STEP 2 개념 확인하기

개념 1 덧셈을 알아볼까요

1 오리는 모두 몇 마리인지 구하시오.

□+□=□

익힘책 유형

2 알맞게 점을 그리고, □ 안에 알맞은 수를 써넣으시오.

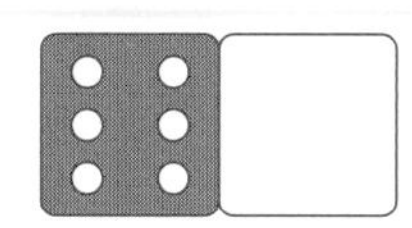

6+□=11

3 인형이 모두 몇 개인지 구하시오.

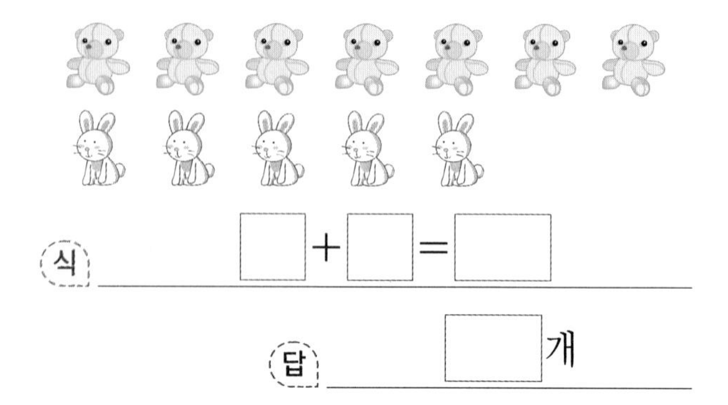

식 □+□=□

답 □개

개념 2 덧셈을 해 볼까요

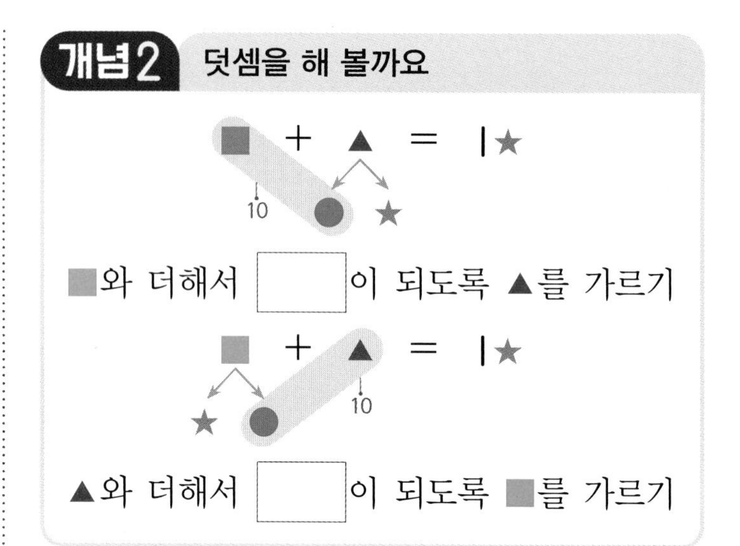

교과서 유형

4 □ 안에 알맞은 수를 써넣으시오.

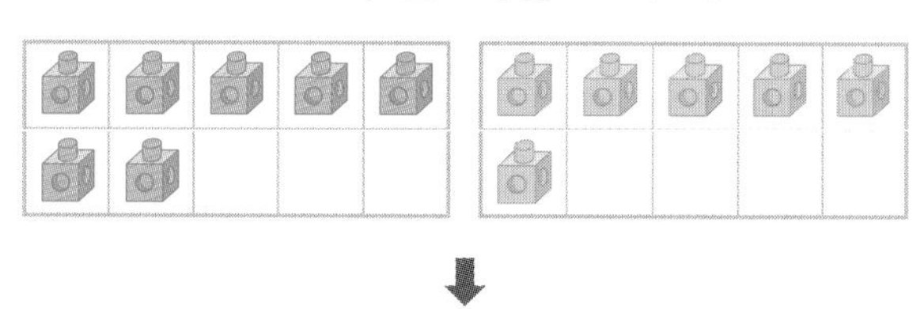

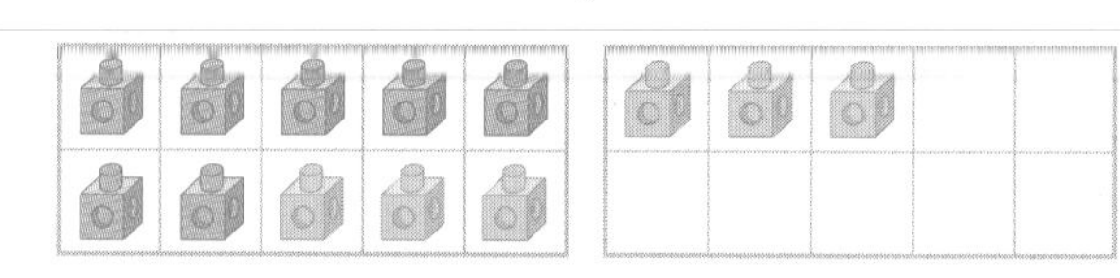

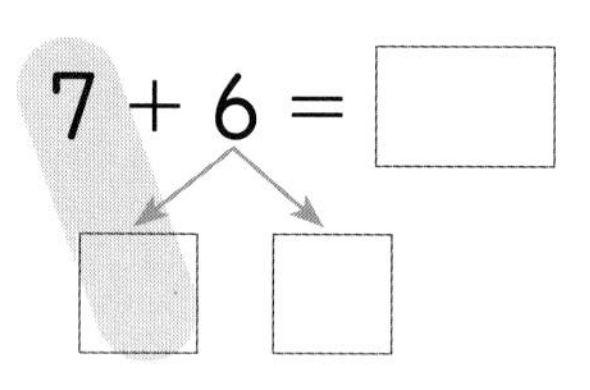

5 □ 안에 알맞은 수를 써넣으시오.

(1)

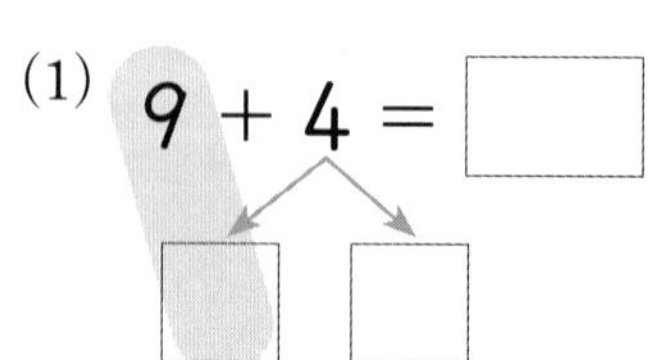

(2)

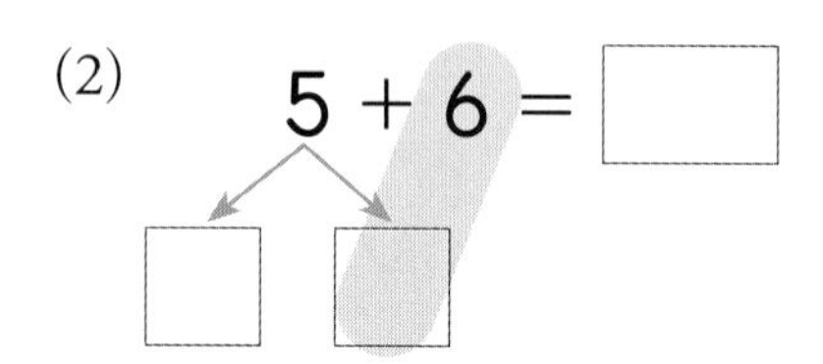

6 덧셈을 해 보시오.

(1) $9+5$ (2) $4+8$

7 계산 결과가 더 큰 식의 기호를 쓰시오.

㉠ $7+9$ ㉡ $8+5$

( )

8 야구공이 6개, 축구공이 8개 있습니다. 공은 모두 몇 개인지 ○를 그리고 답을 구하시오.

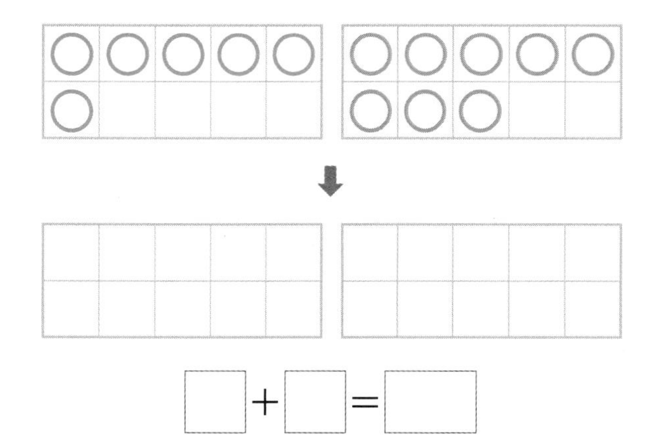

□ + □ = □

9 $8+7$을 계산하려고 합니다. 몽이와 토리 중 누가 계산을 바르게 했습니까?

( )

개념 3 여러 가지 덧셈을 해 볼까요

[10~11] 덧셈을 하시오.

10 $4+6=$ □
$4+7=$ □
$4+8=$ □
$4+9=$ □

11 $6+8=$ □
$5+8=$ □
$4+8=$ □
$3+8=$ □

12 합이 같은 것끼리 이으시오.

$4+7$ ·	· $9+5$
$5+9$ ·	· $7+4$

익힘책 유형

13 ♡가 있는 칸에 들어갈 수와 합이 같은 덧셈을 그림에서 찾으려고 합니다. 물음에 답하시오.

7+7 14	7+8 15	7+9 16
8+7 15	8+8 ♡	8+9 17
9+7 16	9+8 17	9+9 18

(1) ♡가 있는 칸에 들어갈 수를 쓰시오.

( )

(2) (1)에서 구한 수와 합이 같은 덧셈 2개를 그림에서 찾아 쓰시오.

( )

개념 파헤치기

개념 4 뺄셈을 알아볼까요

· 12−8의 계산

방법 1 거꾸로 세어 구하기

4 5 6 7 8 9 10 11 12

12에서부터 8을 거꾸로 세면 12하고
11, 10, 9, 8, 7, 6, 5, 4입니다.

$12-8=4$

방법 2 연결 모형에서 빼고 남는 것 구하기

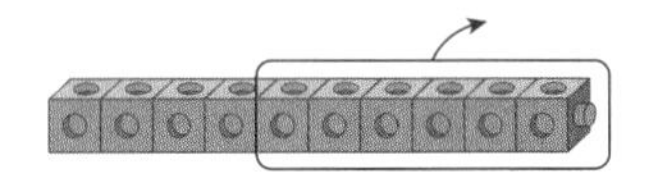
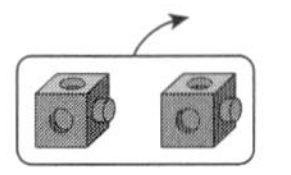

2개를 먼저 빼고 6개를 더 빼면
4개가 남습니다.

$12-8=4$

방법 3 구슬을 옮겨 구하기

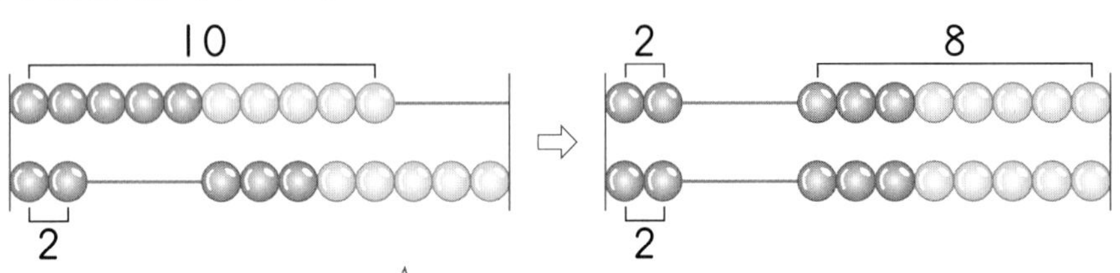

구슬 2개가 있는 줄은 그대로 두고 10개가 있는
줄에서 8개를 원래 자리로 옮기면 4개가 남습니다.

$12-8=4$

방법 4 바둑돌을 짝 지어 구하기

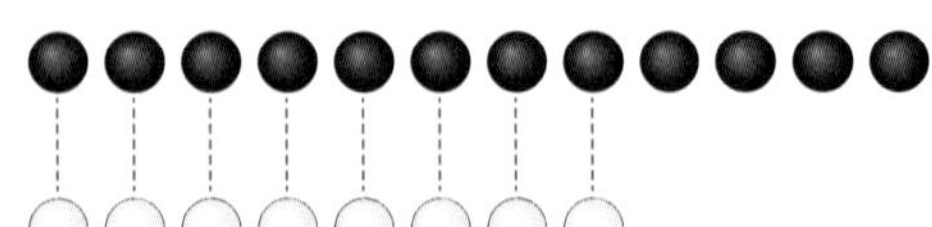

바둑돌을 하나씩 짝 지어 보니
검은색 바둑돌이 4개 더 많습니다.

$12-8=4$

1 두 수를 빼 보시오.

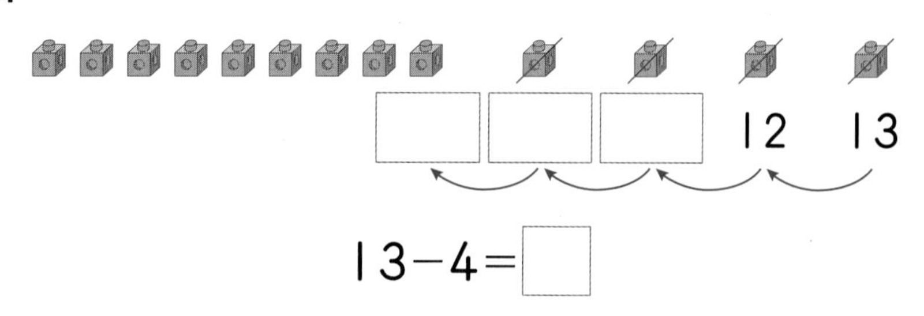

2 남는 연결모형의 수를 구해 보시오.

(1)  

$11-5=\square$

(2)  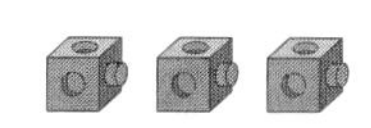

$13-9=\square$

3 민규는 갖고 있던 사탕 14개 중에서 8개를 소연이에게 주었습니다. 남은 사탕은 몇 개인지 아래 구슬을 옮겨서 구해 보시오.

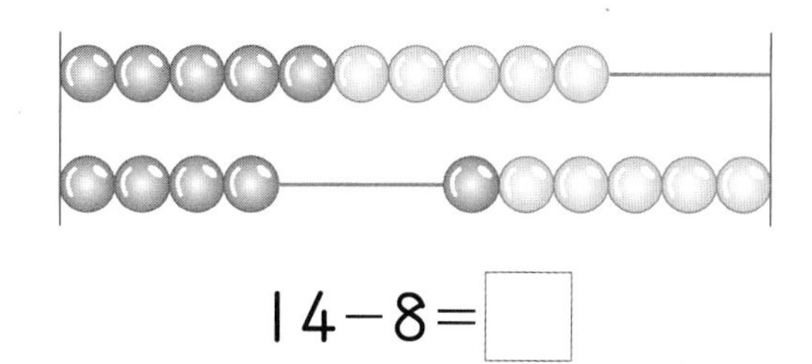

$14-8=\square$

힌트 윗줄에서 8개를 오른쪽으로 옮겨 봅니다.

4 강아지 12마리와 참새 7마리가 있습니다. 강아지는 참새보다 몇 마리 더 많은지 뺄셈식을 써 보시오.

$\square-\square=\square$

힌트 강아지와 참새를 하나씩 짝 지어 봅니다.

개념 5 뺄셈을 해 볼까요

개념 동영상

· 13−9의 계산

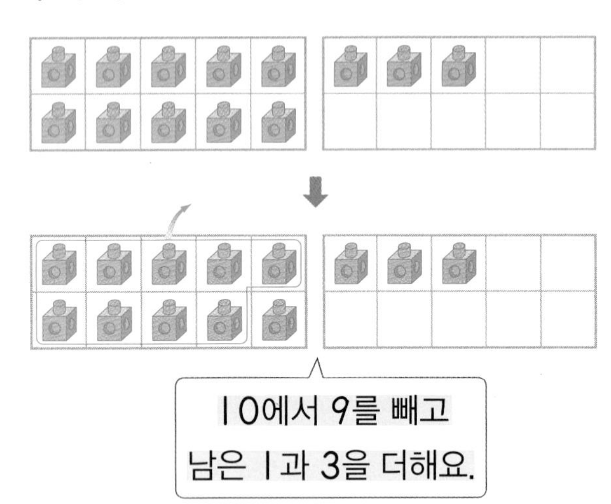

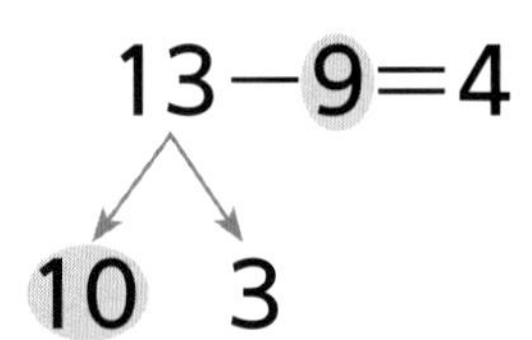

10에서 9를 빼고 남은 1과 3을 더해요.

· 12−5의 계산

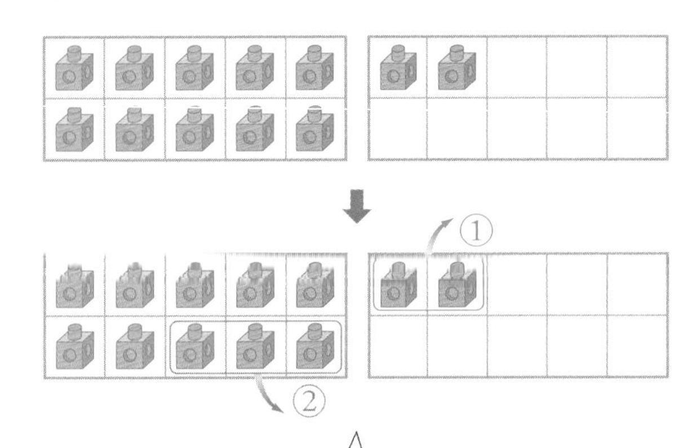

12−5=7
2 3

12에서 먼저 2를 빼서 10이 되게 한 다음 3을 더 빼요.

빈칸에 글자나 수를 따라 쓰세요.

1 15−8=7 (10, 5)

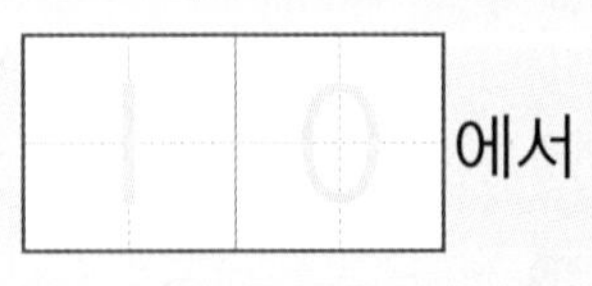

에서 8 을 빼고 남은 수와
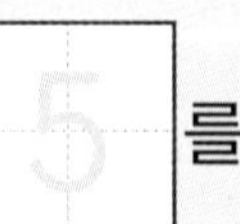

를 더합니다.

2 17−9=8 (7, 2)

17에서 먼저

을 빼
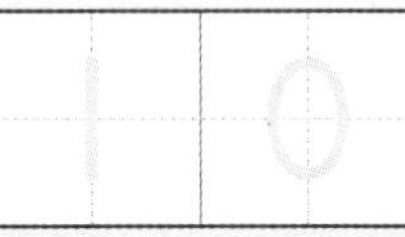

이 되게 합니다.

1 □ 안에 알맞은 수를 써넣으시오.

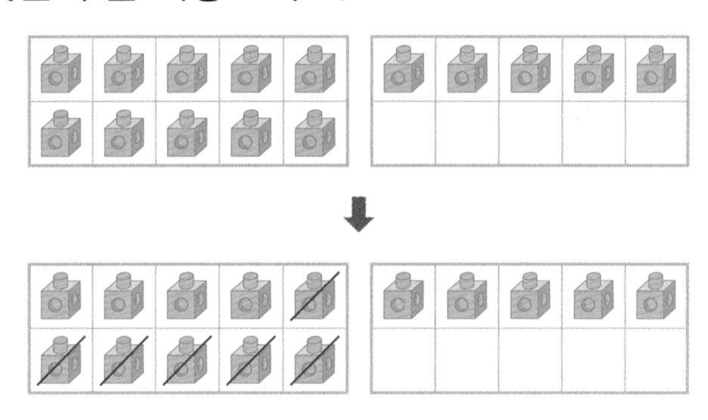

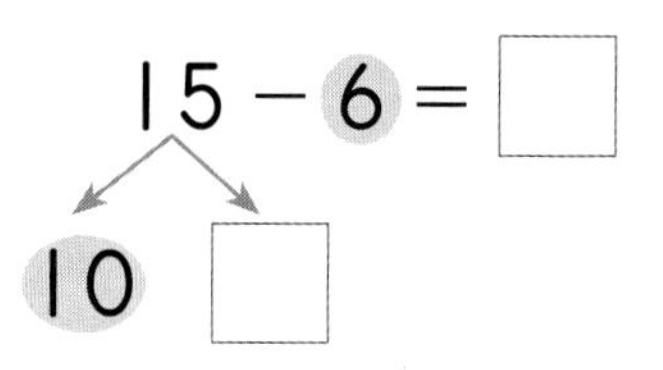

$15-6=\square$

10 □

2 뺄셈을 해 보시오.

(1)

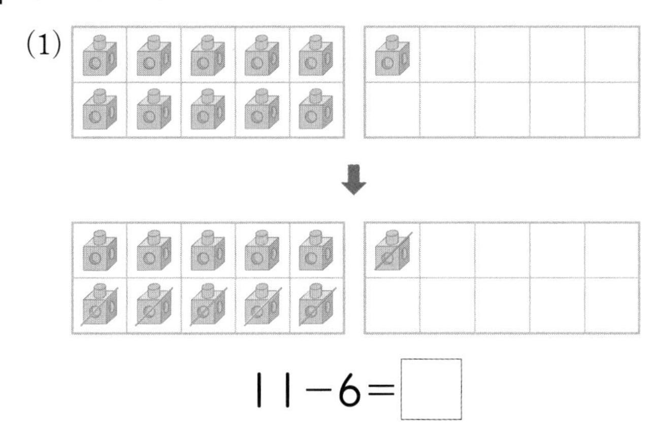

$11-6=\square$

(2)

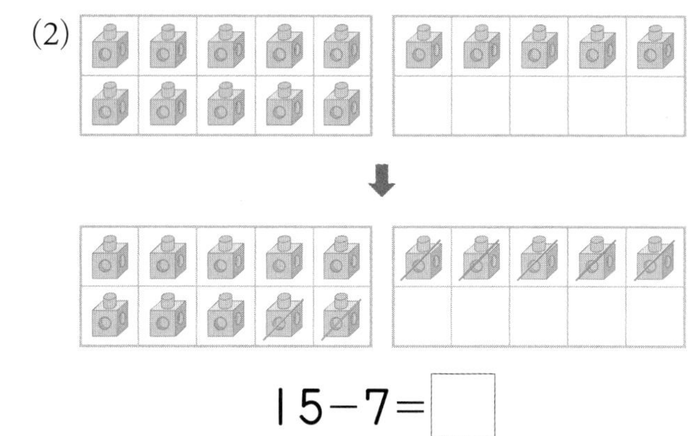

$15-7=\square$

3 뺄셈을 해 보시오.

(1) $12-8=\square$

(2) $13-4=\square$

빈칸에 알맞은 글자나 수를 써 보세요.

$16-8=\square$

10 □

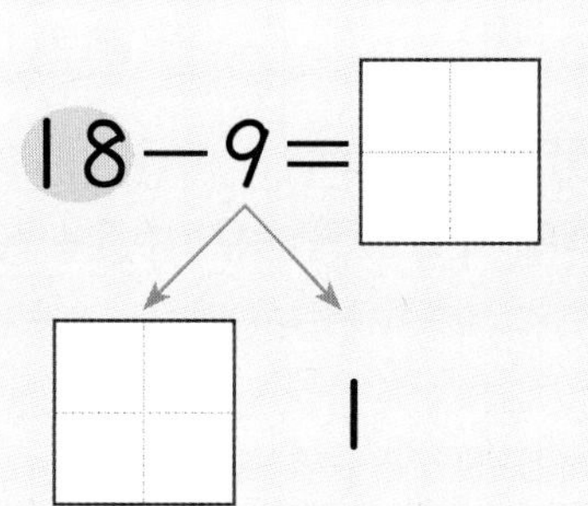

$18-9=\square$

□ 1

개념 파헤치기

개념 6 여러 가지 뺄셈을 해 볼까요

개념 동영상

• 규칙이 있는 뺄셈

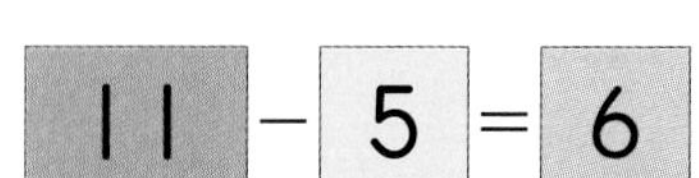

12 − 4 = 8	11 − 5 = 6
12 − 5 = 7	12 − 5 = 7
12 − 6 = 6	13 − 5 = 8
12 − 7 = 5	14 − 5 = 9

1씩 커짐 (빼는 수), 1씩 작아짐 (차) / 1씩 커짐 (빼지는 수), 1씩 커짐 (차)

• 차가 같은 뺄셈

12 − 4 = 8

13 − 5 = 8

14 − 6 = 8

15 − 7 = 8

1씩 커짐 1씩 커짐

왼쪽 수와 오른쪽 수가 각각 1씩 커지면 차는 항상 같습니다.

❶ 14−5=9, 14−6=8, 14−7=7, 14−8=6

⇨ [1] 씩 [큰] 수를 빼면 [차] 는 [1] 씩 작아집니다.

❷ 13−4=9, 14−5=9, 15−6=9

⇨ [1] 씩 [커지는] 두 수의 차는 [같습니다].

[1~2] 덧셈을 해 보고 알게 된 점을 쓰시오.

1

11−4=☐

11−5=☐

11−6=☐

11−7=☐

1씩 큰 수를 빼면

차는 ☐씩 작아집니다.

2

13−4=☐

14−5=☐

15−6=☐

16−7=☐

1씩 커지는 수에서 1씩 커지는 수를 빼면

차는 항상 9로 ☐.

[3~4] 차를 구하여 보기의 색으로 칠해 보시오.

3

보기

5

6

7

	11−6	
12−5	12−6	12−7
	13−6	

4

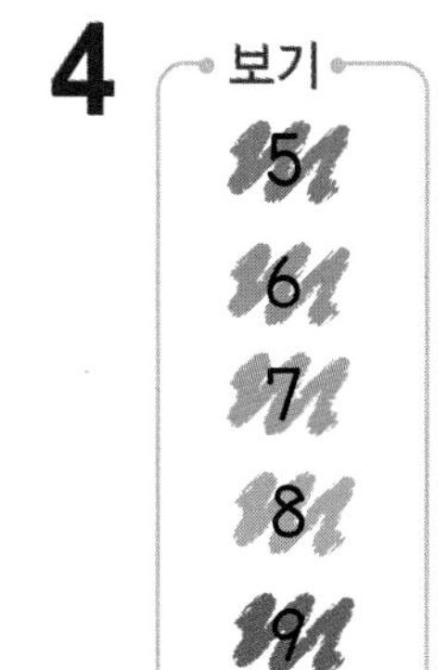

12−5	12−6	12−7
13−5	13−6	13−7
14−5	14−6	14−7

개념 받아쓰기 문제

• 13−7=☐, 14−7=☐, 15−7=☐, 16−7=☐

• 11−6=☐, 12−7=☐, 13−8=☐, 14−9=☐

개념 4 뺄셈을 알아볼까요

1 그림을 보고 □ 안에 알맞은 수를 써넣으시오.

(1)

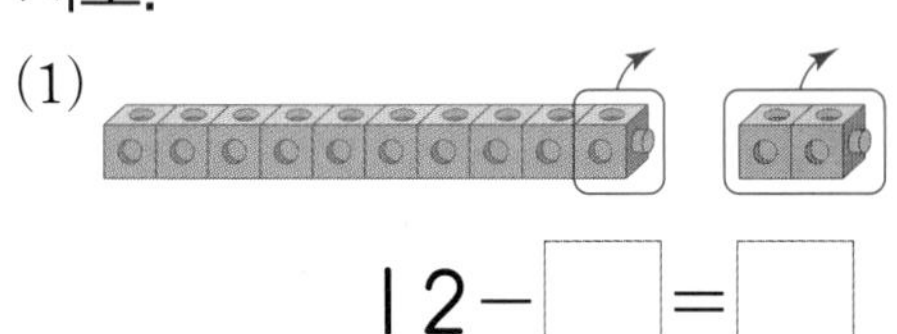

12−□=□

(2)

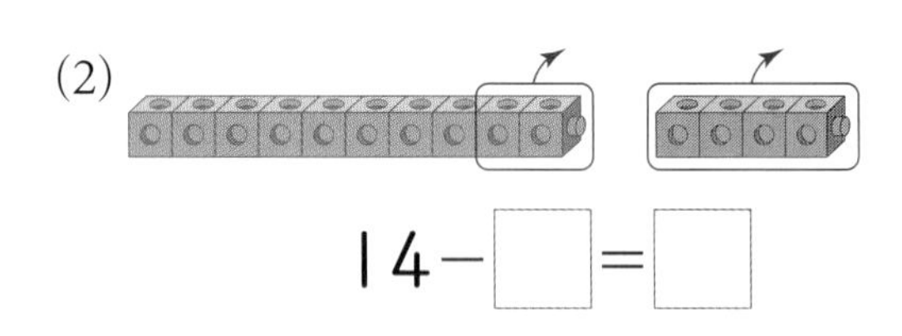

14−□=□

2 장미와 해바라기 중 어느 꽃이 몇 송이 더 많은지 구하시오.

(장미 , 해바라기)가 □송이 더 많습니다.

3 남는 쿠키의 수를 구하시오.

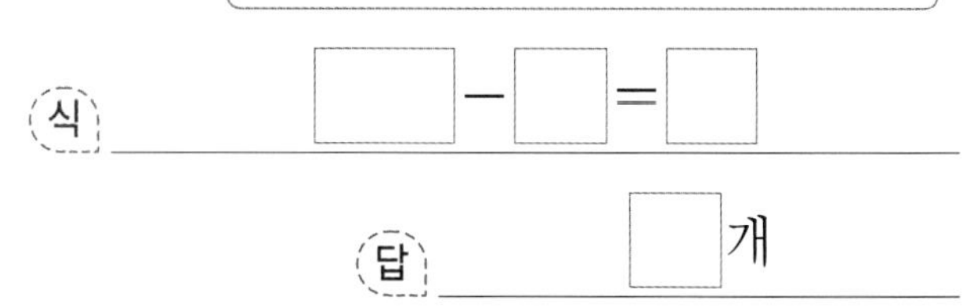

식 □−□=□

답 □개

개념 5 뺄셈을 해 볼까요

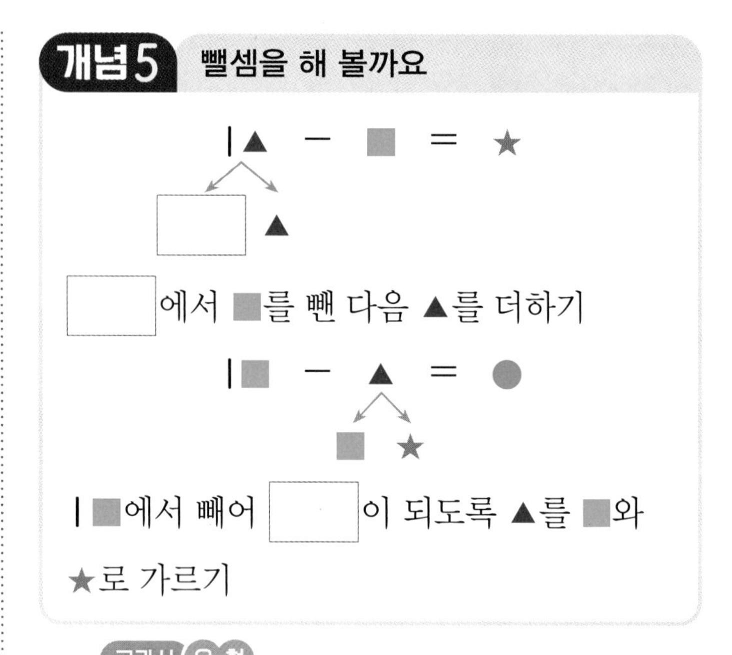

교과서 유형

4 □ 안에 알맞은 수를 써넣으시오.

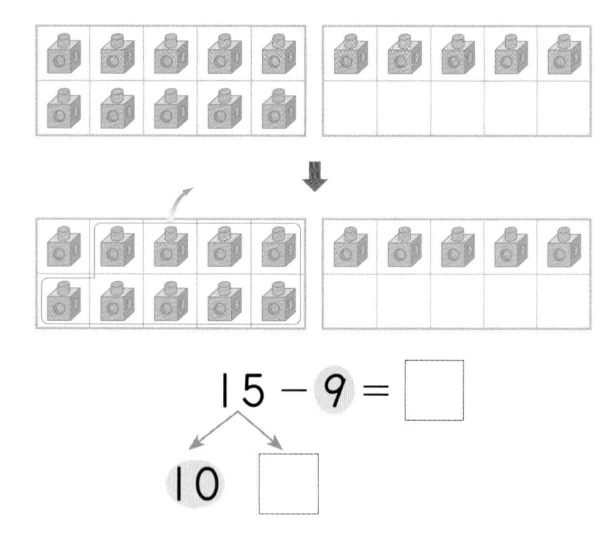

15 − 9 = □

10 □

5 차를 구해 이으시오.

12−6	·	·	5
13−8	·	·	6

6 두 수의 차를 구하시오.

15 7

( )

7 계산 결과가 더 큰 뺄셈의 기호를 쓰시오.

㉠ 14−8 ㉡ 16−9

( )

익힘책 유형

8 일곱 난쟁이가 탁자 위에 있던 사과를 하나씩 가지고 가서 먹고 있습니다. 먹고 남은 사과는 몇 개인지 빈칸에 ○를 그린 다음 /으로 지워 알아보시오.

□−□=□(개)

개념6 여러 가지 뺄셈을 해 볼까요

[9~10] **뺄셈을 하시오.**

9 11−2=□
11−3=□
11−4=□
11−5=□

10 11−6=□
12−7=□
13−8=□
14−9=□

11 빈칸에 알맞은 수를 써 보시오.

15−6 9	15−7 8	15−8 7	15−9 6
	16−7 9	16−8 8	16−9 7
		17−8	17−9
			18−9

익힘책 유형

12 ☆이 있는 칸에 들어갈 수와 차가 같은 뺄셈을 그림에서 찾아 쓰시오.

12−6 6	12−7 5	12−8 4
13−6 7	13−7 ☆	13−8 5
14−6 8	14−7 7	14−8 6

4 덧셈과 뺄셈 (2)

STEP 3 단원 마무리 평가

1 두 수를 더해 보시오.

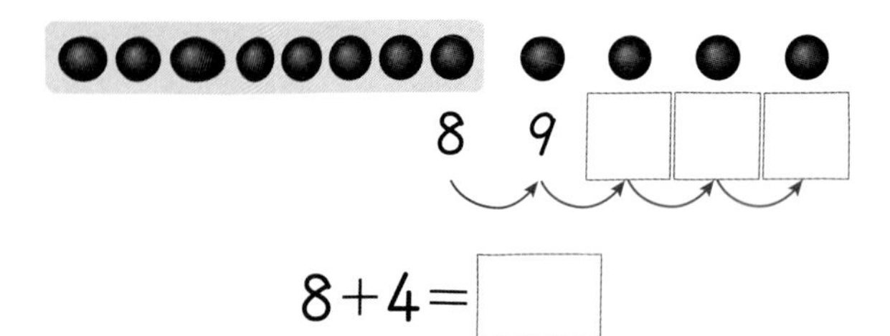

8+4= □

2 덧셈을 해 보시오.

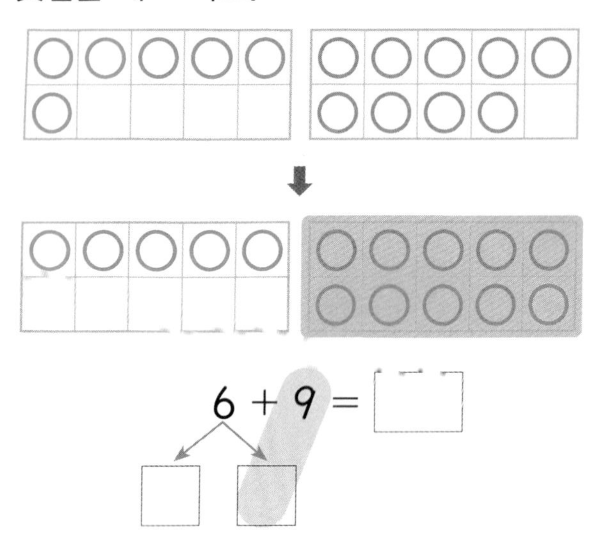

6 + 9 = □

3 어느 것이 몇 개 더 많은지 구해 보시오.

(딸기 , 사과)가 □ 개 더 많습니다.

4 뺄셈을 해 보시오.

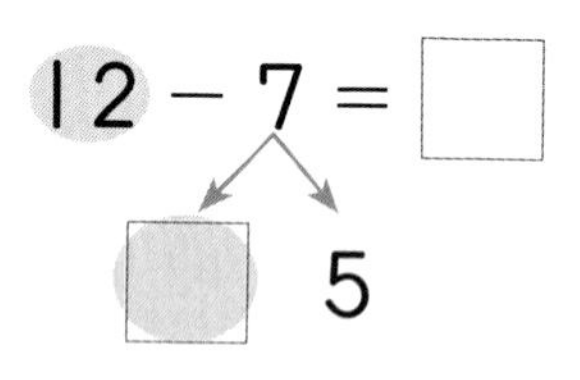

[5~6] 보기 와 같은 방법으로 계산하시오.

5

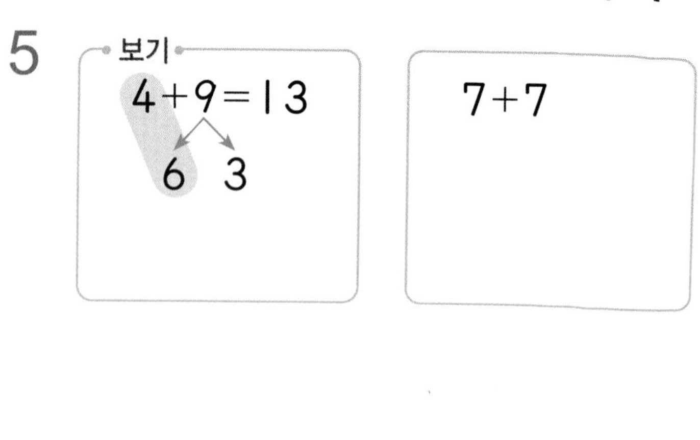

6

보기

12−6=6

10 2

15−6

7 계산을 하시오.

(1) 7+8

(2) 11−3

8 계산 결과를 비교하여 ○ 안에 $>$, $=$, $<$ 를 알맞게 써넣으시오.

(1) $8+3$ ○ $9+7$

(2) $11-4$ ○ $15-9$

9 빈칸에 계산 결과를 써넣으시오.

6+6	6+7
7+6	7+7

유사문제

10 차가 6인 뺄셈을 모두 찾아 ○표 하시오.

( ) ( ) ( ) ( )

11 슬기와 친구들이 모여 강강술래를 하려고 합니다. 8명이 운동장에 있었고 4명이 더 왔다면 학생은 모두 몇 명입니까?

( )

[12~13] 다음 표를 보고 물음에 답하시오.

6+6 12	6+7 13	6+8 14	6+9 15
7+6	7+7	7+8 15	7+9 16
8+6 14	8+7 15	8+8	8+9 17
9+6 15	9+7 16	9+8 17	9+9 18

12 빈칸에 알맞은 수를 써넣으시오.

13 표에서 알 수 있는 규칙이 아닌 것을 찾아 기호를 쓰시오.

㉠ ↙ 방향으로 합이 같습니다.
㉡ ↓ 방향으로 합이 1씩 커집니다.
㉢ ↘ 방향으로 합이 1씩 커집니다.

( )

유사문제

14 두 수의 차를 구하여 표를 완성하고 차가 8인 칸에 모두 색칠하시오.

12−4=8

−	12	13	14	15
4	8	9	10	11
5	7		9	10
6			8	9
7	5	6	7	

4 덧셈과 뺄셈 (2)

15 두 수의 차가 작은 것부터 차례대로 점을 이어 보시오.

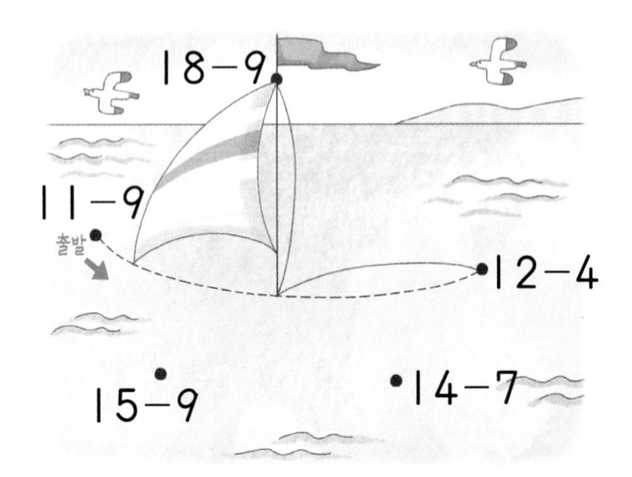

유사문제

16 동물원에 기린이 4마리, 원숭이가 7마리 있습니다. 동물원에 있는 기린과 원숭이는 모두 몇 마리인지 식을 쓰고 답을 구하시오.

식 ____________________

답 ____________________

유사문제

17 주머니에서 꺼낸 두 개의 공에 적힌 두 수의 합이 더 크면 이기는 놀이를 합니다. 놀이에서 이긴 사람의 이름을 쓰시오.

태진: 나는 8과 6을 꺼냈어.

현수: 나는 7과 9를 꺼냈어.

(　　　　　　　　)

18 옆으로 덧셈식이 되는 세 수를 모두 찾아 □+□=□ 표 해 보시오.

7	6	12	10
3	8	11	2
6	5	9	14

19 옆으로 뺄셈식이 되는 세 수를 모두 찾아 □−□=□ 표 해 보시오.

13	16	9	7
15	6	9	4
11	7	5	3

20 그림에 알맞은 뺄셈 문제를 완성하고 뺄셈식을 써 보시오.

문제 제기차기는 □명, 딱지치기는 □명이 하고 있습니다. □를 하는 학생은 □를 하는 학생보다 몇 명 더 많습니까?

뺄셈식 ____________________

마무리 개념완성

정답은 21쪽

1

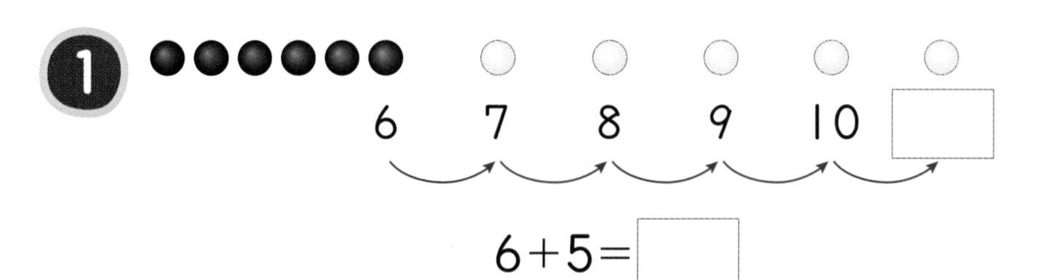

6+5=□

2 8+7=□ (2, 5) 6+8=□ (4, 2)

10을 먼저 만들어 더합니다.

3 7+4=□, 7+5=□, 7+6=□,
7+7=□

4 8+6과 6+8은 합이 같습니다. (○ , ×)

두 수를 바꾸어 더해도 합이 같습니다.

5

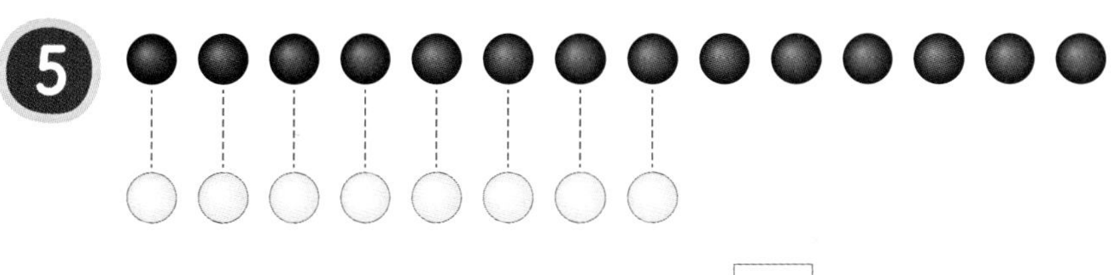

14−8=□

6 15−9=□ (10, 5) 16−8=□ (6, 2)

7 11−4=□, 11−5=□, 11−6=□,
11−7=□

1씩 커지는 수를 빼면 차는 1씩 작아집니다.

개념 공부를 완성했다!

5 규칙 찾기

제5화 검은 상아를 어떻게 찾았을까?

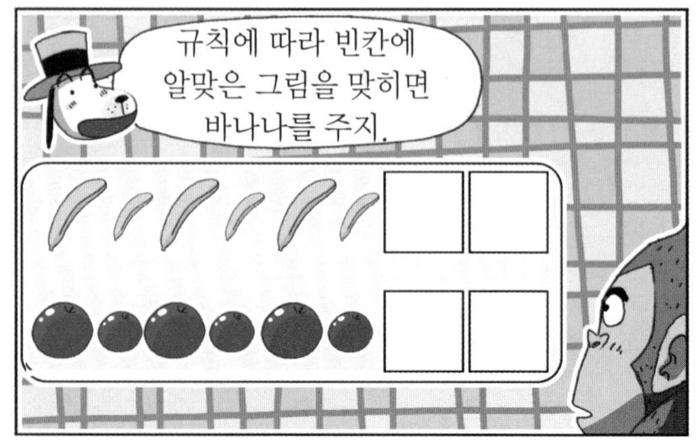

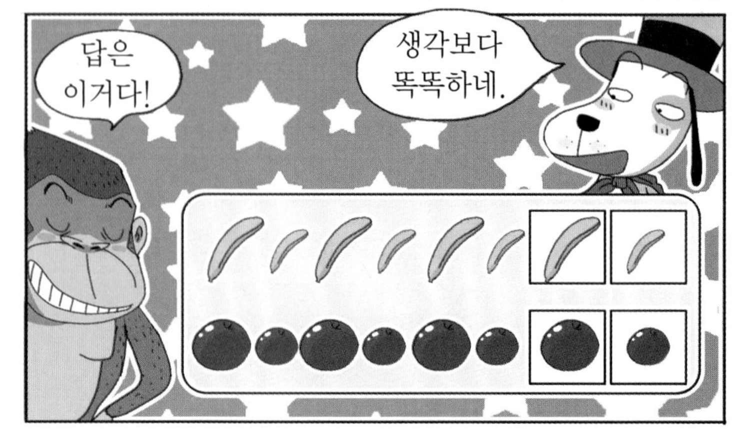

이전에 배운 내용	이번에 **배울 내용**	앞으로 배울 내용
[5세 누리과정] • 주변에서 반복되는 규칙 찾기	• 규칙 찾고 만들기 • 수 배열과 수 배열표에서 규칙 찾기 • 규칙을 여러 가지 방법으로 나타내기	[2-2 규칙 찾기] • 규칙 찾기

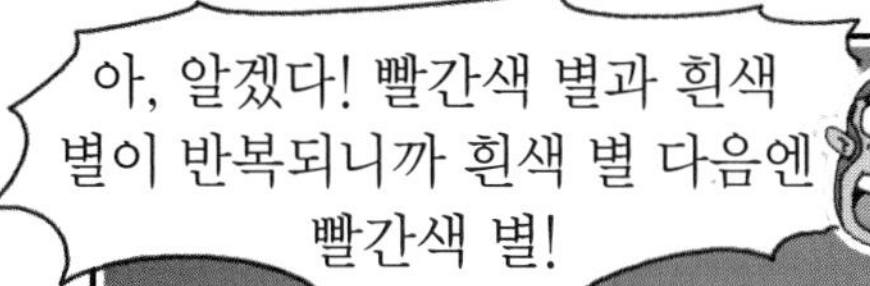

개념 파헤치기

규칙을 찾아볼까요

• 색깔을 보고 규칙 찾기

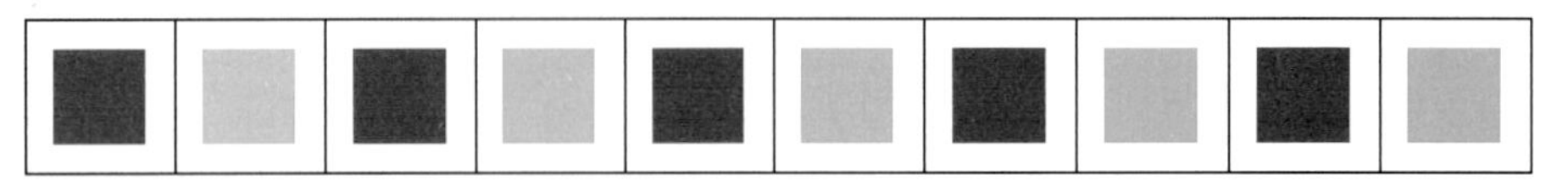

규칙 빨간색과 파란색이 반복됩니다.

• 모양을 보고 규칙 찾기

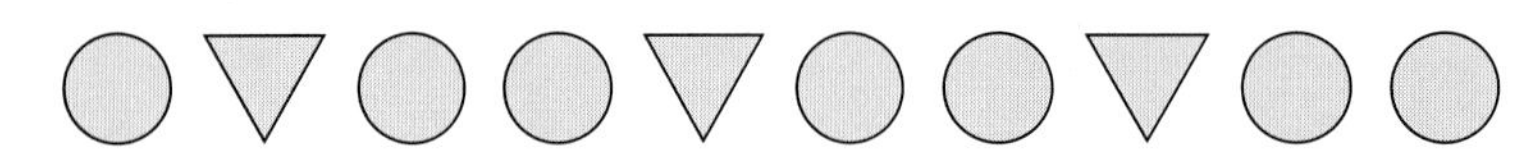

규칙 ○, ▽, ○가 반복됩니다.

• 방향을 보고 규칙 찾기

규칙 ↑, ↑, ←, ←가 반복됩니다.

빈칸에 글자나 수를 따라 쓰세요.

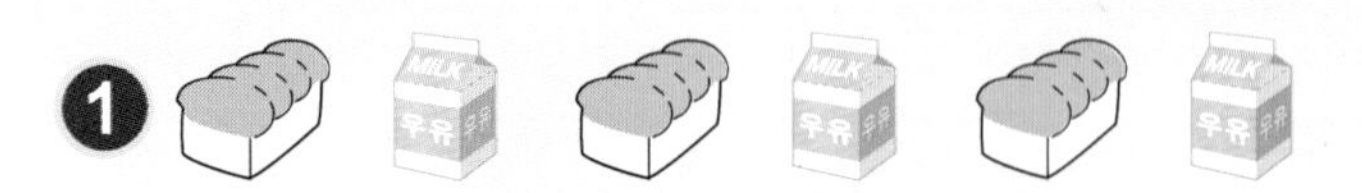

빵과 우유가 반복됩니다.

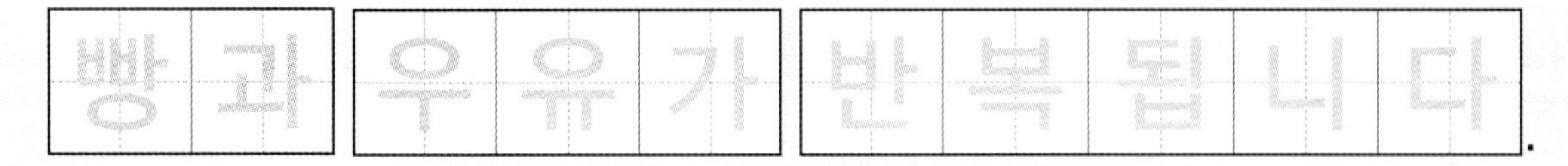

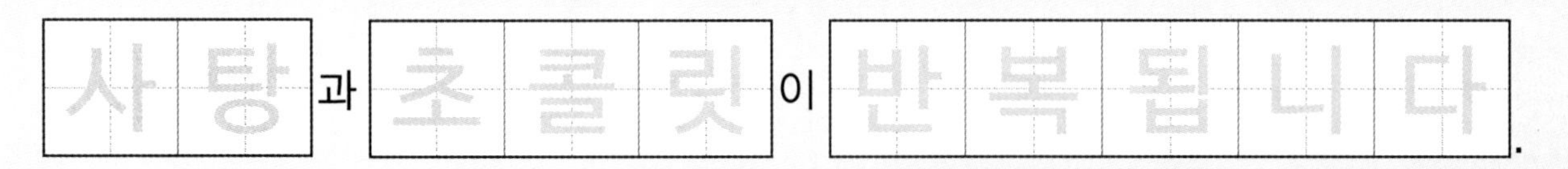

사탕과 초콜릿이 반복됩니다.

기본 문제

1 보기 와 같이 반복되는 부분에 /표 하시오.

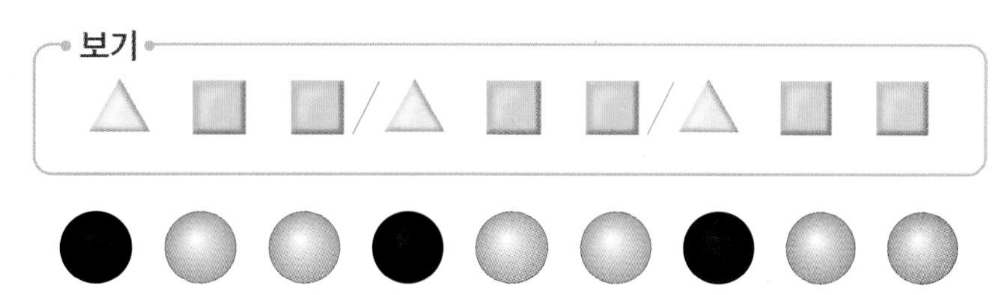

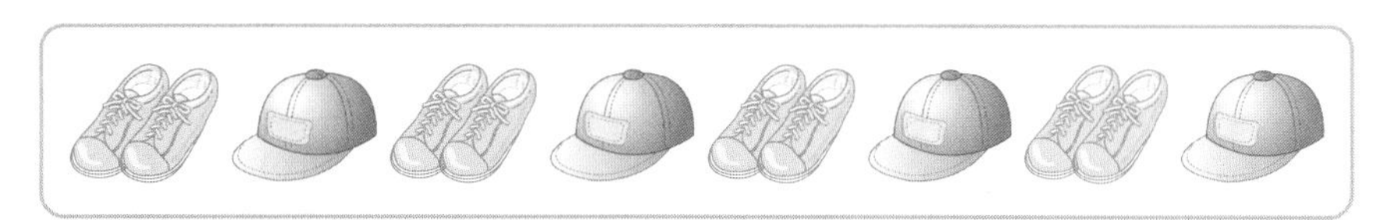

2 규칙이 맞으면 ○표, 틀리면 ×표 하시오.

규칙 신발과 모자가 반복됩니다.

(　　　　　　　　　　)

힌트 첫 번째 놓인 것과 같은 것이 놓인 곳을 찾아 반복되는 부분을 알아봅니다.

3 규칙에 따라 빈칸에 알맞은 것을 찾아 ○표 하시오.

(,)

힌트 반복되는 부분을 찾아 빈칸에 알맞은 것에 ○표 합니다.

개념 받아쓰기 문제

빈칸에 알맞은 글자나 수를 써 보세요.

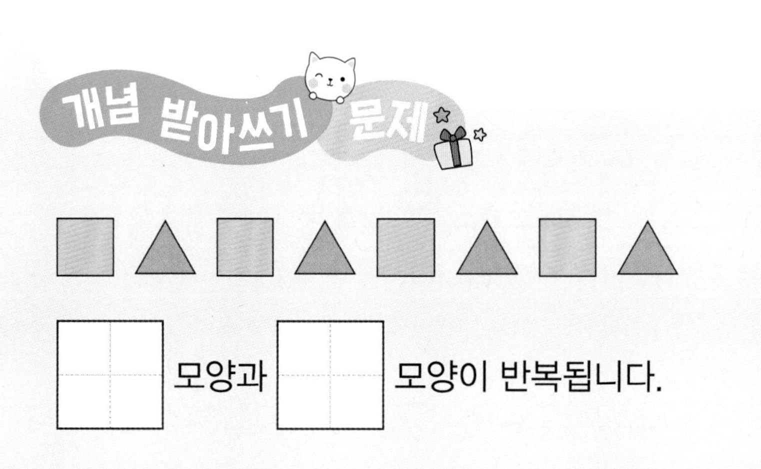

□ 모양과 □ 모양이 반복됩니다.

개념 파헤치기

규칙을 만들어 볼까요 (1)

• 와 로 규칙 만들기

고양이와 강아지가 반복되는 규칙을 만들었습니다.

강아지, 고양이, 고양이가 반복되는 규칙을 만들었습니다.

• 두 가지 색으로 규칙을 만들기

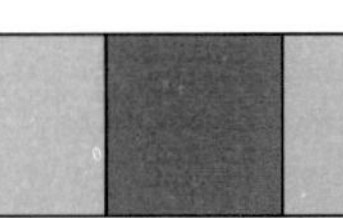
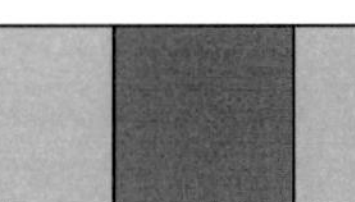
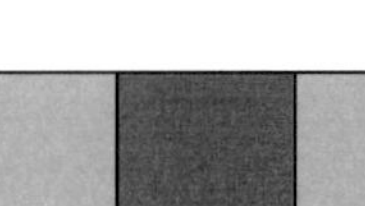

빨간색과 파란색이 반복되는 규칙을 만들 수 있습니다.

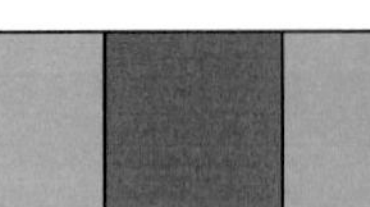
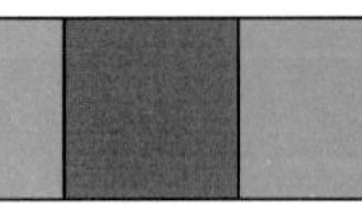
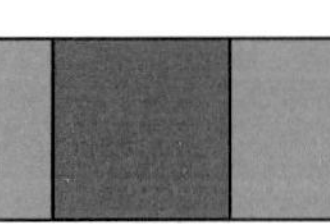
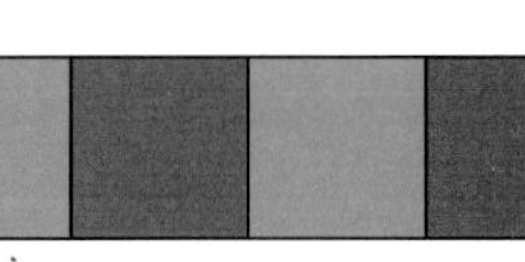

초록색과 빨간색이 반복되는 규칙을 만들 수 있습니다.

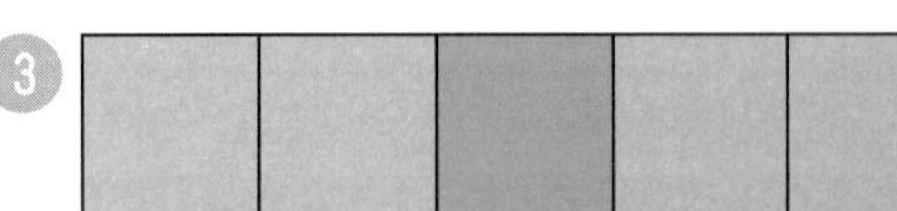
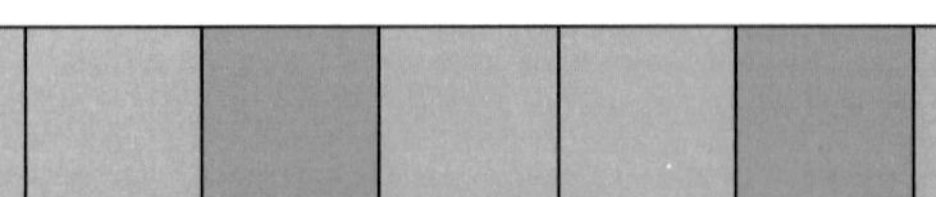

파란색, 파란색, 초록색이 반복되는 규칙을 만들 수 있습니다.

노란색, 파란색, 노란색이 반복되는 규칙을 만들 수 있습니다.

1 바둑돌로 규칙을 만들어 보시오.

(1) ●와 ○가 반복되는 규칙

●	○						

(2) ●, ●, ○가 반복되는 규칙

●	●	○						

2 상자, 달걀, 달걀가 반복되는 규칙을 만들어 보시오.

3 보기 와 다르게 규칙을 만들어 색칠해 보시오.

(1) 빨간색과 노란색을 사용하여 꽃을 색칠해 보시오.

(2) 분홍색, 파란색, 연두색을 사용하여 티셔츠를 색칠해 보시오.

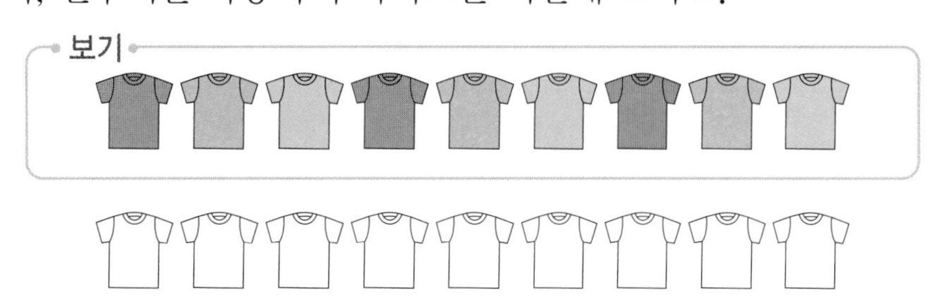

개념 파헤치기

개념 3 규칙을 만들어 볼까요 (2)

• 규칙에 따라 색칠하기

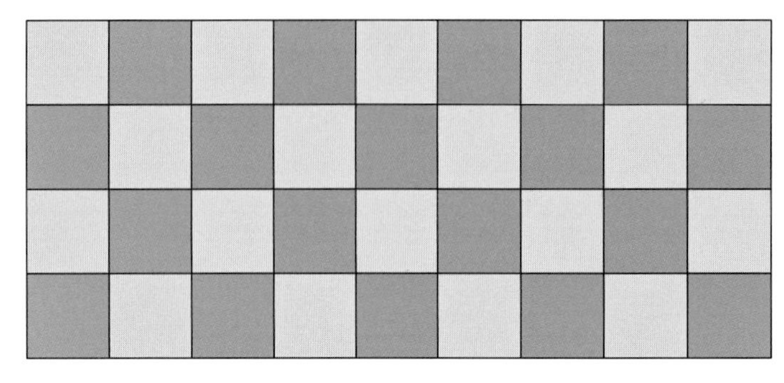

첫째 줄, 셋째 줄 – 노란색과 초록색이 반복됩니다.
둘째 줄, 넷째 줄 – 초록색과 노란색이 반복됩니다.

• 다양한 모양으로 규칙 만들기

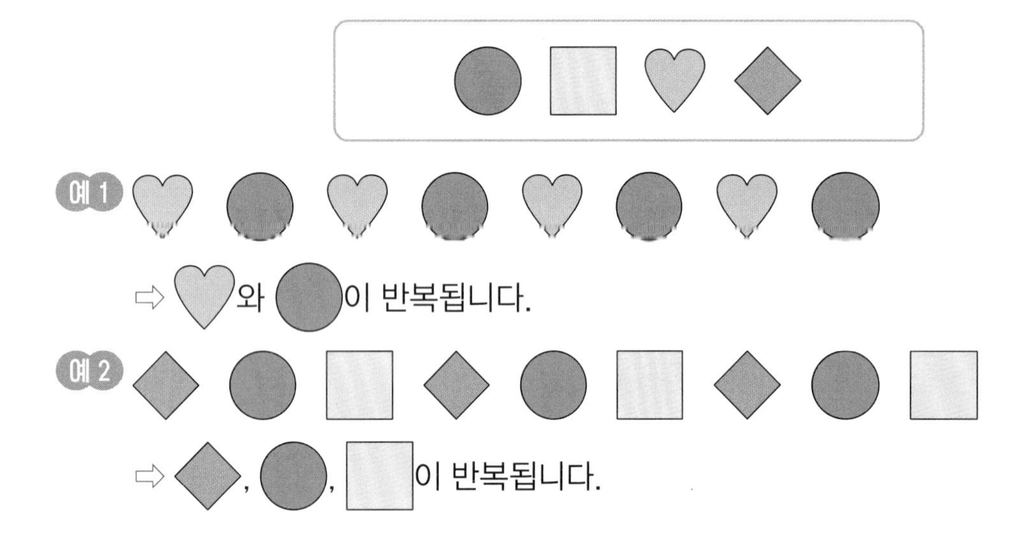

예 1 ⇨ 와 이 반복됩니다.

예 2 ⇨ , , 이 반복됩니다.

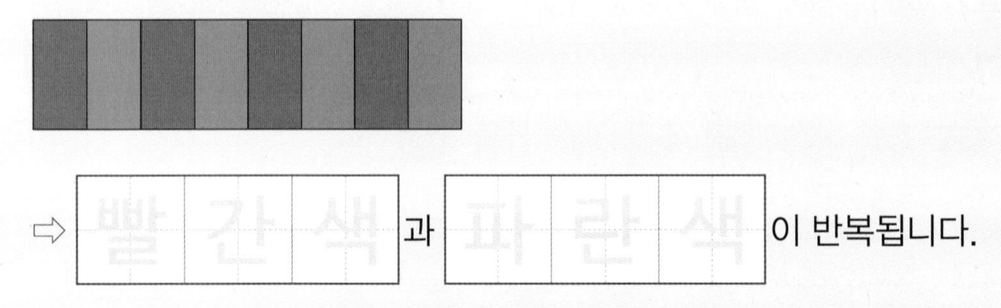

⇨ 빨간색 과 파란색 이 반복됩니다.

1 반복되는 규칙에 따라 빈칸에 알맞은 수를 찾아 ○표 하시오.

(1)
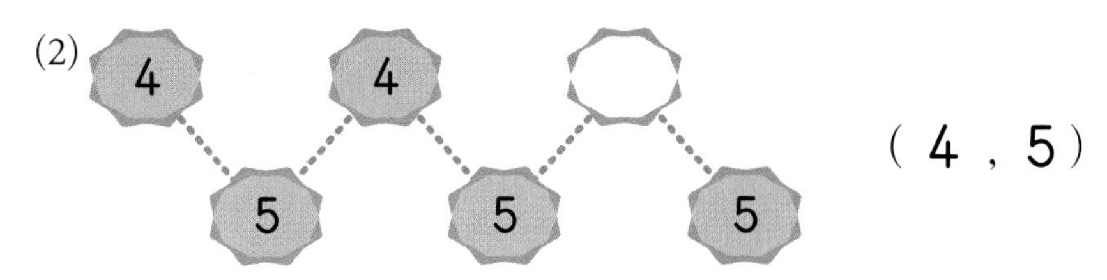

(2 , 3)

(2)
4, 5, 4, 5, 5

(4 , 5)

힌트 첫 번째 수와 같은 수가 놓인 곳의 앞에 /표 하고 반복되는지 확인합니다.

2 커지는 규칙에 따라 빈칸에 알맞은 수를 찾아 ○표 하시오.

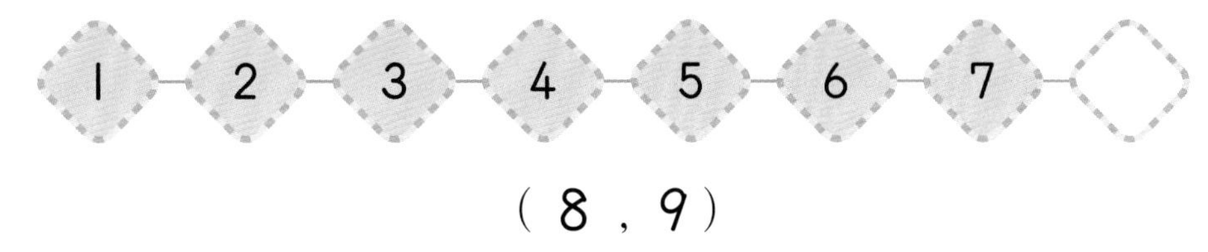

(8 , 9)

힌트 이웃하는 두 수에서 오른쪽 수는 왼쪽 수보다 얼마만큼 더 큰지 알아봅니다.

3 작아지는 규칙에 따라 빈칸에 알맞은 수를 써넣으시오.

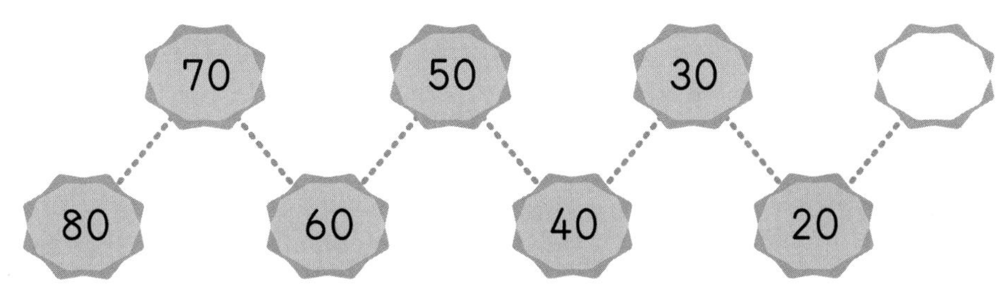

빈칸에 알맞은 글자나 수를 써 보세요.

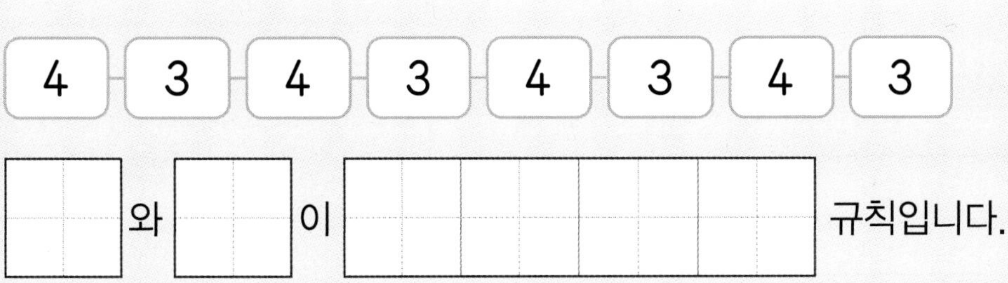

5 규칙 찾기

개념 파헤치기

개념 5 수 배열표에서 규칙을 찾아볼까요

1	2	3	4	5	6	7	8	9	10
11	12	13	14	15	16	17	18	19	20
21	22	23	24	25	26	27	28	29	30
31	32	33	34	35	36	37	38	39	40
41	42	43	44	45	46	47	48	49	50
51	52	53	54	55	56	57	58	59	60
61	62	63	64	65	66	67	68	69	70
71	72	73	74	75	76	77	78	79	80
81	82	83	84	85	86	87	88	89	90
91	92	93	94	95	96	97	98	99	100

→ 방향은 1씩 커지고
↓ 방향은 10씩 커지는군!

에 있는 수는 1부터 시작하여 **오른쪽으로** 1칸 갈 때마다 **1씩 커집니다.**

에 있는 수는 10부터 시작하여 **아래쪽으로** 1칸 갈 때마다 **10씩 커집니다.**

개념 받아쓰기

위 수 배열표에서 에 있는 수는 6 부터 시작하여 아래쪽으로 1 칸 갈 때마다 10 씩 커집니다.

1 왼쪽 개념 5 의 수 배열표를 보고 □ 안에 알맞은 수를 써넣으시오.

> ·········에 있는 수들은 41부터 시작하여
>
> □씩 커집니다.

2 색칠한 수들의 규칙을 쓴 것입니다. □ 안에 알맞은 수를 써넣으시오.

1	2	3	4	5	6	7	8	9	10
11	12	13	14	15	16	17	18	19	20
21	22	23	24	25	26	27	28	29	30

규칙 1부터 시작하여 □씩 커집니다.

힌트 색칠한 수 1, 3, 5, 7, 9, 11, …은 얼마씩 커지는지 알아봅니다.

3 규칙에 따라 나머지 부분에 색칠하시오.

61	62	63	64	65	66	67	68	69	70
71	72	73	74	75	76	77	78	79	80
81	82	83	84	85	86	87	88	89	90

왼쪽 개념 5 의 수 배열표에서 ······에 있는 수들은 □ 부터 시작하여 □ 으로 갈수록 □ 씩 커집니다.

개념 파헤치기

개념 6 규칙을 여러 가지 방법으로 나타내 볼까요

개념 동영상

• 규칙에 따라 그림으로 나타내기

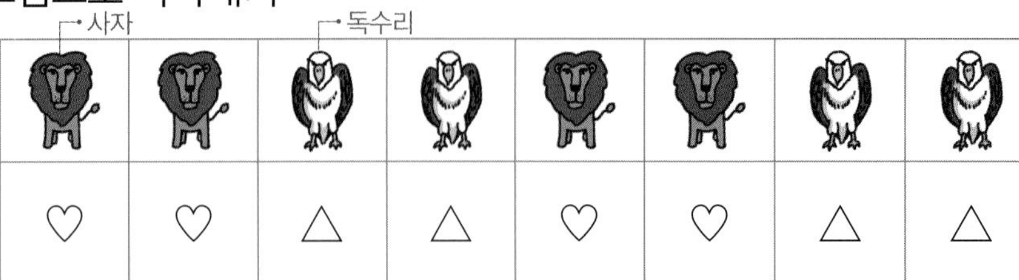

사자	사자	독수리	독수리	사자	사자	독수리	독수리
♡	♡	△	△	♡	♡	△	△

말로 설명하기 사자, 사자, 독수리, 독수리가 반복됩니다.

그림으로 나타내기 사자는 ♡, 독수리는 △로 나타냈습니다.

• 규칙에 따라 수로 나타내기

사자	사자	독수리	독수리	사자	사자	독수리	독수리
4	4	2	2	4	4	2	2

수로 나타내기 사자는 4, 독수리는 2로 나타냈습니다.

사자	독수리	사자	독수리
☆	▣	☆	▣

⚁	⚄	⚁	⚄	⚁	⚄	⚁	⚄
2	5	2	5	2	5	2	5

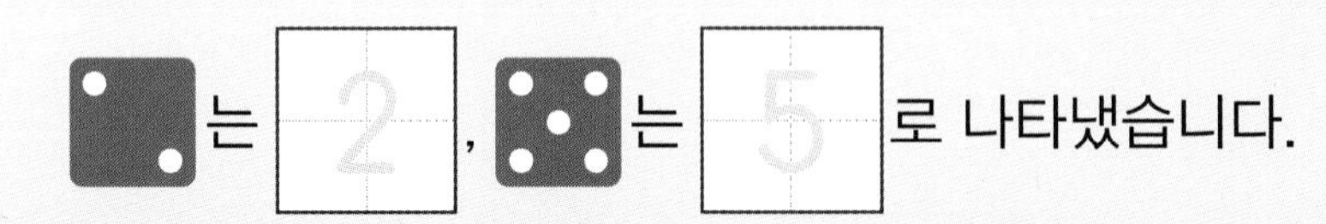

1 규칙에 따라 빈칸에 알맞은 모양에 ○표 하시오.

야구공	야구 방망이	야구공	야구 방망이	야구공	야구 방망이
☆	◇	☆	◇	☆	

(☆ , ◇)

2 규칙에 따라 4와 6으로 나타낸 것입니다. 빈칸에 알맞은 수를 써넣으시오.

택시	버스	버스	택시	버스	버스
4	6	6	4	6	

3 규칙에 따라 빈칸에 알맞은 모양을 그려 넣으시오.

물감	물감	물감	물감	물감	물감
♡	◎	♡	◎		◎

닭은 ♡, 병아리는 ○로 나타내면

닭	병아리	병아리	닭	병아리	병아리	닭	병아리
♡	○	○					

개념 확인하기

개념4 수 배열에서 규칙을 찾아볼까요

수 배열에
- 같은 수가 나오면 어느 수가 [ ] 되는지,
- 수가 커지면 얼마씩 커지는지,
- 수가 작아지면 얼마씩 작아지는지

알아봅니다.

[1 ~2] 규칙에 따라 빈칸에 알맞은 수를 써넣으시오.

1

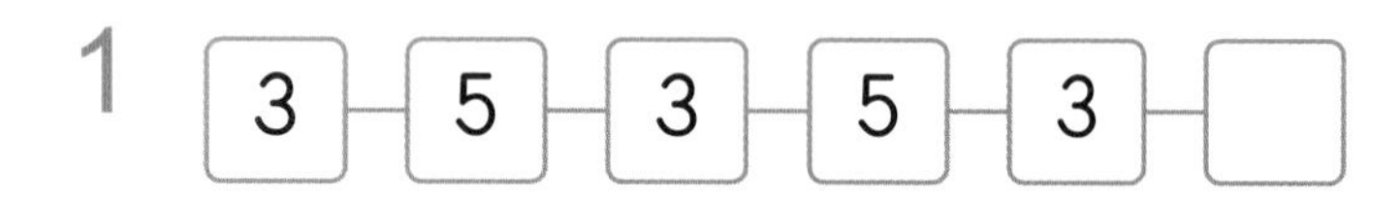

2

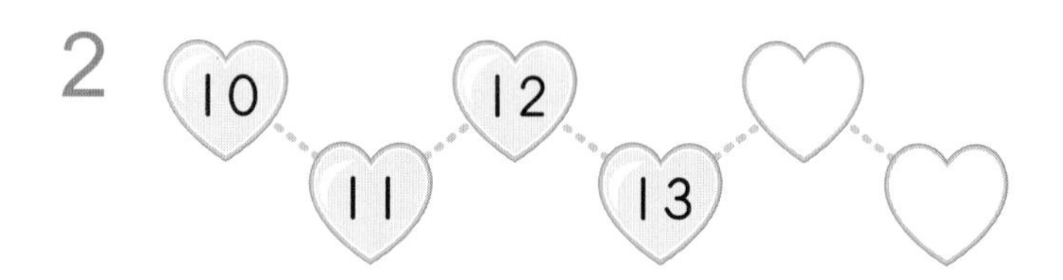

익힘책 유형

3 수 배열에서 규칙을 찾아 □ 안에 알맞은 수를 써넣으시오.

규칙 10부터 시작하여 [ ] 씩 작아집니다.

교과서 유형

4 수 배열을 보고 빈칸에 알맞은 수를 써넣으시오.

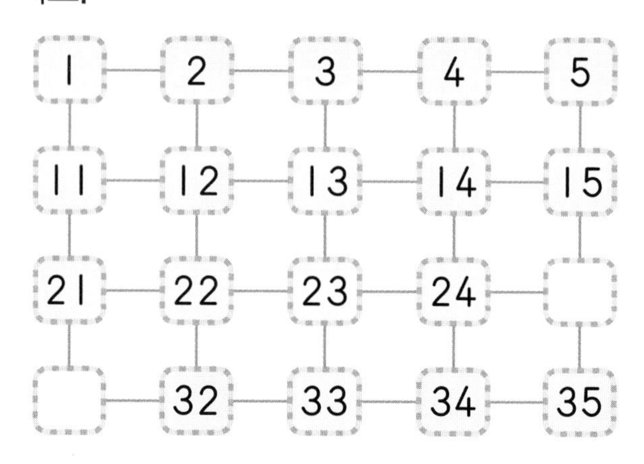

개념5 수 배열표에서 규칙을 찾아볼까요

아래 수 배열표에서
- ➡ 방향으로 같은 줄에 있는 수는 오른쪽으로 1칸 갈 때마다 [ ] 씩 커집니다.
- ⬇ 방향으로 같은 줄에 있는 수는 아래쪽으로 1칸 갈 때마다 [ ] 씩 커집니다.

[5 ~7] 수 배열표를 보고 물음에 답하시오.

1	2	3	4	5	6	7	8	9	10
11	12	13	14	15	16	17	18	19	20
21	22	23	24	25	26	27	28	29	30
31	32	33	34	35	36	37	38	39	40
41	42	43	44	45	46	47	48	49	50
51	52	53	54	55	56	57	58	59	60
61	62	63	64	65	66	67	68	69	70
71	72	73	74	75	76	77	78	79	80
81	82	83	84	85	86	87	88	89	90
91	92	93	94	95	96	97	㉠	㉡	100

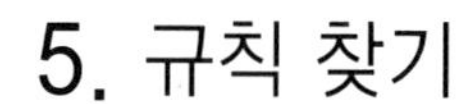

게임 학습

게임으로 학습을 즐겁게 할 수 있어요.
QR 코드를 찍어 보세요.

정답은 24쪽

5 ⋯⋯⋯에 있는 수들은 어떤 규칙이 있는지 □ 안에 알맞은 수를 써넣으시오.

규칙 [　] 부터 시작하여 [　] 씩 커집니다.

익힘책 유형

6 ⋯⋯⋯에 있는 수들은 어떤 규칙이 있는지 □ 안에 알맞은 수를 써넣으시오.

규칙 [　] 부터 시작하여 [　] 씩 커집니다.

7 규칙에 따라 ㉠과 ㉡에 알맞은 수를 각각 구하시오.

㉠ (　　　　　　), ㉡ (　　　　　　)

교과서 유형

8 규칙에 따라 나머지 부분에 색칠하시오.

1	2	3	4	5	6	7	8	9	10
11	12	13	14	15	16	17	18	19	20
21	22	23	24	25	26	27	28	29	30

개념 6 규칙을 여러 가지 방법으로 나타내 볼까요

9 규칙에 따라 △와 ○를 사용하여 나타낸 것입니다. 빈칸에 알맞은 모양을 그려 넣으시오.

모든 개념을 다 보는 해결의 법칙	모든 유형을 다 담은 해결의 법칙	모든 개념을 다 보는 해결의 법칙	모든 유형을 다 담은 해결의 법칙	모든 개념을 다 보는 해결의 법칙	모든 유형을 다 담은 해결의 법칙
△	○	△	○		

익힘책 유형

10 규칙에 따라 빈칸에 알맞은 모양을 그려 넣으시오.

○	♡	♡	○	♡	♡		

[11~12] **규칙에 따라 빈칸에 알맞은 수를 써넣으시오.**

11

2	4	2	4		

12

1	3	1	1	3	1		

5 규칙 찾기

3 단원 마무리 평가

5. 규칙 찾기

점수

1 규칙이 맞으면 ○표, 틀리면 ×표 하시오.

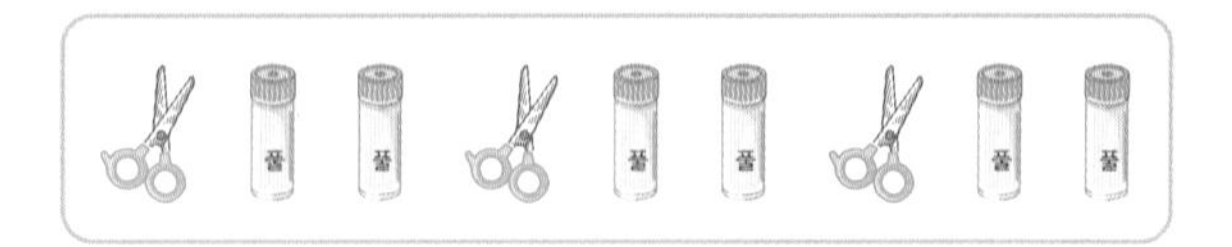

규칙 가위, 가위, 풀이 반복됩니다.

( )

2 규칙에 따라 모양을 그리려고 합니다. 빈칸에 알맞은 모양을 찾아 ○표 하시오.

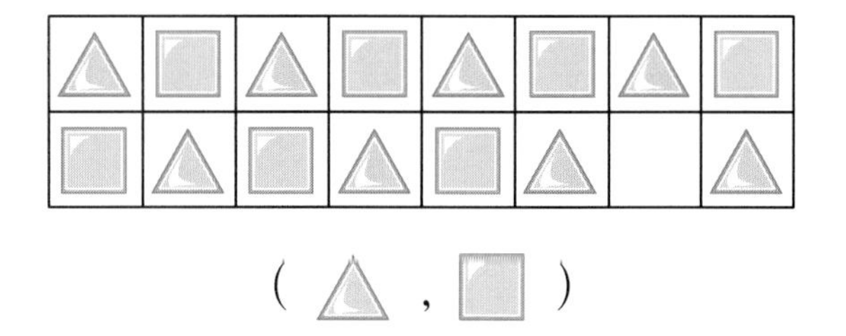

(△ , □)

3 규칙에 따라 빈칸에 알맞은 수에 ○표 하시오.

6	4	6	4	6	

(4 , 6)

4 규칙에 따라 빈칸에 알맞은 장난감 자동차를 찾아 ○표 하시오.

(,)

5 규칙에 따라 빈칸에 알맞은 모양을 그려 넣으시오.

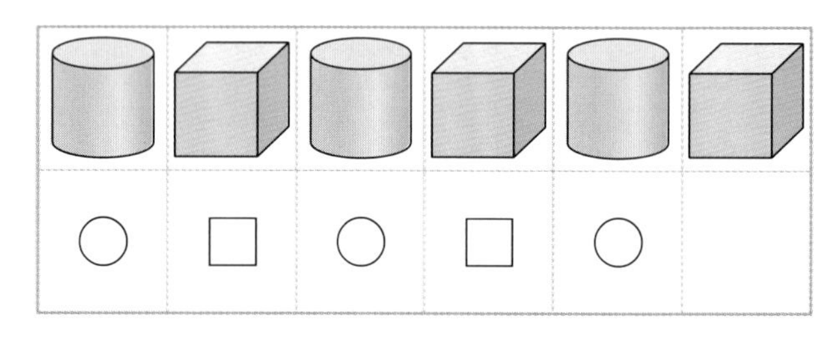

○	□	○	□	○	

6 ●와 ▲로 규칙을 만들어 보시오.

7 색칠한 수들의 규칙을 쓴 것입니다. □ 안에 알맞은 수를 써넣으시오.

31	32	33	34	35	36	37	38	39	40
41	42	43	44	45	46	47	48	49	50
51	52	53	54	55	56	57	58	59	60

규칙 31부터 시작하여 □씩 커집니다.

정답은 25쪽

8 규칙을 바르게 쓴 것에 ○표 하시오.

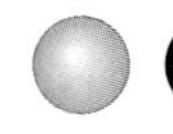 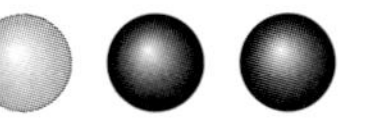 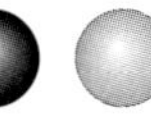    

흰색 바둑돌과 검은색 바둑돌이 한 개씩 반복됩니다.	흰색 바둑돌 1개와 검은색 바둑돌 2개가 반복됩니다.
(　　　)	(　　　)

유사문제

9 규칙에 따라 빈칸에 알맞은 수를 써넣으시오.

2	4	4	2		

[10~11] **규칙에 따라 알맞은 색으로 빈칸을 색칠하시오.**

10

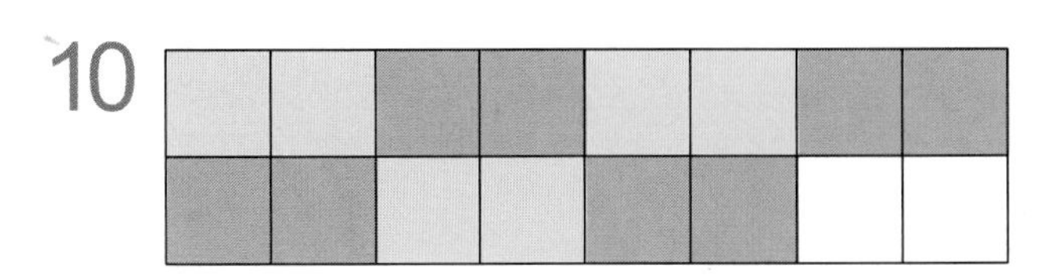

11

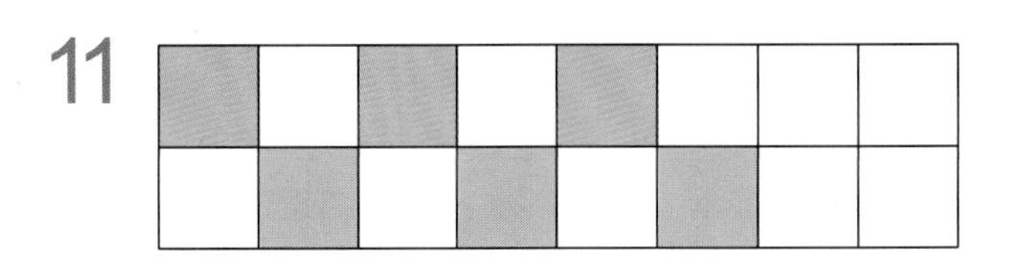

12 등 번호가 10부터 2씩 작아지는 규칙으로 옷을 널었습니다. 등 번호가 없는 옷에 알맞은 번호를 써넣으시오.

13 휴대 전화의 화면에 있는 수 배열입니다. 규칙을 찾아 □ 안에 알맞은 수를 써넣으시오.

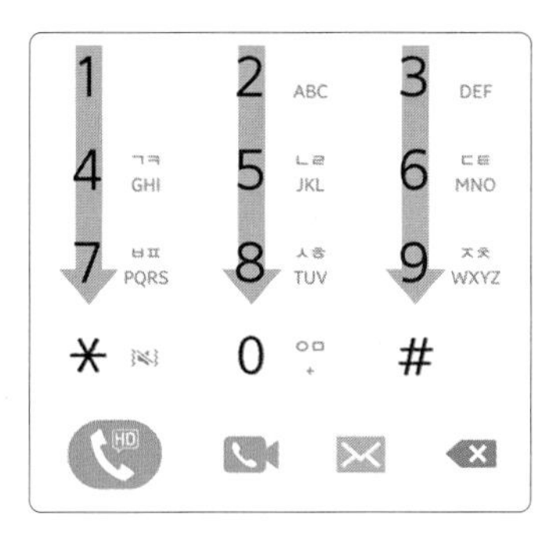

규칙 아래쪽(↓)으로는 □씩 커집니다.

유사문제

14 현수의 규칙대로 알맞게 색칠하시오.

31	32	33	34	35	36	37	38	39	40
41	42	43	44	45	46	47	48	49	50
51	52	53	54	55	56	57	58	59	60

5
규칙 찾기

정답은 25쪽

15 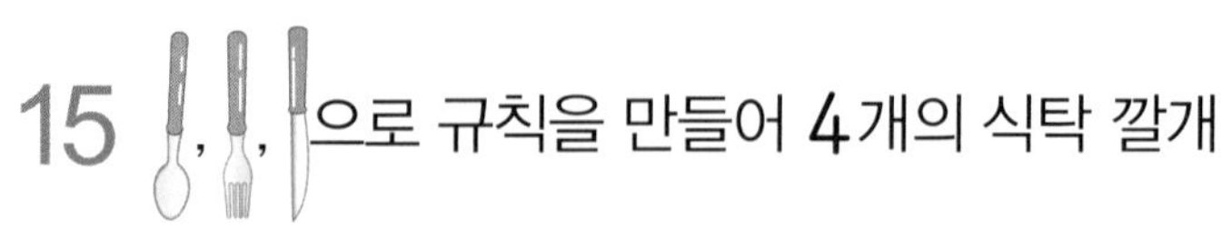으로 규칙을 만들어 4개의 식탁 깔개에 똑같이 놓아 보시오.

[16~17] 규칙에 따라 빈칸에 알맞은 수를 써넣으시오.

16 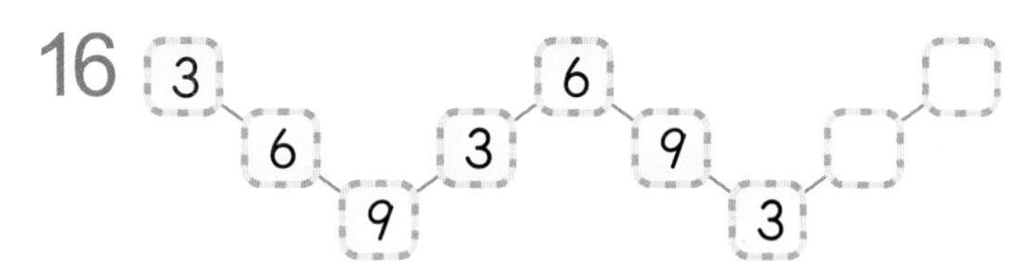

유사문제

17 1 — 3 — 5 — 7 — ( ) — 11

18 피아노 건반에 번호를 붙였습니다. 1부터 2씩 커지는 규칙으로 건반을 누를 때 □ 안에 알맞게 써넣으시오.

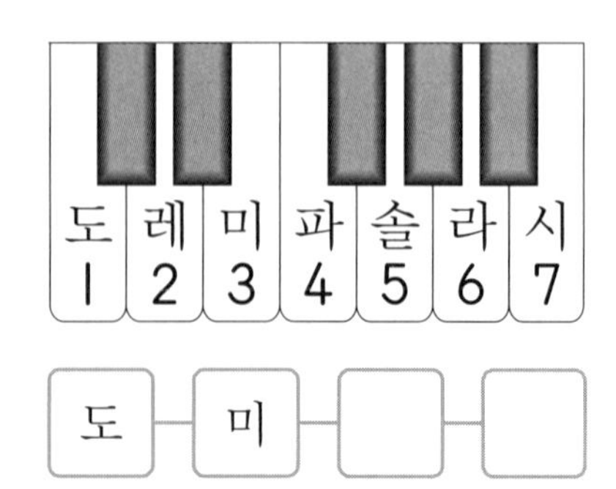

[19~20] 수 배열표를 보고 물음에 답하시오.

첫째 줄	1	2	3	4	5	6	7	8	9	10
둘째 줄	11	12	13	14	15	16	17	18	19	20
셋째 줄	21	22	23	24	25	26	27	28	29	30
	31	32	33	34	35	36	37	38	39	40
	41	42	43	44	45	46	47	48	49	50
	51	52	53	54	55	56	57	58	59	60
	61	62	63	64	65					
	71	72	73	74	75					
	81	82	83	84	85				★	
	91	92	93	94	95					

19 첫째 줄부터 셋째 줄까지 규칙에 따라 색칠하려고 합니다. 나머지 부분에 색칠하시오.

유사문제

20 ⋯⋯⋯에 있는 수들의 규칙을 찾아 ★의 값을 구하려고 합니다. 풀이 과정을 완성하고 답을 구하시오.

풀이 9－19－29－39－49－59

⇨ 9부터 시작하여 □씩 커지는 규칙이므로 59－□－□－□입니다. 따라서 ★＝□입니다.

답 □

정답은 26쪽

1 

□과 □가 반복됩니다.

2 노란색과 연두색이 반복되는 규칙으로 색칠하면

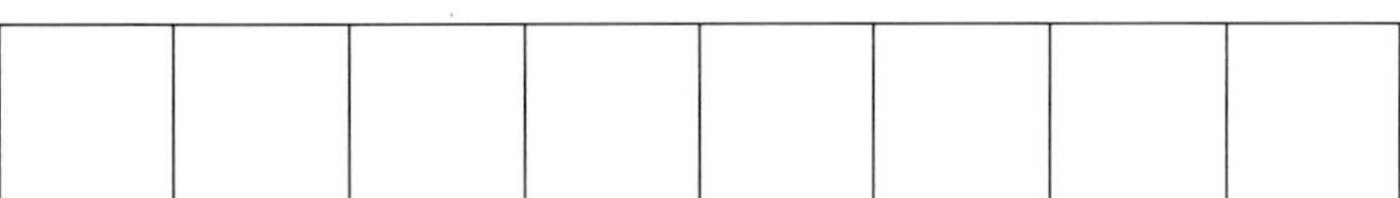

3 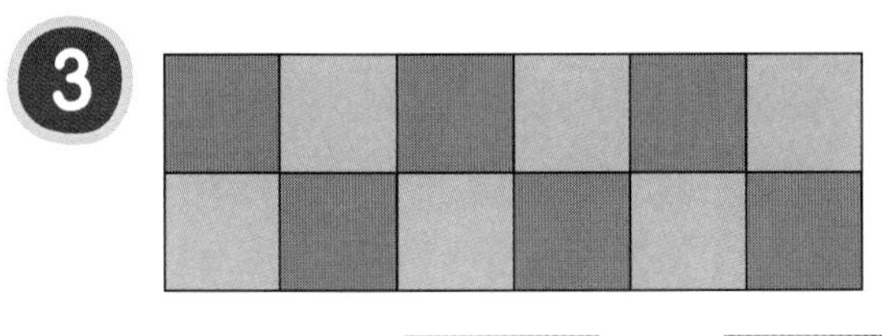

첫째 줄은 □색과 □색이 반복되고, 둘째 줄은 □색과 □색이 반복됩니다.

4 4 - 2 - 4 - 2 - 4 - 2 - 4 - 2

4와 2가 반복되는 규칙입니다. (○ , ×)

두 수가 반복되는 규칙입니다.

5

1	2	3	4	5	6	7	8	9	10
11	12	13	14	15	16	17	18	19	20
21	22	23	24	25	26	27	28	29	30

□에 있는 수는 11부터 시작하여 오른쪽으로 1칸 갈 때마다 □씩 커집니다.

11, 12, 13, 14, …는 몇씩 커지고 있는지 알아봅니다.

6

1	2	1	2	1	2	1	2

오이는 □, 당근은 □로 나타내었습니다.

오이와 당근이 반복됩니다.

개념 공부를 완성했다!

5 규칙 찾기

6 덧셈과 뺄셈 (3)

제6화 몽이와 토리를 도와 주는 착한 동물들!

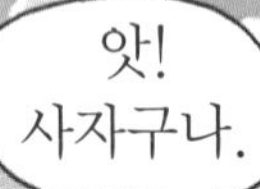

이전에 배운 내용	이번에 **배울 내용**	앞으로 배울 내용
[1-2 덧셈과 뺄셈 (1)] • 10이 되는 더하기 • 10에서 빼기 **[1-2 덧셈과 뺄셈 (2)]** • 한 자리 수의 범위에서 덧셈과 뺄셈	• (몇십)+(몇), (몇십몇)+(몇) • (몇십)+(몇십), (몇십몇)+(몇십몇) • (몇십몇)−(몇), (몇십)−(몇십) • (몇십몇)−(몇십몇)	**[2-1 덧셈과 뺄셈]** • 받아올림이 있는 두 자리 수의 덧셈 • 받아내림이 있는 두 자리 수의 뺄셈

개념 파헤치기

개념 1 덧셈을 알아볼까요 (1)

• 20+3의 계산

방법1 이어 세기로 구하기

20 21 22 23

$$\begin{array}{r} 20 \\ +\ \ 3 \\ \hline 23 \end{array}$$

낱개끼리 더해요.

$20+3=23$

• 23+6의 계산

방법2 더하는 수만큼 △를 그려 구하기

△	△	△	△	△
△	△	△	△	△

△	△	△	△	△
△	△	△	△	△

△	△	△	△	△
△	△	△	△	

△를 6개 더 그리면 10개씩 묶음이 2개이고 낱개가 9개이므로 29입니다.

방법3 수 모형으로 구하기

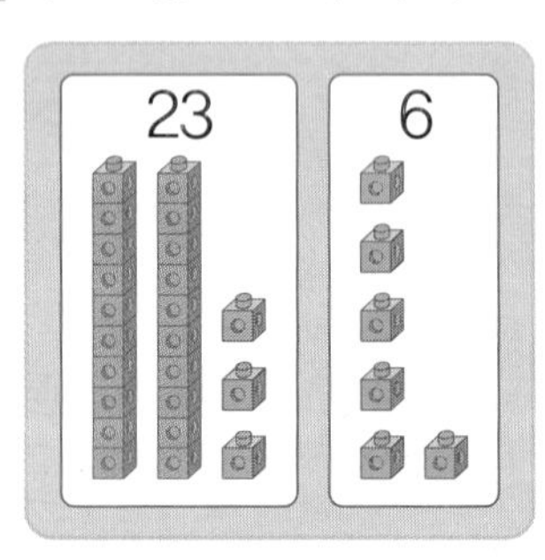

$$\begin{array}{r} 23 \\ +\ \ 6 \\ \hline 29 \end{array}$$

낱개끼리 더해요.

10개씩 묶음은 그대로,
낱개끼리 더해.

$23+6=29$

1 사탕이 모두 몇 개인지 하나씩 이어 센 것입니다. □ 안에 알맞은 수를 써넣으시오.

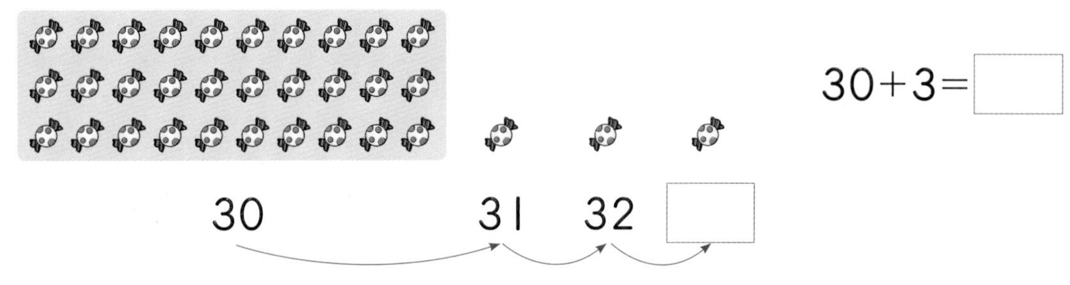

$30+3=$ □

힌트 수의 순서에 맞게 30부터 하나씩 세어 봅니다.

2 그림을 보고 □ 안에 알맞은 수를 써넣으시오.

$20+7=$ □

3 선우가 저금통에 동전을 34개 모았습니다. 동전을 4개 더 넣었다면 모두 몇 개가 되었는지 △를 그려 구하시오.

△	△	△	△	△	△	△	△	△	△	△	△	△	△	△	△	△	△	△	
△	△	△	△	△	△	△	△	△	△	△	△	△	△	△					

(　　　　　　　　)

4 수 모형을 보고 □ 안에 알맞은 수를 구하시오.

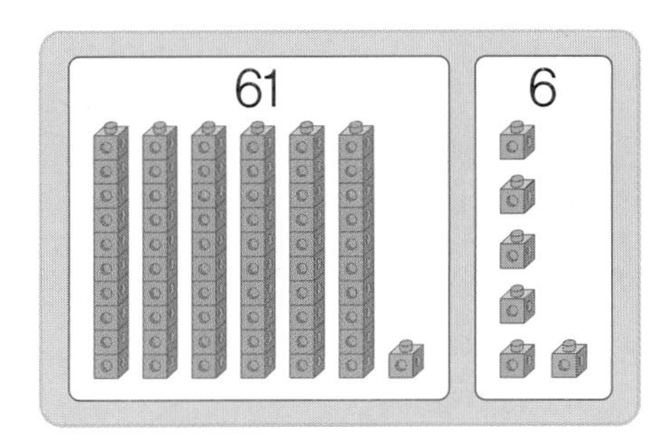

$61+6=$ □

개념 2 덧셈을 알아볼까요 (2)

개념 동영상

• 20+30의 계산

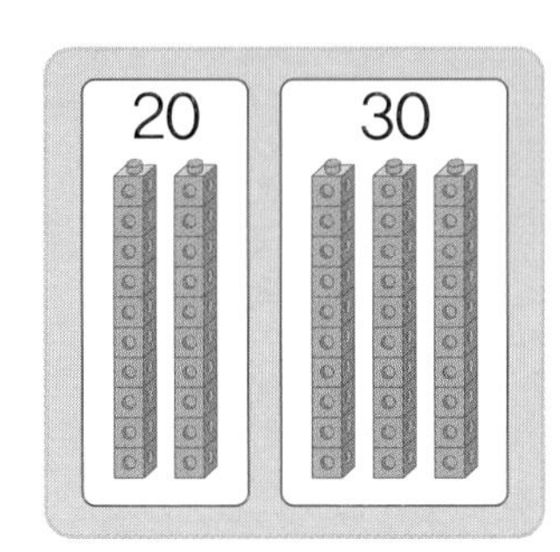

20+30=50

$$\begin{array}{r} 2\ 0 \\ +\ 3\ 0 \\ \hline 5\ 0 \end{array}$$

10개씩 묶음끼리 더해요.

낱개는 0이에요.

• 32+25의 계산

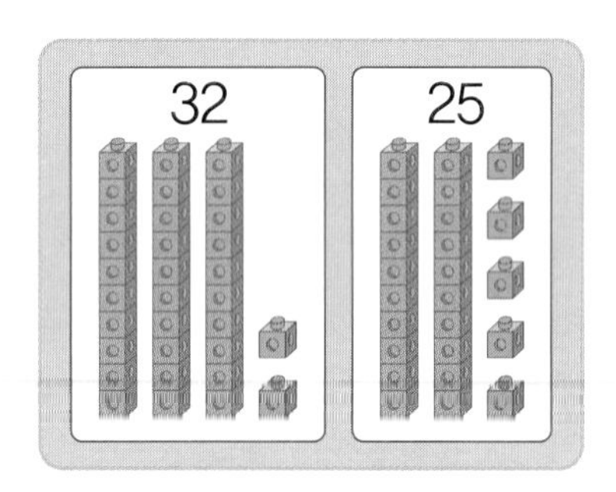

32+25=57

$$\begin{array}{r} 3\ 2 \\ +\ 2\ 5 \\ \hline 7 \end{array} \Rightarrow \begin{array}{r} 3\ 2 \\ +\ 2\ 5 \\ \hline 5\ 7 \end{array}$$

낱개끼리 더해요.
2+5=7

10개씩 묶음끼리 더해요.
3+2=5

✎ 빈칸에 글자나 수를 따라 쓰세요.

❶ (몇십)+(몇십)을 계산할 때 10개씩 묶음끼리 더하고 낱개는 0입니다.

❷ (몇십몇)+(몇십몇)을 계산할 때 낱개끼리 더하고, 10개씩 묶음끼리 더합니다.

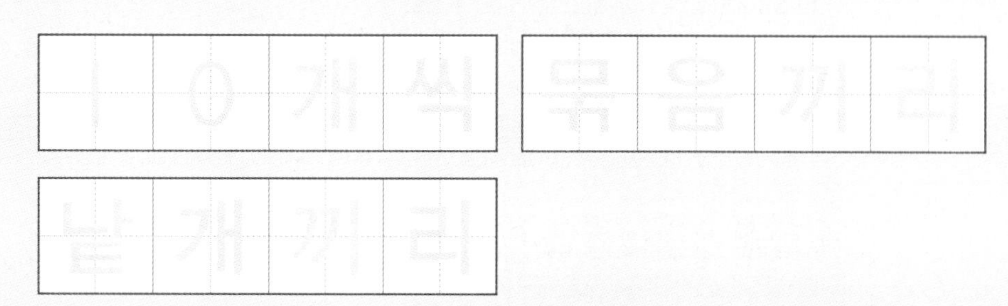

정답은 27쪽

기본 문제

1 그림을 보고 □ 안에 알맞은 수를 써넣으시오.

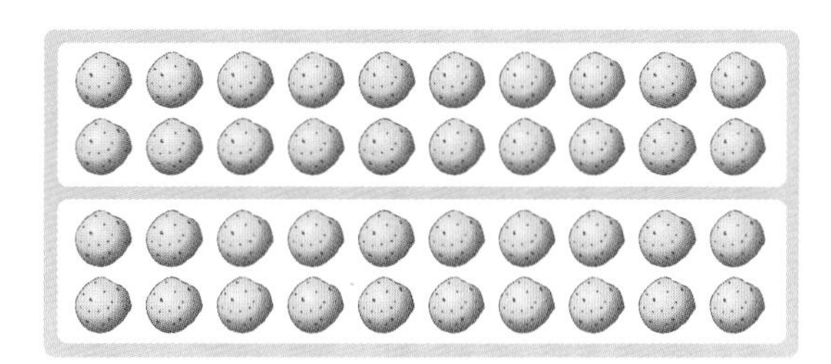

$$\begin{array}{r} 2\ 0 \\ +\ 2\ 0 \\ \hline \square\ 0 \end{array}$$

2 □ 안에 알맞은 수를 써넣으시오.

(1) 30+40=□□

(2) 26+41=□□

힌트 (2) (몇십몇)+(몇십몇)을 계산할 때 낱개는 낱개끼리, 10개씩 묶음은 10개씩 묶음끼리 더합니다.

3 계산 결과를 찾아 이으시오.

36+22

48 58

6 덧셈과 뺄셈 (3)

빈칸에 알맞은 글자나 수를 써 보세요.

43+25에서 낱개끼리 더하면 3+5=□이고, 10개씩 묶음끼리 더하면

4+2=□입니다. ⇨ 43+25=□

2 개념 확인하기

개념 1 덧셈을 알아볼까요 (1)

$$\begin{array}{r} 30 \\ +\ \ 4 \\ \hline \square\square \end{array} \qquad \begin{array}{r} 43 \\ +\ \ 5 \\ \hline \square\square \end{array}$$

10개씩 묶음은 그대로 쓰고 낱개끼리 더합니다.

익힘책 유형

1 □ 안에 알맞은 수를 써넣으시오.

(1) $\begin{array}{r} 20 \\ +\ \ 6 \\ \hline 2\square \end{array}$ (2) $\begin{array}{r} 70 \\ +\ \ 3 \\ \hline \square\square \end{array}$

2 계산 결과를 찾아 ○표 하시오.

30+9

39 49 93

3 크기를 비교하여 ○ 안에 >, =, <를 알맞게 써넣으시오.

66 ○ 60+7

교과서 유형

4 그림을 보고 □ 안에 알맞은 수를 써넣으시오.

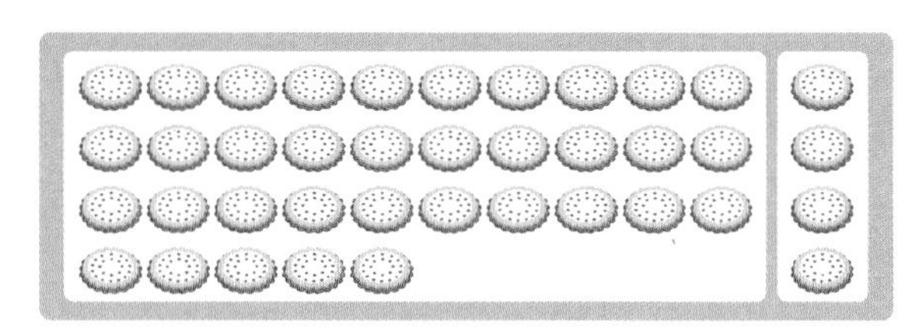

$$\begin{array}{r} 35 \\ +\ \ 4 \\ \hline \square\square \end{array}$$

5 덧셈을 하시오.

(1) $\begin{array}{r} 21 \\ +\ \ 7 \\ \hline \end{array}$ (2) $\begin{array}{r} 2 \\ +\ 86 \\ \hline \end{array}$

익힘책 유형

6 계산 결과를 찾아 이으시오.

75+3

77 78 88

정답은 27쪽

개념 2 덧셈을 알아볼까요 (2)

	2	0
+	5	0
	□	0

	4	5
+	2	3
	□	□

낱개끼리 더하고, 10개씩 묶음끼리 더합니다.

교과서 유형

7 계산을 하시오.

(1)

	3	0
+	3	0

(2)

	5	0
+	4	0

8 표지판의 두 수를 더하여 □ 안에 써넣으시오.

30+50=□

9 가장 큰 수와 가장 작은 수의 합을 구하시오.

50　60　30

(　　　　　　)

교과서 유형

10 □ 안에 알맞은 수를 써넣으시오.

(1)

	3	5
+	4	3
	7	□

(2)

	4	2
+	3	5
	□	□

11 계산이 맞으면 ○표, 틀리면 ×표 하시오.

33+52=85

(　　　　　　)

익힘책 유형

12 계산 결과를 찾아 이으시오.

43+42 •　　　• 78

56+32 •　　　• 85

　　　　　　　• 88

13 계산 결과가 큰 식을 말하고 있는 학생은 누구입니까?

(　　　　　　)

개념 파헤치기

개념 3 뺄셈을 알아볼까요 (1)

개념 동영상

· 48−5의 계산

방법1 빼는 수만큼 /으로 지워 구하기

△	△	△	△	△
△	△	△	△	△

△	△	△	△	△
△	△	△	△	△

△	△	△	△	△
△	△	△	△	△

△	△	△	△	△
△	△	△	△	△

△	△	△	~~△~~	~~△~~
~~△~~	~~△~~	~~△~~		

5만큼 /으로 지우면 10개씩 묶음이 4개, 낱개가 3개 남으므로 43입니다.

방법2 수 모형으로 구하기

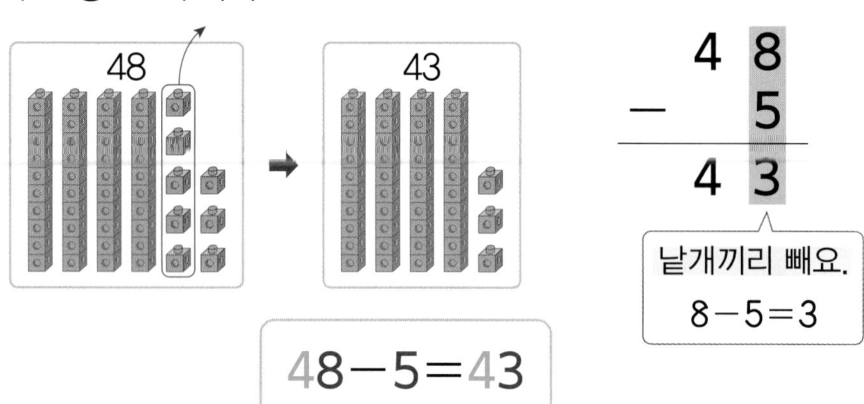

48−5=43

· 90−40의 계산

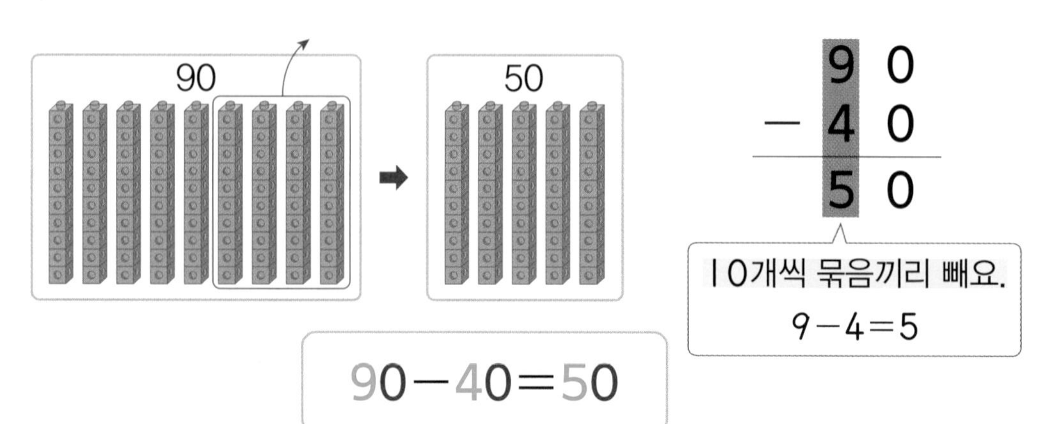

90−40=50

1 민지는 칭찬 붙임딱지를 37장 모았습니다. 나눔 장터에서 칭찬 붙임딱지 5장을 사용하여 필통과 바꿨다면 남은 칭찬 붙임딱지는 몇 장인지 /으로 지워서 구하시오.

△	△	△	△	△	△	△	△	△	△	△	△	△	△	△	△	△	△	△	△
△	△	△	△	△	△	△	△	△	△	△	△	△	△	△	△	△			

( )

2 그림을 보고 □ 안에 알맞은 수를 써넣으시오.

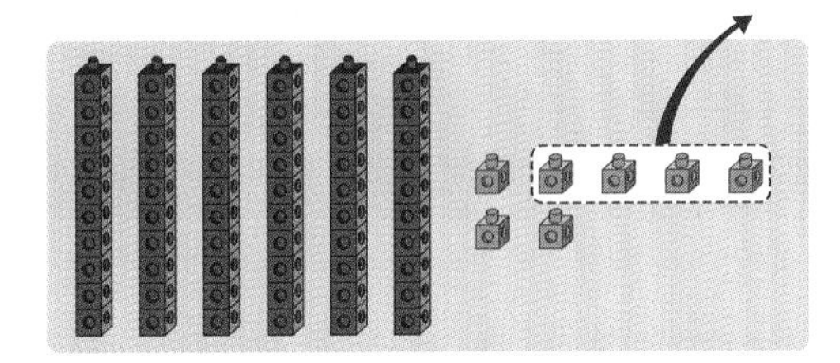

	6	7
−		4
	6	□

힌트 10개씩 묶음 6개와 낱개 7개에서 낱개 4개를 덜어 냅니다.

3 그림을 보고 □ 안에 알맞은 수를 써넣으시오.

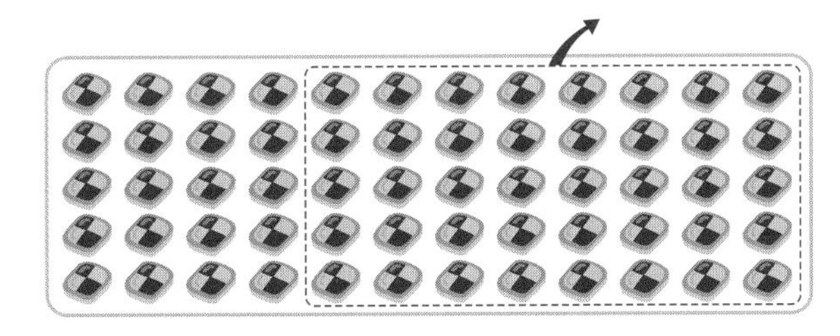

	6	0
−	4	0
	□	□

4 계산 결과가 적힌 수 카드에 색칠하시오.

80−50

30　　40

힌트 ■−▲=★ ⇨ ■0−▲0=★0

STEP 1 개념 파헤치기

개념 4 뺄셈을 알아볼까요 (2)

• 46－25의 계산

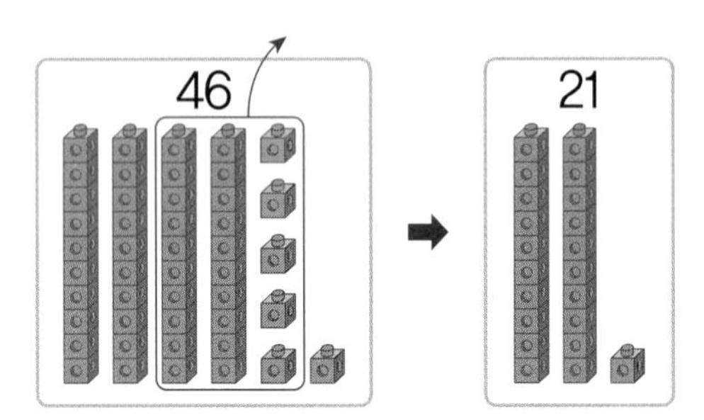

46－25＝21

10개씩 묶음: 4－2＝2

46－25＝21

낱개: 6－5＝1

낱개는 낱개끼리, 10개씩 묶음은 10개씩 묶음끼리 뺍니다.

$$\begin{array}{r} 46 \\ -\ 25 \\ \hline 1 \end{array} \Rightarrow \begin{array}{r} 46 \\ -\ 25 \\ \hline 21 \end{array}$$

낱개끼리 빼요.
6－5＝1

10개씩 묶음끼리 빼요.
4－2＝2

낱개끼리 빼고
10개씩 묶음끼리 빼.

개념 받아쓰기

빈칸에 글자나 수를 따라 쓰세요.

(몇십몇)－(몇십몇)을 계산할 때 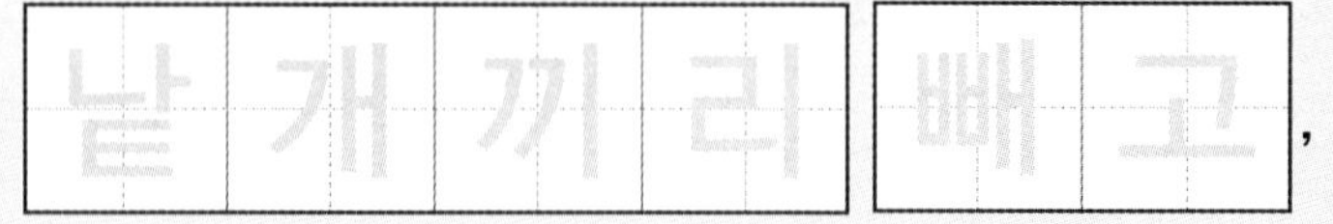,

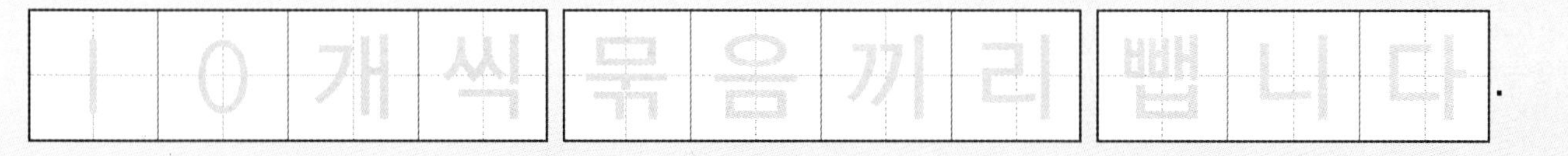.

1 그림을 보고 □ 안에 알맞은 수를 써넣으시오.

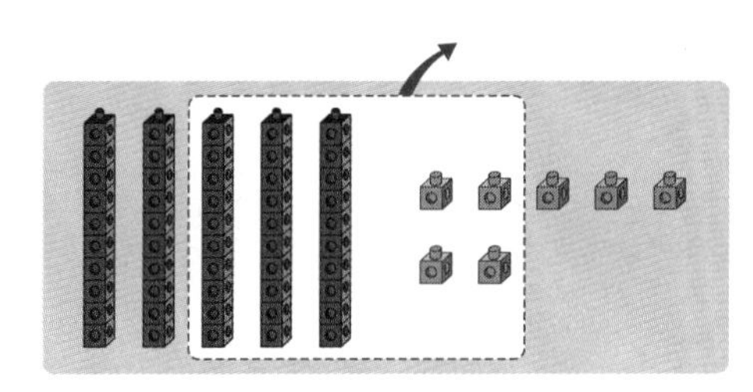

	5	7
−	3	4
	2	□

힌트 낱개 4개와 10개씩 묶음 3개를 각각 덜어 냅니다.

2 □ 안에 알맞은 수를 써넣으시오.

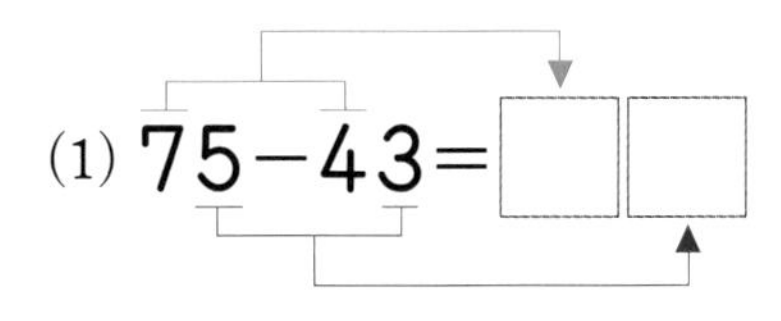
(1) 75−43=□□

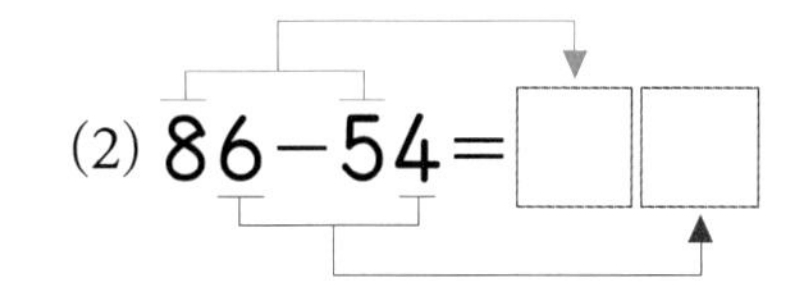
(2) 86−54=□□

힌트 (몇십몇)−(몇십몇)을 계산할 때 낱개는 낱개끼리, 10개씩 묶음은 10개씩 묶음끼리 뺍니다.

3 계산 결과를 찾아 이으시오.

98−75 •

• 13

• 23

빈칸에 알맞은 글자나 수를 써 보세요.

46−25에서 **낱개끼리 빼면** 6−5=□이고, **10개씩 묶음끼리 빼면** 4−2=□입니다. ⇨ 46−25=□□

개념 파헤치기

개념 5 덧셈과 뺄셈을 해 볼까요

• 그림을 보고 **덧셈**하기

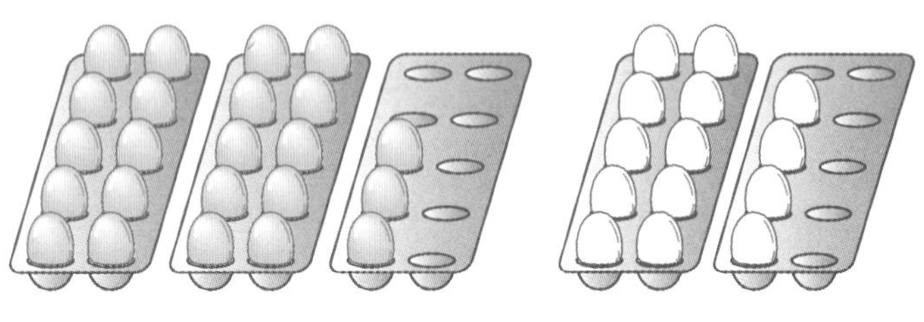

달걀 전체 수

⇨ 갈색 달걀 수와 흰색 달걀 수를 더합니다.

$23+14=37$

$$\begin{array}{r} 2\ 3 \\ +\ 1\ 4 \\ \hline 3\ 7 \end{array}$$

• 그림을 보고 **뺄셈**하기

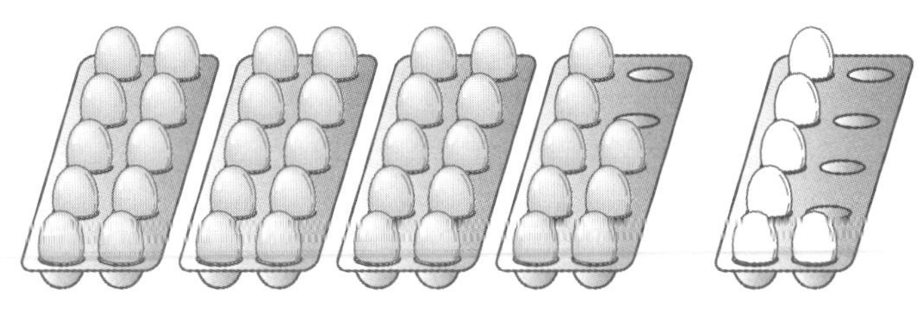

달걀 수의 차

⇨ 갈색 달걀 수에서 흰색 달걀 수를 뺍니다.

$38-6=32$

$$\begin{array}{r} 3\ 8 \\ -\ \ \ 6 \\ \hline 3\ 2 \end{array}$$

❶ 그림을 보고 **전체 개수**를 구할 때에는 두 수를 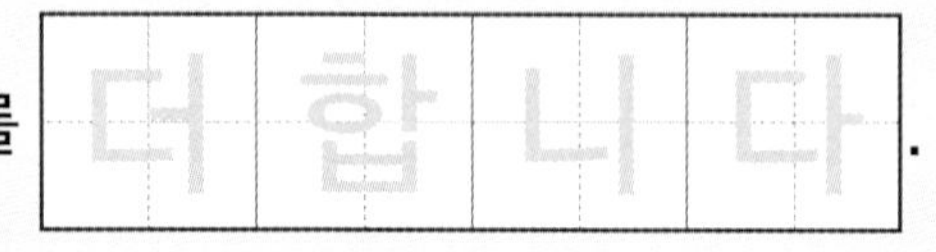 더합니다.

❷ 그림을 보고 **개수의 차**를 구할 때에는 **큰 수에서 작은 수**를 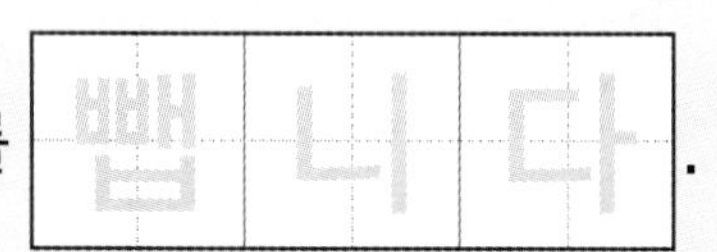 뺍니다.

[1~2] 오른쪽 그림을 보고 덧셈을 하시오.

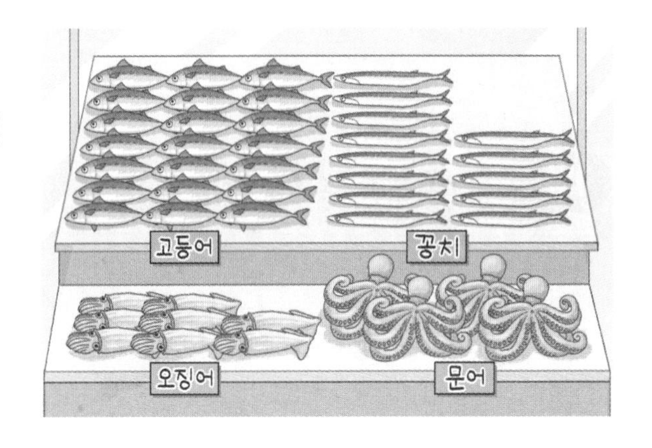

1 고등어와 문어는 모두 몇 마리인지 구하려고 합니다. □ 안에 알맞은 수를 써넣으시오.

21 + □ = □

2 윗줄에 있는 생선은 모두 몇 마리인지 구하려고 합니다. □ 안에 알맞은 수를 써넣으시오.

□ + □ = □

[3~4] 오른쪽 그림을 보고 뺄셈을 하시오.

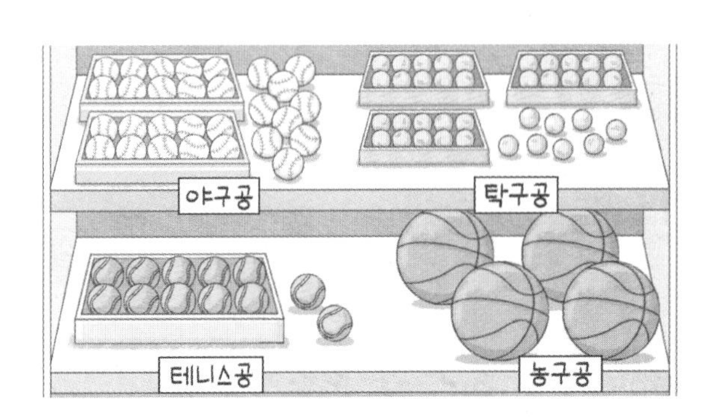

3 탁구공은 테니스공보다 몇 개 더 많은지 구하려고 합니다. □ 안에 알맞은 수를 써넣으시오.

4 야구공 6개를 팔면 야구공은 몇 개 남는지 구하려고 합니다. □ 안에 알맞은 수를 써넣으시오.

□ − □ = □

개념 확인하기

개념3 뺄셈을 알아볼까요 (1)

	3	9
−		4
	□	□

10개씩 묶음은 그대로 쓰고 낱개끼리 뺍니다.

	4	0
−	3	0
	□	□

10개씩 묶음끼리 빼고 낱개는 0입니다.

1 그림을 보고 □ 안에 알맞은 수를 써넣으시오.

$28-3=$ □

익힘책 유형

2 □ 안에 알맞은 수를 써넣으시오.

(1)

	5	6
−		3
	5	□

(2)

	7	4
−		2
	□	□

3 두 수의 차를 빈 곳에 써넣으시오.

95	3

4 지효가 가려고 하는 곳의 기호를 쓰시오.

(　　　　　　)

익힘책 유형

5 계산 결과를 비교하여 ○ 안에 >, =, <를 알맞게 써넣으시오.

$60-30$ ○ $90-60$

개념4 뺄셈을 알아볼까요 (2)

	4	8
−	3	6
	□	□

10개씩 묶음끼리 빼고, 낱개끼리 뺍니다.

교과서 유형

6 □ 안에 알맞은 수를 써넣으시오.

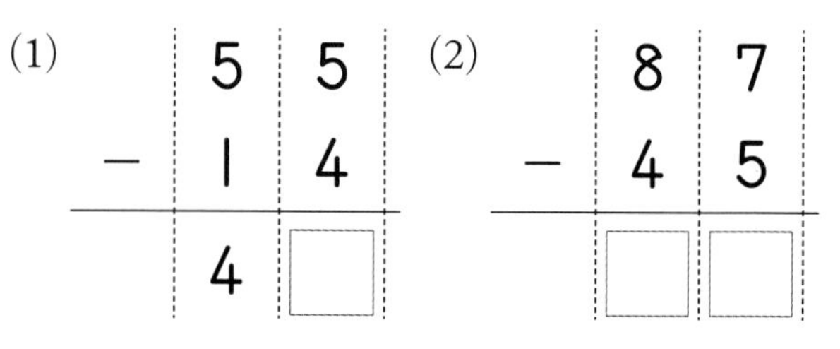

(1)

	5	5
−	1	4
	4	□

(2)

	8	7
−	4	5
	□	□

게임 학습
게임으로 학습을 즐겁게 할 수 있어요.
QR 코드를 찍어 보세요.

정답은 29쪽

7 계산 결과가 적힌 농구공에 ○표 하시오.

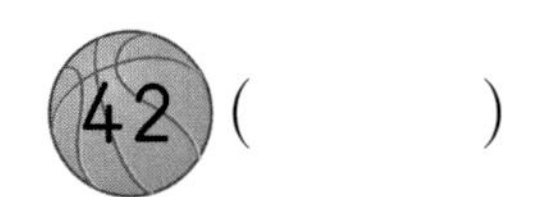

(　　　)

(　　　)

익힘책 유형

8 두 수의 차를 빈 곳에 써넣으시오.

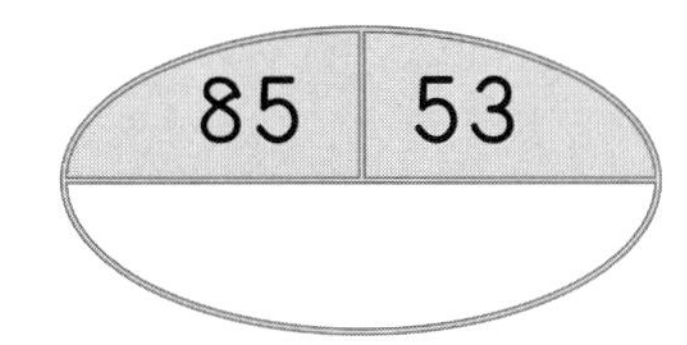

9 수 카드 2장을 골라 뺄셈식을 완성했을 때 남은 카드에 △표 하시오.

67－54＝□□

2

개념 5 덧셈과 뺄셈을 해 볼까요

• 덧셈을 할 때 낱개는 □ 끼리, 10개씩 묶음은 □ 끼리 더합니다.

• 뺄셈을 할 때 낱개는 □ 끼리, 10개씩 묶음은 □ 끼리 뺍니다.

익힘책 유형

10 학교 장터에 나온 물건을 사려면 붙임딱지를 사용해야 합니다. 물음에 답하시오.

(1) 진호에게 남은 붙임딱지 수를 구하려고 합니다. □ 안에 알맞은 수를 써넣으시오.

나는 붙임딱지를 37장 가지고 있었는데 로봇을 한 개 샀어.

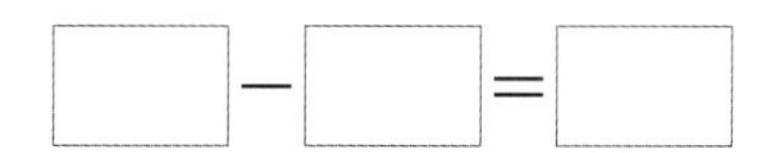

(2) 유미에게 남은 붙임딱지 수를 구하려고 합니다. □ 안에 알맞은 수를 써넣으시오.

나는 붙임딱지를 59장 가지고 있었는데 신발을 한 켤레 샀어.

□－□＝□

11 갈색 달걀과 흰색 달걀은 모두 몇 개인지 식을 쓰고 답을 구하시오.

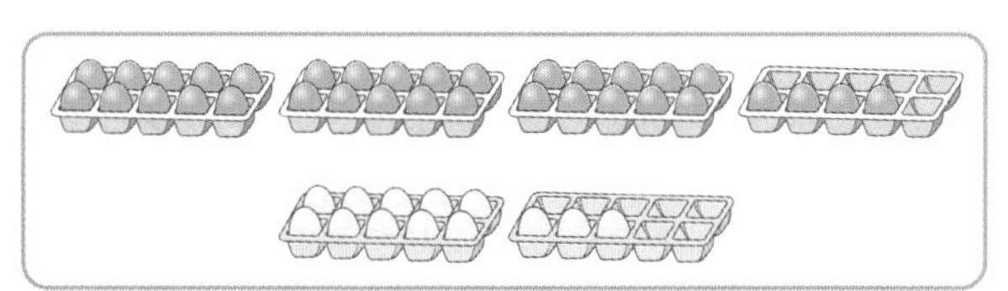

식 ____________________

답 ____________________

6 덧셈과 뺄셈 (3)

STEP 3 단원 마무리 평가

점수

[1~2] 그림을 보고 □ 안에 알맞은 수를 써넣으시오.

1

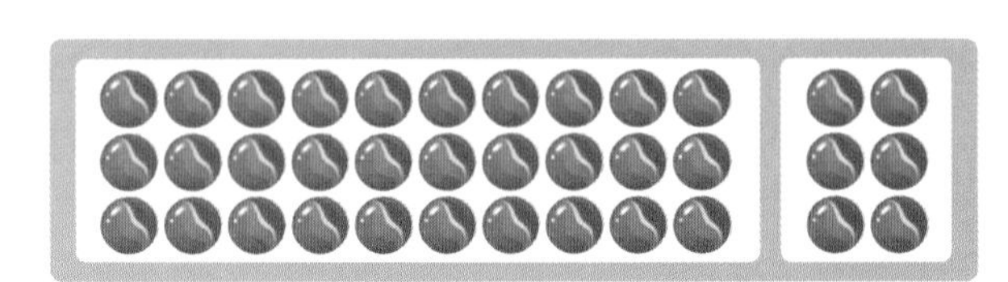

30+6=□

2

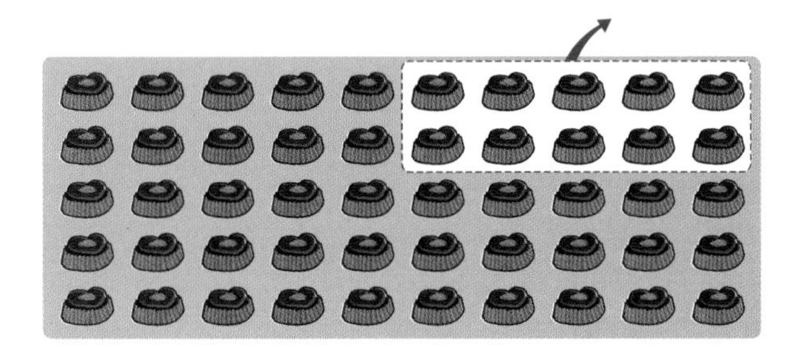

50−10=□

3 계산을 하시오.

(1)
```
   3 3
+    4
------
```

(2)
```
   2 7
−    5
------
```

4 빈 곳에 알맞은 수를 써넣으시오.

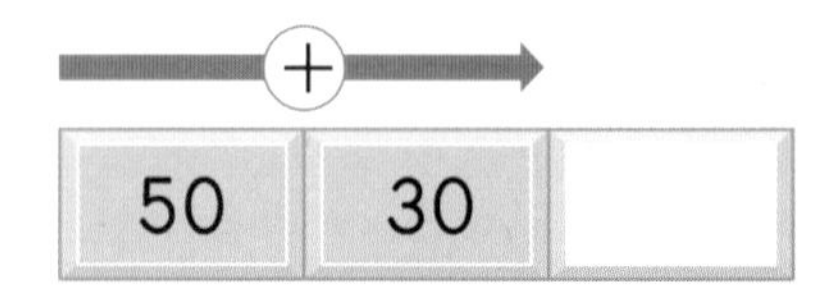

5 계산을 하시오.

(1) 47−22

(2) 68−46

6 오른쪽 식의 계산 결과는 어느 것입니까?

63+25

…………………( )

① 78 ② 83 ③ 85
④ 88 ⑤ 89

7 개구리가 뛰어야 할 곳을 찾아 기호를 쓰시오.

( )

8 계산 결과를 찾아 이으시오.

46+10 ·		· 55
75−20 ·		· 56
		· 66

9 □ 안에 알맞은 수를 써넣으시오.

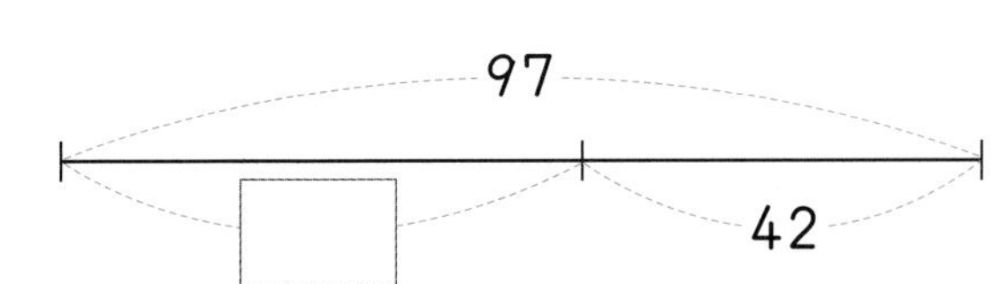

10 가장 큰 수와 가장 작은 수의 차를 구하시오.

20	70	40

( )

11 계산 결과를 비교하여 ○ 안에 >, =, < 를 알맞게 써넣으시오.

$42+4$ ○ $57-12$

12 계산 결과가 다른 하나를 찾아 기호를 쓰시오.

㉠ $36+2$ ㉡ $34+4$ ㉢ $32+5$

( )

13 계산 결과가 가장 작은 것에 △표 하시오.

$50+7$	$40+20$	$28+31$
( )	( )	( )

[14~15] 여러 인형을 보고 물음에 답하시오.

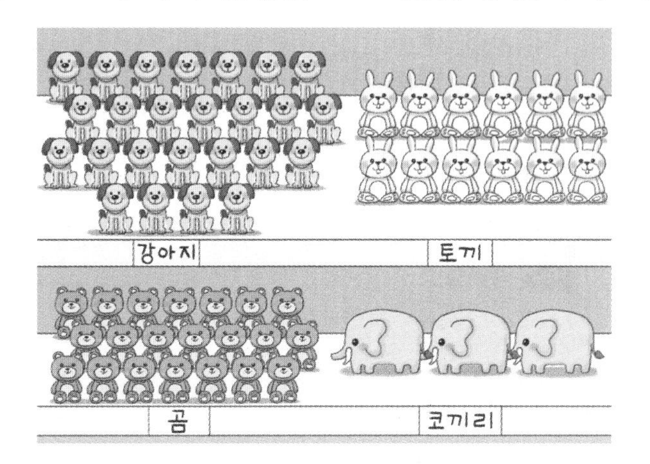

14 강아지 인형과 코끼리 인형은 모두 몇 개인지 구하려고 합니다. □ 안에 알맞은 수를 써넣으시오.

□ + □ = □

15 윗줄에 있는 인형은 모두 몇 개인지 구하려고 합니다. □ 안에 알맞은 수를 써넣으시오.
(윗줄에 있는 인형: 강아지 인형과 토끼 인형)

□ + □ = □

6 덧셈과 뺄셈 (3)

16 운동장에서 학생 25명이 놀고 있었습니다. 그중에서 3명이 교실로 들어갔습니다. 운동장에 남아 있는 학생은 몇 명인지 식을 쓰고 답을 구하시오.

식 ____________________

답 ____________________

[17~18] **그림을 보고 물음에 답하시오.**

17 분홍색 화분을 5개 팔았을 때 남는 분홍색 화분 수를 구하려고 합니다. □ 안에 알맞은 수를 써넣으시오.

□ − □ = □

유사문제

18 노란색 화분은 파란색 화분보다 몇 개 더 많은지 구하려고 합니다. □ 안에 알맞은 수를 써넣으시오.

□ − □ = □

19 그림을 보고 우유는 빵보다 몇 개 더 많은지 식을 쓰고 답을 구하시오.

식 ____________________

답 ____________________

유사문제

20 ♥의 값을 구하려고 합니다. 풀이 과정을 완성하고 답을 구하시오. (단, 같은 모양은 같은 수를 나타냅니다.)

$20+1=$★, ★+★=♥

풀이 $20+1=$□이므로 ★=□입니다.

★+★=□+□=□이므로 ♥=□입니다

답 □

정답은 31쪽

1 40부터 하나씩 이어 세어 보면 40, 41, 42, ☐, ☐, ☐, …이므로 40+5=☐입니다.

2 23+2를 계산할 때 10개씩 묶음끼리 더하고, 낱개는 그대로 씁니다. (○ , ×)

3 50+30을 계산할 때 10개씩 묶음끼리 더하면 ☐+☐=☐이고, 낱개는 ☐입니다.

⇨ 50+30=☐

(몇십)+(몇십)은 10개씩 묶음끼리 더하고 낱개는 0입니다.

4 38+61에서 낱개끼리 더하면 8+1=☐, 10개씩 묶음끼리 더하면 3+6=☐입니다. ⇨

$$\begin{array}{r} 3\ 8 \\ +\ 6\ 1 \\ \hline \square\square \end{array}$$

(몇십몇)+(몇십몇)은 낱개끼리 더하고, 10개씩 묶음끼리 더합니다.

5 27−2를 계산할 때 10개씩 묶음은 그대로 쓰고, 낱개끼리 뺍니다. (○ , ×)

6 50−30을 계산할 때 10개씩 묶음끼리 빼면 ☐−☐=☐이고, 낱개는 ☐입니다.

⇨ 50−30=☐

(몇십)−(몇십)은 10개씩 묶음끼리 빼고 낱개는 0입니다.

7 88−61에서 낱개끼리 빼면 8−1=☐, 10개씩 묶음끼리 빼면 8−6=☐입니다. ⇨

$$\begin{array}{r} 8\ 8 \\ -\ 6\ 1 \\ \hline \square\square \end{array}$$

(몇십몇)−(몇십몇)은 낱개끼리 빼고, 10개씩 묶음끼리 뺍니다.

개념 공부를 완성했다!

생각이 커지는 수학 풍선 기구 띄우기

박사님이 커다란 바구니에 풍선을 달아서 풍선 기구를 만들고 계시네요. 풍선 기구는 바구니에 적힌 수와 합이 같은 풍선을 달면 하늘에 두둥실 뜨고 바구니에 적힌 수보다 합이 크거나 작은 풍선을 달면 가라앉는다고 해요.

다음 풍선 기구가 하늘에 뜨도록 풍선 2개를 바구니에 연결하시오.

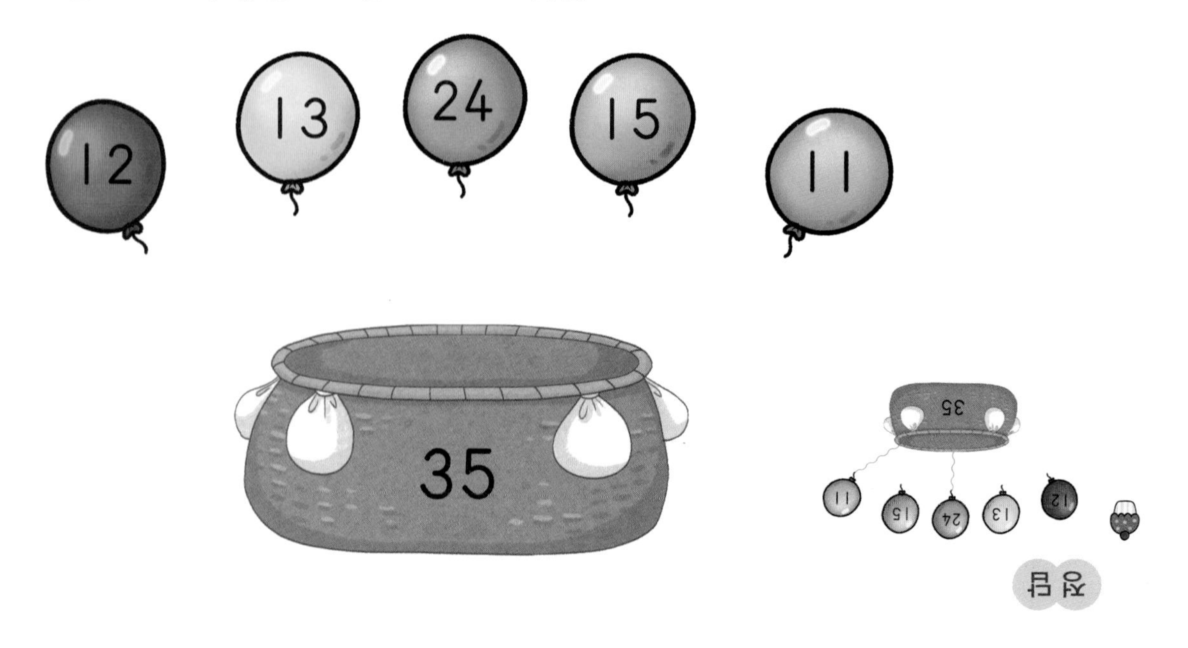

모든 개념을
다 보는
해결의 법칙

개념 해결의 법칙

꼼꼼 풀이집

수학

1·2

천재교육

개념 해결의 법칙 1-2

1. 100까지의 수 2

2. 덧셈과 뺄셈 (1) 7

3. 모양과 시각 12

4. 덧셈과 뺄셈 (2) 17

5. 규칙 찾기 22

6. 덧셈과 뺄셈 (3) 27

연산의 법칙 32

꼼꼼 풀이집

1. 100까지의 수

1 STEP 개념 파헤치기 9쪽

1 6 **2** 60, 육십, 예순
3 (1) 일흔 (2) 아흔

개념 받아쓰기 문제

8 0 / 팔 십, 여 든

1 귤을 10개씩 묶으면 6묶음입니다.

참고 한 줄이 10개씩이고 6줄이므로 10개씩 묶음 6개입니다.

2 10개씩 묶음 6개이면 60이고, 육십 또는 예순이라고 읽습니다.

3 (1) 70은 칠십 또는 일흔이라고 읽습니다.
(2) 90은 구십 또는 아흔이라고 읽습니다.

참고 60, 70, 80, 90을 두 가지로 읽을 수 있습니다.
60－육십, 예순 / 70－칠십, 일흔
80－팔십, 여든 / 90－구십, 아흔

1 STEP 개념 파헤치기 11쪽

1 5, 7 **2** 57, 오십칠, 쉰일곱
3 (1) 아흔셋 (2) 일흔여덟

개념 받아쓰기 문제

8 3, 팔 십 삼, 여 든 셋

1 10개씩 묶음은 5개이고 낱개는 7개입니다.

2 10개씩 묶음 5개와 낱개 7개는 57입니다.

5 7 → 오십 칠 5 7 → 쉰 일곱

주의 오십일곱이나 쉰칠이라고 읽지 않도록 합니다.

3 (1) 93은 구십삼 또는 아흔셋이라고 읽습니다.

주의 구십셋이나 아흔삼이라고 읽지 않도록 합니다.

(2) 78은 칠십팔 또는 일흔여덟이라고 읽습니다.

주의 칠십여덟이나 일흔팔이라고 읽지 않도록 합니다.

1 STEP 개념 파헤치기 13쪽

1 66, 67, 68 / 66, 68
2 (1) 72 (2) 100
3 (위에서부터) 77, 80, 81, 85, 93

개념 받아쓰기 문제

5 5, 5 7 / 7 8, 8 0

1

	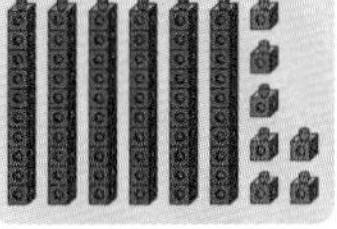	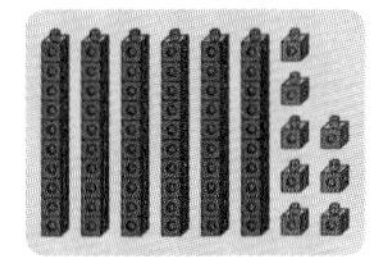
10개씩 묶음 6개 낱개 6개 ⇩ 66	10개씩 묶음 6개 낱개 7개 ⇩ 67	10개씩 묶음 6개 낱개 8개 ⇩ 68

2 (1) 71과 73 사이의 수는 72입니다.
(2) 99보다 1만큼 더 큰 수는 100입니다.

3 76부터 수를 순서대로 쓰면 76－77－78－79－80－81－82－83－84－85－86－87－88－89－90－91－92－93입니다.

STEP 2 개념 확인하기 14~15쪽

개념1 육십, 일흔, 여든, 구십

1 예

60	
육십	예순

2 (위에서부터) 팔십, 여든, 칠십, 일흔

3 9, 90, 구십, 아흔

개념2 79

4 9, 7, 97　　5 73개에 ○표

6 칠십일, 일흔하나

개념3 100, 백

7 53, 55

8 (위에서부터) 98, 97, 90, 87

9 사자

10

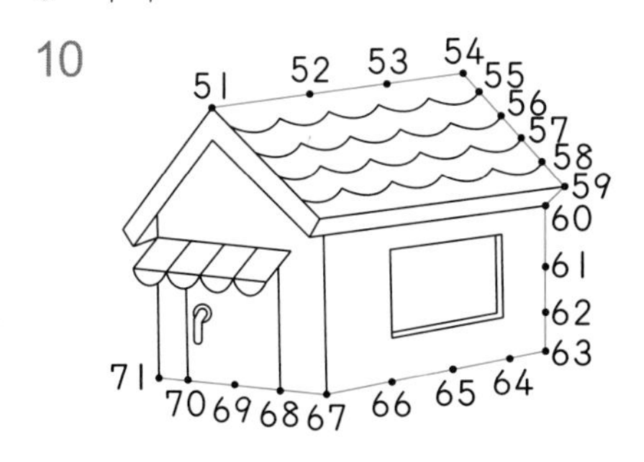

1 10마리씩 묶어 보면 6묶음이므로 60이고, 60은 육십 또는 예순이라고 읽습니다.

3 10개씩 묶음 9개는 90입니다. 90은 구십 또는 아흔이라고 읽습니다.

4 10개씩 묶음 9개와 낱개 7개는 97입니다.

5 생각 열기 □□ → 낱개의 수, → 10개씩 묶음의 수

10개씩 묶음 7개와 낱개 3개는 73입니다.

주의 10개씩 묶음의 수와 낱개의 수의 위치를 바꾸어 37개라고 하지 않도록 주의합니다.

6 71은 칠십일 또는 일흔하나라고 읽습니다.

7 수를 순서대로 썼을 때 54 바로 앞의 수는 53, 바로 뒤의 수는 55입니다.

8 86부터 수를 순서대로 쓰면 86−87−88−89−90−91−92−93−94−95−96−97−98−99−100입니다.

9 수를 거꾸로 쓴 것이므로 빈 곳에 86이 들어가야 합니다.

10 51부터 71까지의 수를 순서대로 이어 봅니다.

참고 수를 71부터 거꾸로 이어도 같은 모양이 나옵니다.

STEP 1 개념 파헤치기 17쪽

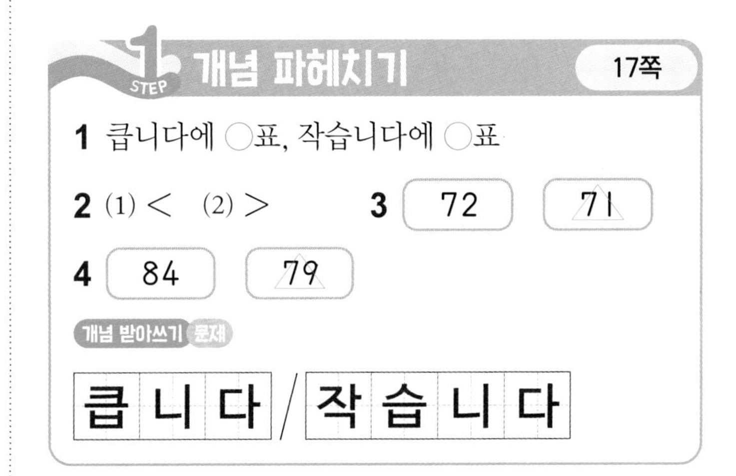

1 75는 10개씩 묶음이 7개이고, 62는 10개씩 묶음이 6개이므로 75>62입니다.

2 (1) ■는 ▲보다 작습니다. ⇨ ■<▲

(2) ■는 ▲보다 큽니다. ⇨ ■>▲

3 왼쪽은 10개씩 7묶음과 낱개 2개이므로 72이고, 오른쪽은 10개씩 7묶음과 낱개 1개이므로 71입니다.
10개씩 묶음의 수는 같으므로 낱개의 수가 더 작은 71이 더 작습니다.

4 왼쪽은 84이고 오른쪽은 79이므로 10개씩 묶음의 수가 더 작은 79가 84보다 작습니다.

STEP 1 개념 파헤치기 19쪽

1 (1) 예 (2) 10

2 (1) 짝수에 ○표 (2) 홀수에 ○표

3 (1) 짝수 (2) 홀수

개념 받아쓰기 문제

짝수 / 홀수

1 (2) 9는 둘씩 짝을 지을 수 없으므로 홀수입니다.

2 (1) 모두 20으로 둘씩 짝을 지을 수 있으므로 짝수입니다.
(2) 모두 31로 둘씩 짝을 지을 수 없으므로 홀수입니다.

3 (1) 12는 낱개가 2개로 둘씩 짝을 지을 수 있으므로 짝수입니다.
(2) 59는 낱개가 9개로 둘씩 짝을 지을 수 없으므로 홀수입니다.
참고 낱개의 수만 둘씩 짝 지어 보면 짝수인지 홀수인지 알 수 있습니다.

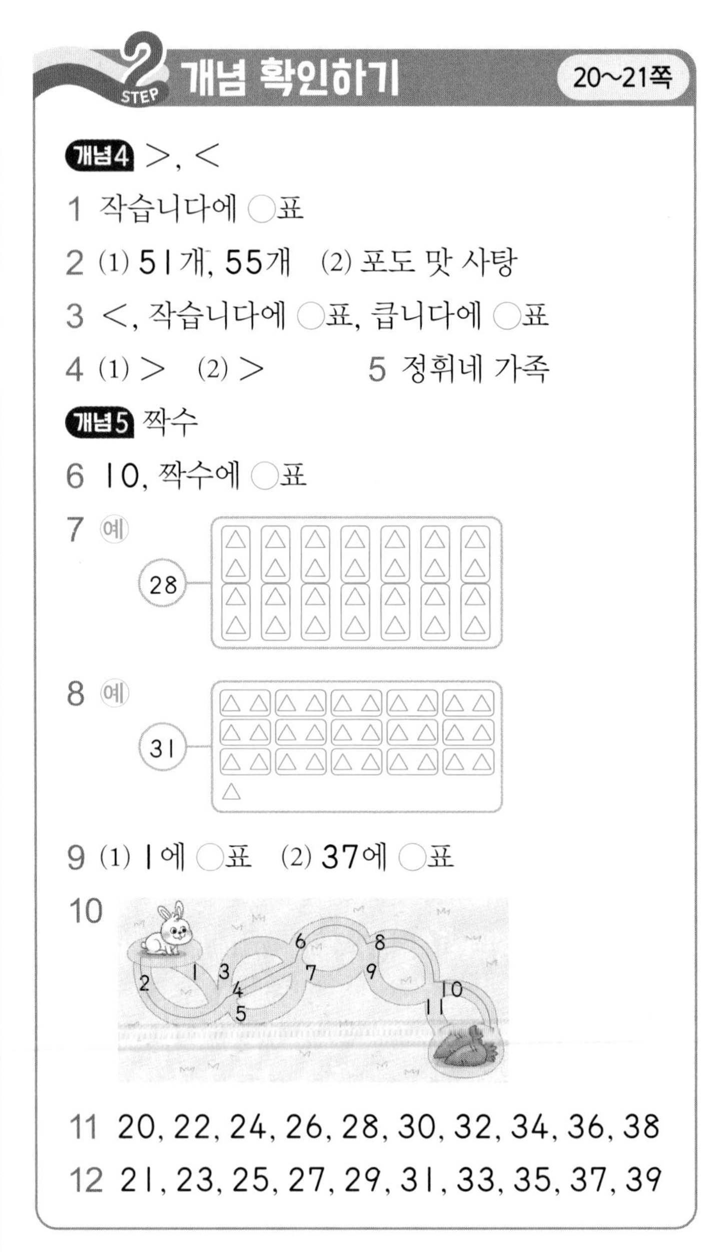

STEP 2 개념 확인하기 20~21쪽

개념4 $>$, $<$

1 작습니다에 ○표

2 (1) 51개, 55개 (2) 포도 맛 사탕

3 $<$, 작습니다에 ○표, 큽니다에 ○표

4 (1) $>$ (2) $>$ 5 정휘네 가족

개념5 짝수

6 10, 짝수에 ○표

7 예 28

8 예 31

9 (1) 1에 ○표 (2) 37에 ○표

10

11 20, 22, 24, 26, 28, 30, 32, 34, 36, 38

12 21, 23, 25, 27, 29, 31, 33, 35, 37, 39

1 생각 열기 10개씩 묶음의 수가 같은지 다른지 알아봅니다.
10개씩 묶음이 63은 6개, 71은 7개이므로 63은 71보다 작습니다.

2 생각 열기 10개씩 묶음의 수가 같은 경우 낱개의 수를 비교합니다.
(1) 10개씩 묶어서 세어 봅니다.
딸기 맛 사탕은 10개씩 묶음 5개와 낱개 1개이므로 51개이고, 포도 맛 사탕은 10개씩 묶음 5개와 낱개 5개이므로 55개입니다.
(2) 51과 55는 10개씩 묶음이 5개로 같고 낱개는 51이 1개, 55는 5개이므로 55가 51보다 큽니다.

3 10개씩 묶음이 87은 8개, 93은 9개이므로 93이 87보다 큽니다.

참고 ■<▲, ▲>■

■는 ▲보다 작습니다.
▲는 ■보다 큽니다.

두 수의 크기 비교를 두 가지로 쓰고 읽을 수 있습니다.

4 (1) 10개씩 묶음의 수를 비교하면 99는 9개, 62는 6개이므로 99>62입니다.

(2) 87과 80은 10개씩 묶음이 8개로 같으므로 낱개의 수를 비교하면 87은 7개, 80은 0개이므로 87>80입니다.

5 10개씩 묶음의 수가 같으므로 낱개의 수를 비교해 보면 71이 77보다 작습니다. 따라서 정휘네 가족이 사과를 더 적게 땄습니다.

6 강아지는 모두 10마리이고 둘씩 짝을 지을 수 있으므로 짝수입니다.

7 △ 28개를 둘씩 묶으면 남는 것이 없습니다.

참고 28은 둘씩 짝을 지을 수 있으므로 짝수입니다.

8 △ 31개를 둘씩 묶으면 1개가 남습니다.

참고 31은 둘씩 짝을 지을 수 없으므로 홀수입니다.

9 (1) 짝수: 10, 4 / 홀수: 1

(2) 짝수: 26, 12 / 홀수: 37

10 짝수는 2, 4, 6, 8, 10입니다.

11 20부터 짝수는 2씩 커집니다.

12 21부터 홀수는 2씩 커집니다.

참고 낱개의 수가 0, 2, 4, 6, 8인 수는 짝수이고, 낱개의 수가 1, 3, 5, 7, 9인 수는 홀수입니다.

3 STEP 단원 마무리 평가 22~24쪽

1 70　　2 68

3 (1) 83 (2) 97　　4 (1) 9 (2) 5, 2

5 (1) 짝수 (2) 홀수

6 예 , 64개

7 (1) > (2) <

8 (1) 육십구, 예순아홉 (2) 칠십오, 일흔다섯

9 96, 97　　10 88, 90

11 (1) <, 예 72는 79보다 작습니다.

(2) >, 예 91은 87보다 큽니다.

12 52에 ○표　　13 44, 50, 6, 48

14 70살　　15 86, 86, 85 ; 85

16 위인전　　17 ㉡

18 일흔다섯, 일흔여덟

19 81, 82, 83, 84, 4 ; 4

20 9

1 10장씩 묶음 7개는 70입니다.

2 10개씩 묶음 6개와 낱개 8개는 68입니다.

3 (1) 팔십삼 ⇨ 83 (팔십 80, 삼 3)　　(2) 아흔일곱 ⇨ 97 (아흔 90, 일곱 7)

4 (2) 5 2

2 → 10개씩 묶고 남은 낱개
5 → 10개씩 묶음

5 (1) 8은 둘씩 짝을 지을 수 있으므로 짝수입니다.

(2) 63은 둘씩 짝을 지을 수 없으므로 홀수입니다.

참고 낱개의 수 3만 둘씩 짝 지었을 때 남는 것이 있으므로 홀수입니다.

6 10개씩 묶어 보면 10개씩 묶음 6개와 낱개 4개이므로 딸기는 모두 64개입니다.

7 (1) ■는 ▲보다 큽니다. ⇨ ■ > ▲
(2) ●는 ★보다 작습니다. ⇨ ● < ★

8 (1) 69는 육십구 또는 예순아홉이라고 읽습니다.
(2) 75는 칠십오 또는 일흔다섯이라고 읽습니다.

9 94부터 98까지의 수를 순서대로 씁니다.

10 수를 순서대로 썼을 때 89보다 1만큼 더 작은 수는 89 바로 앞에 있는 수인 88이고, 89보다 1만큼 더 큰 수는 89 바로 뒤에 오는 수인 90입니다.

11 (1) 79는 72보다 큽니다라고 읽어도 됩니다.
(2) 87은 91보다 작습니다라고 읽어도 됩니다.

12 $58<59$, $58<63$, $58>52$
$8<9$, $5<6$, $8>2$

13 짝수: 44, 50, 6, 48
홀수: 19, 23, 39, 3
참고 10개씩 묶음은 항상 둘씩 짝 지을 수 있으므로 낱개의 수만 둘씩 짝 지어 봅니다.

14 일흔은 70이므로 수지의 할아버지는 70살입니다.

15 생각 열기 1만큼 더 작은 수는 수를 순서대로 썼을 때 바로 앞의 수입니다.
서술형 가이드 여든여섯이 어떤 수인지 알고 바르게 답을 구했는지 확인합니다.

채점 기준		
	빈칸에 알맞게 써넣고 답을 바르게 구함.	상
	빈칸에 써넣었으나 일부가 틀림.	중
	빈칸에 써넣지 못함.	하

16 생각 열기 91, 76, 82의 10개씩 묶음의 수를 비교합니다.
10개씩 묶음의 수가 다르므로 10개씩 묶음의 수가 가장 큰 91이 가장 큰 수입니다.
따라서 가장 많은 책은 위인전입니다.

17 생각 열기 홀수가 아닌 것 찾기 ⇨ 짝수 찾기
㉠ 55는 둘씩 짝을 지을 수 없으므로 홀수입니다.
㉡ 78은 둘씩 짝을 지을 수 있으므로 짝수입니다.
㉢ 63은 둘씩 짝을 지을 수 없으므로 홀수입니다.

18 일흔둘(72), 일흔셋(73), 일흔넷(74)이므로 수를 순서대로 쓴 것입니다.
일흔넷 다음은 일흔다섯이고, 일흔일곱 다음은 일흔여덟입니다.

19 서술형 가이드 79부터 수를 순서대로 쓸 줄 알고 바르게 답을 구했는지 확인합니다.

채점 기준		
	빈칸에 알맞게 써넣고 답을 바르게 구함.	상
	빈칸에 써넣었으나 일부가 틀림.	중
	빈칸에 써넣지 못함.	하

주의 79와 84 사이의 수에 79와 84는 들어가지 않습니다. 따라서 답을 6개라고 하지 않도록 합니다.

20 • 74는 10개씩 묶음 7개와 낱개 4개입니다.
⇨ ■=7
• 10개씩 묶음 8개와 낱개 2개는 82입니다.
⇨ ●=2
따라서 ■+●=7+2=9입니다.

마무리 개념완성 25쪽

❶ 80 ❷ 96
❸ 육십일, 예순하나 ❹ 79, 81
❺ × ❻ 큽니다에 ○표
❼ ○
❽ 짝수에 ○표, 홀수에 ○표

2. 덧셈과 뺄셈 (1)

STEP 1 개념 파헤치기 29쪽

1 (계산 순서대로) (1) 4, 7, 7 (2) 6, 7, 7
2 (계산 순서대로) (1) 4, 4, 6 (2) 5, 5, 8
3 예 1, 5, 2, 8

개념 받아쓰기 문제

5, 5, 9

1 (1) 2+2+3=7 (2+2=4, 4+3=7)
(2) 4+2+1=7 (4+2=6, 6+1=7)

2 (1) 3+1=4, 4+2=6
(2) 2+3=5, 5+3=8

3 사과 1개, 배 5개, 오렌지 2개가 있으므로 1+5+2=8입니다.
다른 풀이 1, 5, 2의 순서를 바꾸어 써도 됩니다.
1+2+5=8, 5+1+2=8,
5+2+1=8, 2+1+5=8,
2+5+1=8

STEP 1 개념 파헤치기 31쪽

1 (계산 순서대로) (1) 4, 3, 3 (2) 5, 3, 3
2 (계산 순서대로) (1) 4, 4, 1 (2) 3, 3, 2
3 2, 2, 5

개념 받아쓰기 문제

3, 3, 2

1 (1) 7−3−1=3 (7−3=4, 4−1=3)
(2) 8−3−2=3 (8−3=5, 5−2=3)

2 (1) 6−2=4, 4−3=1
참고 6−2−3=1
(2) 9−6=3, 3−1=2
참고 9−6−1=2

3 사탕 9개에서 2개, 2개를 가져갔으므로 9−2−2=5입니다.

STEP 2 개념 확인하기 32~33쪽

개념 1 ♥, ▲, ★

1 (1) (계산 순서대로) 6, 8, 8 (2) 6, 6, 8
2 (1) 1+4+4=9 (1+4=5, 5+4=9) (2) 5, 5, 9
3 (1) 6 (2) 9 (3) 8
4 예 3, 2, 4, 9
5 예 2, 3, 3, 8

개념 2 ♥, ▲, ★

6 (1) (계산 순서대로) 4, 1, 1 (2) 4, 4, 1
7 (1) 9−5−2=2 (9−5=4, 4−2=2) (2) 4, 4, 2
8 (1) 1 (2) 3
9 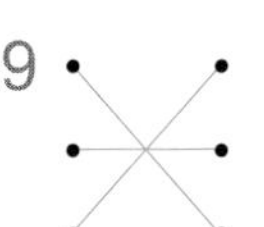
10 예 4, 1, 3
11 3, 3, 2

꼼꼼 풀이집

1 $5+1$을 먼저 계산한 다음 계산하여 나온 수에 2를 더합니다.

2 (1) 먼저 계산하는 것을 선으로 이어서 계산하고, 계산하여 나온 수에 나머지 수를 또 이어서 계산합니다.
(2) 두 수를 위아래로 쓰고 계산하여 나온 수의 아래에 다른 수를 또 써서 계산합니다.

3 (1) $2+2+2=6$
4
6

(2) $3+3+3=9$
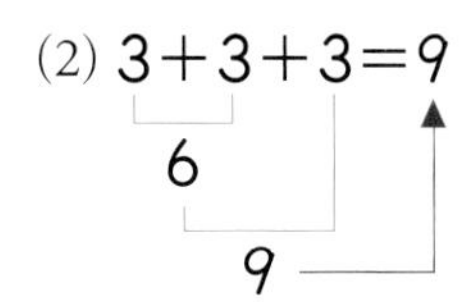
6
9

(3) $4+3+1=8$
7
8

4 농구공 3개, 축구공 2개, 배구공 4개이므로
$3+2+4=9$입니다.
다른 풀이 더하는 세 수의 순서를 바꾸어 써도 됩니다.
$3+4+2=9$, $2+3+4=9$,
$2+4+3=9$, $4+3+2=9$,
$4+2+3=9$

5 생각 열기 세 친구가 모은 구슬 전체 개수를 구하는 것이므로 세 수의 덧셈을 합니다.
2개, 3개, 3개를 모았으므로 $2+3+3$입니다.
$2+3=5$, $5+3=8$이므로 $2+3+3=8$입니다.
다른 풀이 더하는 수의 순서를 바꾸어 써도 됩니다.
$3+2+3=8$, $3+3+2=8$

6 $8-4$를 먼저 계산한 다음 계산하여 나온 수에서 3을 뺍니다.

7 (1) 먼저 계산하는 것을 선으로 이어서 계산하고, 계산하여 나온 수에 나머지 수를 또 이어서 계산합니다.
(2) 두 수를 위아래로 쓰고 계산하여 나온 수의 아래에 다른 수를 또 써서 계산합니다.

8 (1) $7-2-4=1$
5
1

(2) $6-1-2=3$
5
3

다른 풀이

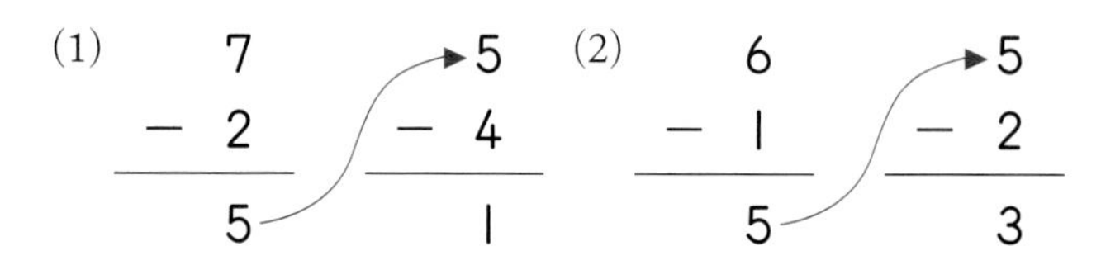

9 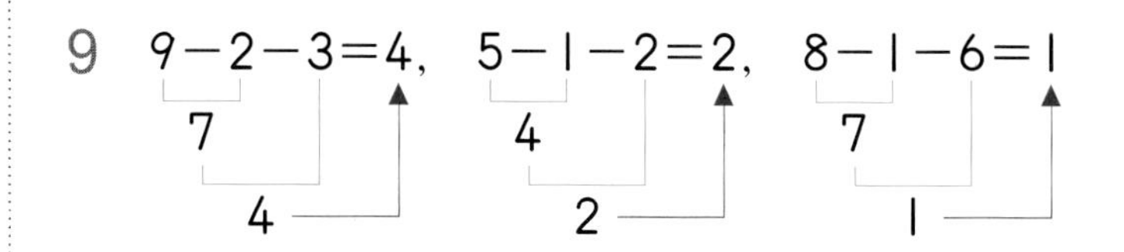
$9-2-3=4$, $5-1-2=2$, $8-1-6=1$

10 생각 열기 처음에 있던 새의 수에서 몇 마리가 날아가고 또 몇 마리가 날아가서 남은 새는 몇 마리인지 세 수의 뺄셈식을 만듭니다.
$8-1-4=3$으로 만들어도 됩니다.

11 8개에서 3개, 3개를 먹으므로 $8-3-3$입니다.
$8-3=5$, $5-3=2$이므로 $8-3-3=2$입니다.

1 STEP 개념 파헤치기 35쪽

1 8, 9, 10, 10　**2** (1) 1　(2) 1
3 6, 4 또는 4, 6　**4** 8, 2 또는 2, 8

개념 받아쓰기 문제
1 0, 2, 8, 1 0, 7, 3

1 5 바로 뒤의 수부터 5개의 수를 이어 세면 6, 7, 8, 9, 10입니다.

2 (1) ○는 9개, ○는 1개로 모두 합하면 10개입니다.
(2) ○는 1개, ○는 9개로 모두 합하면 10개입니다.

3 원래 바둑돌이 6개 있었고, 4개를 더 갖고 왔으므로 $6+4=10$입니다.

4 ● 모양의 수와 △ 모양의 수의 합은 10입니다.

2

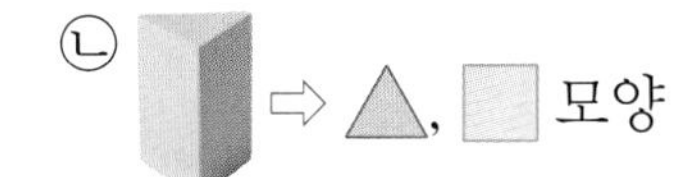

3 ㉠ 액자: □ 모양
㉡ 시계: ○ 모양
㉢ 색종이: □ 모양

4 ㉠ 접시: ○ 모양
㉡ 탬버린: ○ 모양
㉢ 시계: □ 모양

5 ㉠ ⇨ □ 모양
㉡ ⇨ △, □ 모양
㉢ ⇨ ○ 모양

6 뾰족한 부분이 3군데인 모양은 △ 모양입니다.

7 곧은 선이 4개 있는 모양은 □ 모양입니다.

8 생각 열기 를 본뜨면 □ 모양입니다.
본뜬 모양은 □ 모양이므로 뾰족한 부분이 4군데입니다.

9 생각 열기 를 본뜨면 ○ 모양입니다.
본뜬 모양은 ○ 모양이므로 뾰족한 부분이 없습니다.

10 □ 모양 6개를 이용하여 꾸민 말 모양입니다.

11 □ 모양: 1개, △ 모양: 6개, ○ 모양: 5개
주의 모양의 수를 셀 때 두 번 세거나 빠뜨리고 세어서 틀리는 경우가 있습니다. 같은 모양끼리 표시를 하면서 하나씩 차례로 세어 봅니다.

12 □ 모양 1개, △ 모양 6개, ○ 모양 5개이므로 가장 많이 이용한 모양은 △ 모양입니다.

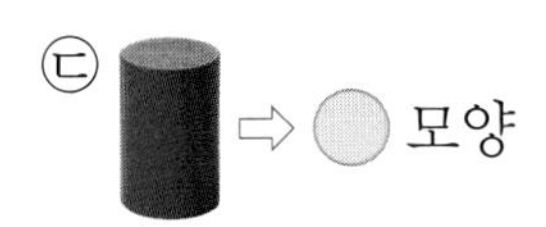

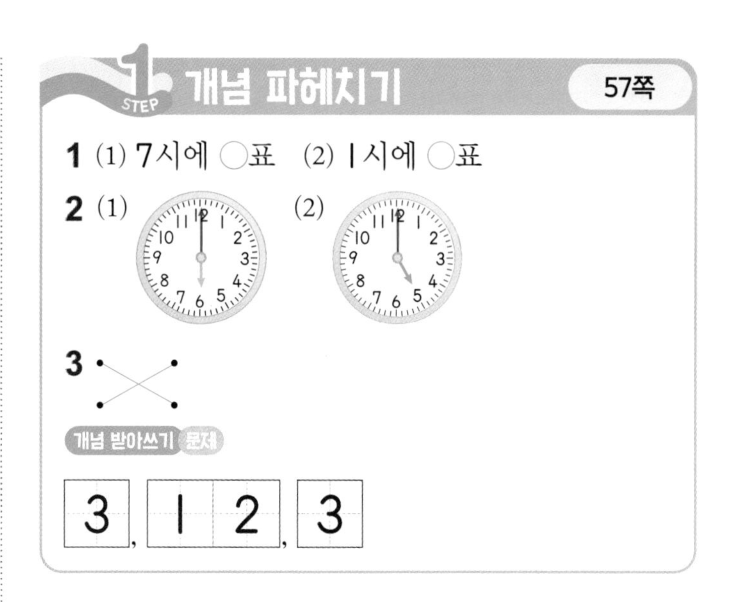

1 (1) 짧은바늘이 7, 긴바늘이 12를 가리키므로 7시입니다.
(2) 짧은바늘이 1, 긴바늘이 12를 가리키므로 1시입니다.

2 (1) 6시일 때 짧은바늘이 6을 가리키도록 그립니다.
(2) 5시일 때 짧은바늘이 5를 가리키도록 그립니다.

3

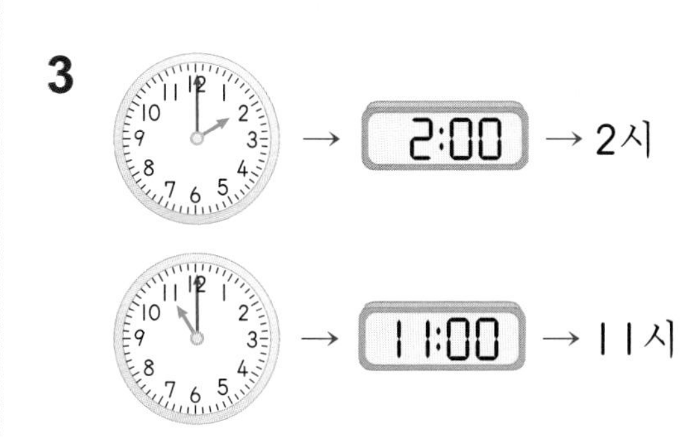

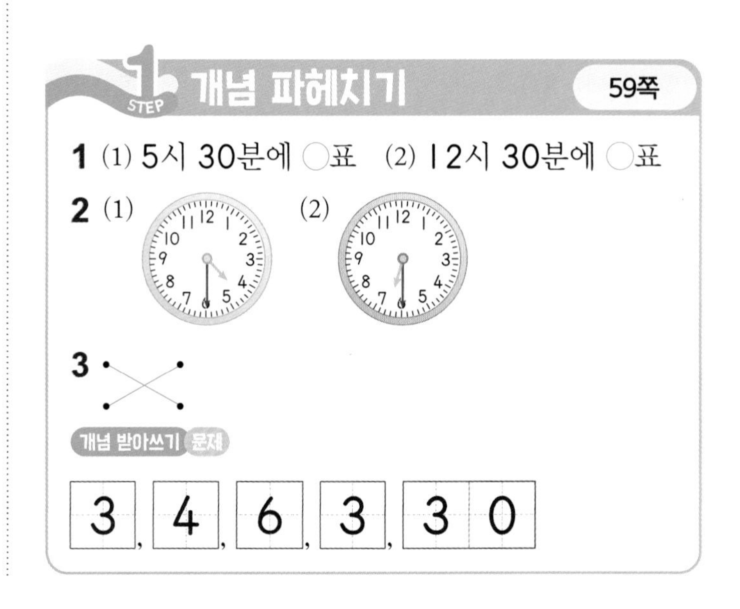

꼼꼼 풀이집

1 (1) 짧은바늘이 5와 6의 가운데, 긴바늘이 6을 가리키므로 5시 30분입니다.
(2) 짧은바늘이 12와 1의 가운데, 긴바늘이 6을 가리키므로 12시 30분입니다.

2 (1) 짧은바늘이 4와 5의 가운데를 가리키도록 그립니다.
(2) 짧은바늘이 6과 7의 가운데를 가리키도록 그립니다.

3
→ 1:30 → 1시 30분
→ 9:30 → 9시 30분

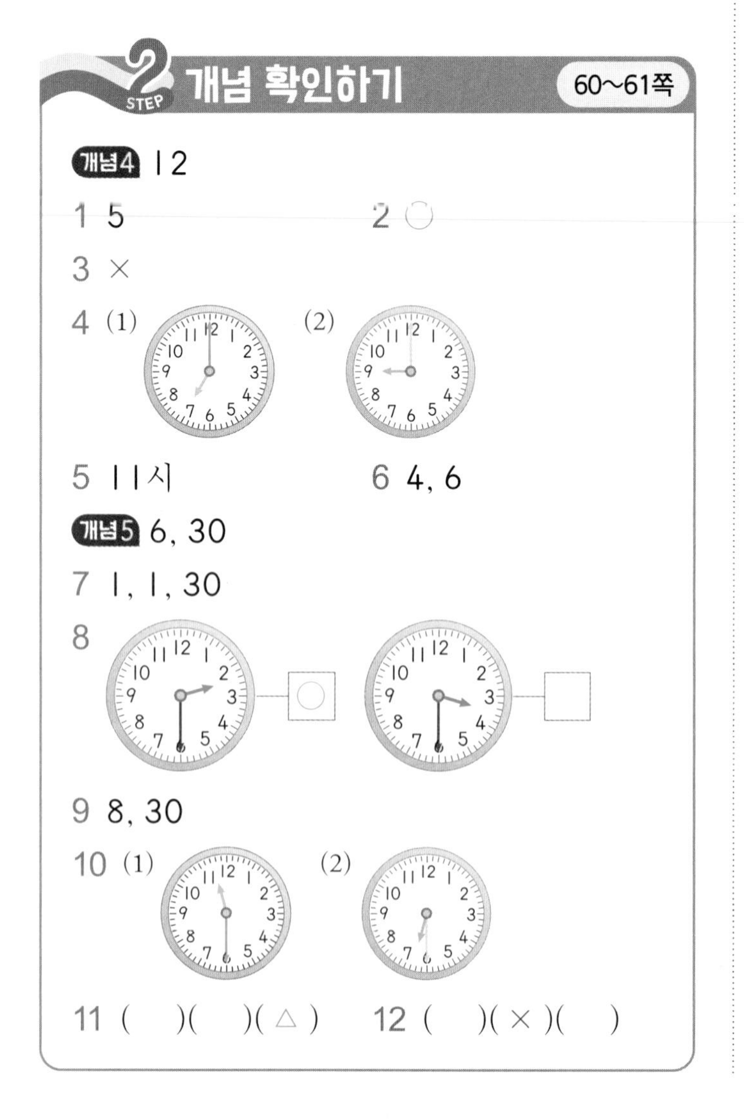
개념 확인하기 60~61쪽

개념4 12

1 5　　2 ○

3 ×

4 (1)　(2)

5 11시　　6 4, 6

개념5 6, 30

7 1, 1, 30

8 ○

9 8, 30

10 (1)　(2)

11 ( )( )(△)　　12 ( )(×)( )

1 생각 열기 짧은바늘: ■, 긴바늘: 12 ⇨ ■시

짧은바늘이 5, 긴바늘이 12를 가리키므로 5시입니다.

2 생각 열기 ★시를 나타낼 때 짧은바늘은 ★을 가리키고 긴바늘은 항상 12를 가리키도록 그립니다.

2시 ⇨ 짧은바늘이 2, 긴바늘이 12를 가리키도록 그렸으므로 ○표 합니다.

3 10시 ⇨ 짧은바늘이 10, 긴바늘이 12를 가리키도록 그려야 하는데 바꿔 그렸으므로 ×표 합니다.

4 (1) 7시 ⇨ 짧은바늘이 7, 긴바늘이 12를 가리키도록 그립니다.
(2) 9시 ⇨ 짧은바늘이 9, 긴바늘이 12를 가리키도록 그립니다.

5

짧은바늘이 11, 긴바늘이 12를 가리키면 11시입니다.

6 4:00 → 4시, → 6시

7 생각 열기 짧은바늘: ■와 다음 수의 가운데, 긴바늘: 6 ⇨ ■시 30분

짧은바늘이 1과 2의 가운데, 긴바늘이 6을 가리키므로 1시 30분입니다.

8 생각 열기 ♥시 30분을 나타낼 때 짧은바늘은 ♥와 다음 수의 가운데를 가리키고, 긴바늘은 항상 6을 가리키도록 그립니다.

2시 30분 ⇨ 짧은바늘이 2와 3의 가운데, 긴바늘이 6을 가리키는 시계는 왼쪽입니다.
오른쪽 시계는 3시 30분을 나타냅니다.

9 짧은바늘이 8과 9의 가운데, 긴바늘이 6을 가리키므로 8시 30분입니다.

10 (1) 11시 30분 ⇨ 짧은바늘이 11과 12의 가운데, 긴바늘이 6을 가리키도록 그립니다.
(2) 6시 30분 ⇨ 짧은바늘이 6과 7의 가운데, 긴바늘이 6을 가리키도록 그립니다.

11 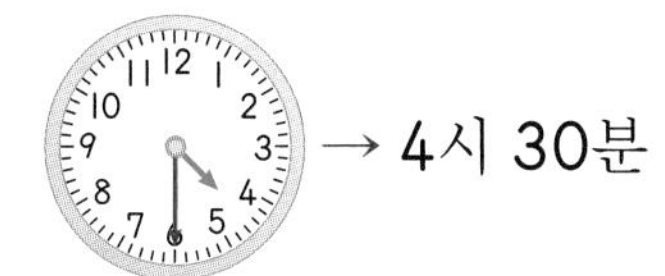

5:30 → 5시 30분

→ 4시 30분

12 긴바늘이 6을 가리킬 때 짧은바늘은 이웃하는 두 수의 가운데를 가리켜야 하므로 잘못 그렸습니다.

3 STEP 단원 마무리 평가 62~64쪽

1 ㉠, ㉢ 2 3개
3 4
5 △에 ○표 6 2
7 4, 30 8
9 ( )(○)( ) 10 2, 1
11 △에 ×표 12 (○)( )( )
13 14 예 달력, ○
15 예 일요일 10시 30분에 친구들과 놀이동산에 가고 싶어요.
16 ⑤ 17 □에 ○표
18 3, 2, 1 19 1, 6
20 4, 5, 3, △ / △

1 △ 모양의 물건은 ㉠ 삼각자, ㉢ 나무판입니다.

2 ○ 모양의 물건은 ㉡ 시계, ㉣ 다트판, ㉤ 접시로 모두 3개입니다.

3 생각 열기 ■시를 나타낼 때 짧은바늘은 ■를 가리키고, 긴바늘은 항상 12를 가리키도록 그립니다.
3시 ⇨ 짧은바늘이 3, 긴바늘이 12를 가리키도록 그립니다.

4 생각 열기 ▲시 30분을 나타낼 때 짧은바늘은 ▲와 다음 수의 가운데를 가리키고, 긴바늘은 항상 6을 가리키도록 그립니다.
9시 30분 ⇨ 짧은바늘이 9와 10의 가운데, 긴바늘이 6을 가리키도록 그립니다.

5 본뜬 모양은 △ 모양입니다.

6 짧은바늘이 2, 긴바늘이 12를 가리키므로 2시입니다.

7 짧은바늘이 4와 5의 가운데, 긴바늘이 6을 가리키므로 4시 30분입니다.

8 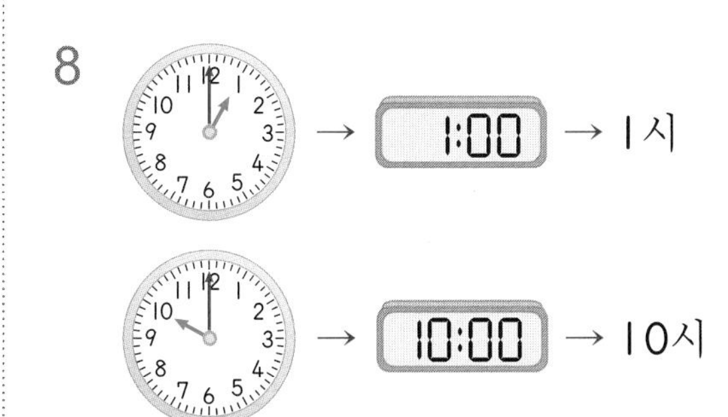

9 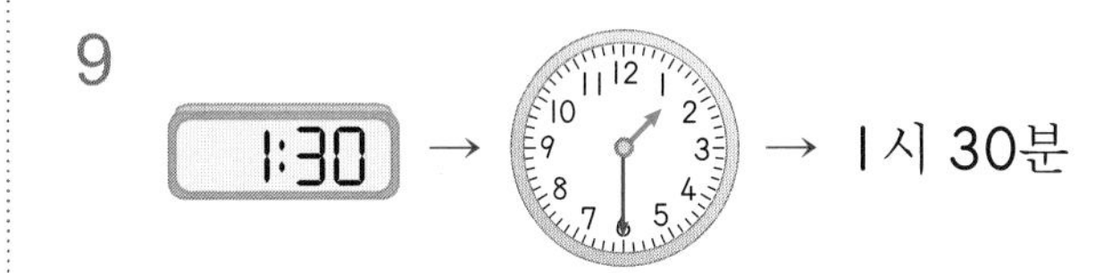

10 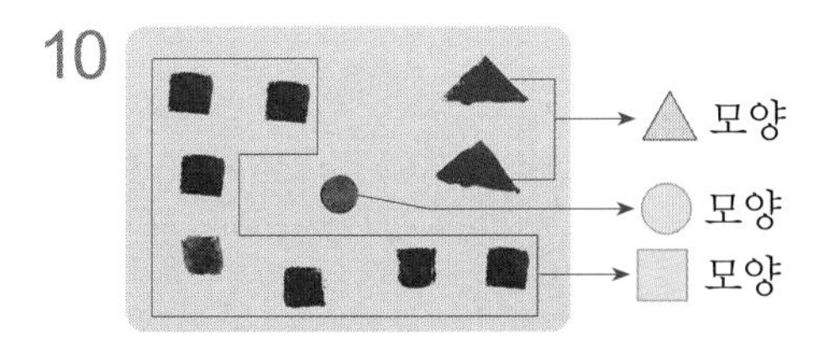

□ 모양(파란색)은 7번, △ 모양(빨간색)은 2번, ○ 모양(초록색)은 1번 찍었습니다.

11 생각 열기 가운데 태극 문양과 네 모서리에 있는 글자가 어떤 모양인지 알아봅니다.

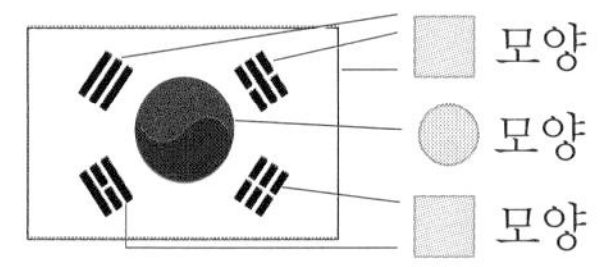

태극기에서 □ 모양과 ○ 모양은 찾을 수 있고, △ 모양은 찾을 수 없습니다.

12 생각 열기 먼저 뾰족한 부분이 있는지 없는지 알아봅니다.
뾰족한 부분이 4군데 있는 □ 모양의 물건은 칠판입니다.
참고 뾰족한 부분을 찾아봅니다.

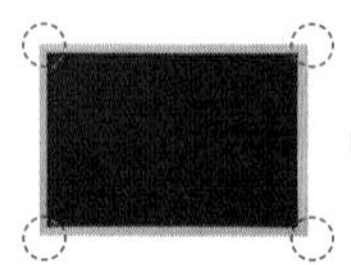
⇨ 뾰족한 부분이 4군데 있습니다.

⇨ 뾰족한 부분이 3군데 있습니다.

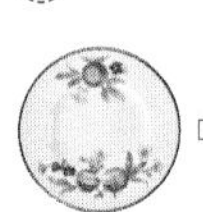
⇨ 뾰족한 부분이 없습니다.

13 생각 열기 둥근 부분이 있으면 ○ 모양, 둥근 부분이 없으면 □ 모양 또는 △ 모양입니다.
둥근 부분이 있는 모양은 ○ 모양입니다.

14 생각 열기 거실에 있는 물건을 □, △, ○ 모양으로 분류해 봅니다.
□ 모양: 달력, 텔레비전, 서랍장
○ 모양: 거울, 훌라후프
△ 모양: 옷걸이

15 서술형 가이드 시각을 시계에 나타내고, 그 시각에 하고 싶은 일을 바르게 썼는지 확인합니다.

채점 기준		
	시각에 맞게 시곗바늘을 그리고, 그 시각에 하고 싶은 일을 바르게 썼음.	상
	시각에 맞게 시곗바늘을 그렸지만, 그 시각에 하고 싶은 일을 쓰지 못함.	중
	시각에 맞게 시곗바늘을 그리지 못하고, 그 시각에 하고 싶은 일도 쓰지 못함.	하

16

⇨ ⑤ 두 시곗바늘이 모두 12를 가리킵니다.
참고 ② 6시는 두 시곗바늘이 서로 정반대 방향을 가리킵니다.

17 생각 열기 두부가 원래 어떤 모양인지 생각해 봅니다.
두부를 잘라 낸 모양은 □ 모양입니다.

18 □ 모양: 3개, △ 모양: 2개, ○ 모양: 1개
주의 같은 모양(□, △, ○)끼리 표시를 하면서 하나씩 차례로 세어 봅니다.

19 해는 ○ 모양 1개와 △ 모양 6개로 꾸몄습니다.
참고 가운데에 ○ 모양이 있고 그 주위를 △ 모양 6개가 둘러싸고 있습니다.

20 생각 열기 □, △, ○ 모양이 각각 몇 개인지 세어 봅니다.
서술형 가이드 나무를 꾸미는 데 이용한 □, △, ○ 모양의 수를 세어서 가장 많이 이용한 모양을 바르게 구했는지 확인합니다.

채점 기준		
	□ 안에 알맞은 수와 모양을 쓰고 답을 바르게 구했음.	상
	□ 안에 알맞은 수와 모양을 일부만 썼음.	중
	□ 안에 알맞은 수와 모양을 쓰지 못함.	하

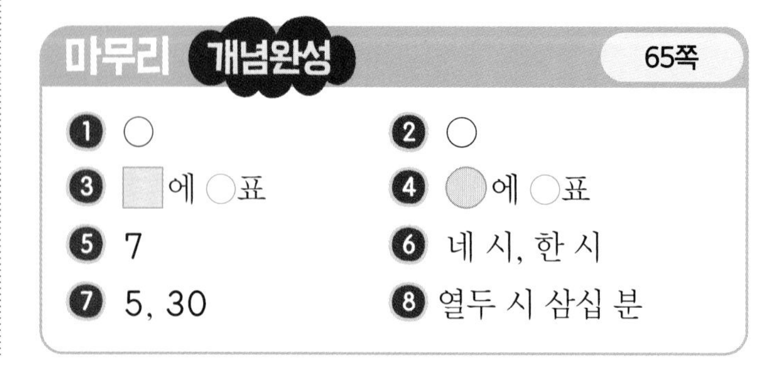

마무리 개념완성 65쪽

❶ ○
❷ ○
❸ □에 ○표
❹ ○에 ○표
❺ 7
❻ 네 시, 한 시
❼ 5, 30
❽ 열두 시 삼십 분

4. 덧셈과 뺄셈 (2)

STEP 1 개념 파헤치기 71쪽

1 11, 12, 13 / 13

2 예)

△	△	△	△	△
△	△	△	△	△

△	△			

; 6, 6, 12

3 13 **4** (1) 11 (2) 15

1 9에서부터 4를 이어 세면 9하고 10, 11, 12, 13이므로 9+4=13입니다.

2 6을 4와 2로 가르기하여 4개를 먼저 그리고 2개를 더 그리면 12입니다.

3 생각 열기 윗줄의 구슬을 10개로 만듭니다.

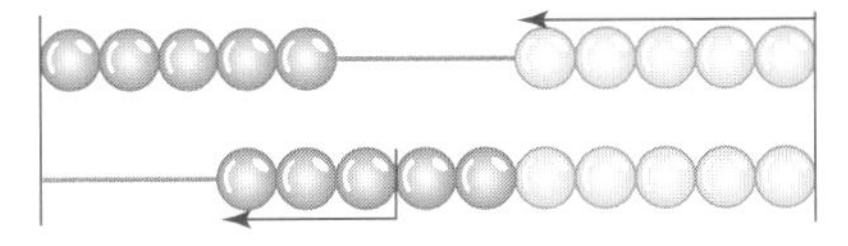

구슬 5개에 5개를 옮겨 10개를 만든 다음, 남은 3개를 옮기면 13입니다.

4 (1) 4에서부터 7을 이어 셉니다.

4 5 6 7 8 9 10 11

⇨ 4+7=11

(2) 9에서부터 6을 이어 셉니다.

9 10 11 12 13 14 15

⇨ 9+6=15

STEP 1 개념 파헤치기 73쪽

1 예)

○	○	○	○	○
○	○	○	○	○

○	○			

; (왼쪽에서부터) 1, 2, 12

2 (왼쪽에서부터) 4, 2, 14

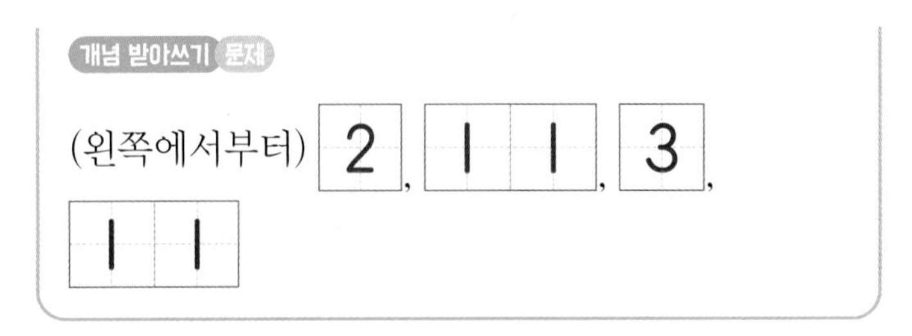

개념 받아쓰기 문제

(왼쪽에서부터) 2, 11, 3, 11

1 오른쪽 십 배열판에서 왼쪽 십 배열판으로 1개를 옮겨 10을 만들었으므로 ○를 2개 그립니다. 9와 더해서 10이 되는 수가 1이므로 3을 1과 2로 가릅니다.

2 왼쪽 십 배열판에서 모형 2개를 오른쪽 십 배열판으로 옮겨 10칸을 채우고 4개가 더 있으므로 6+8=14입니다.

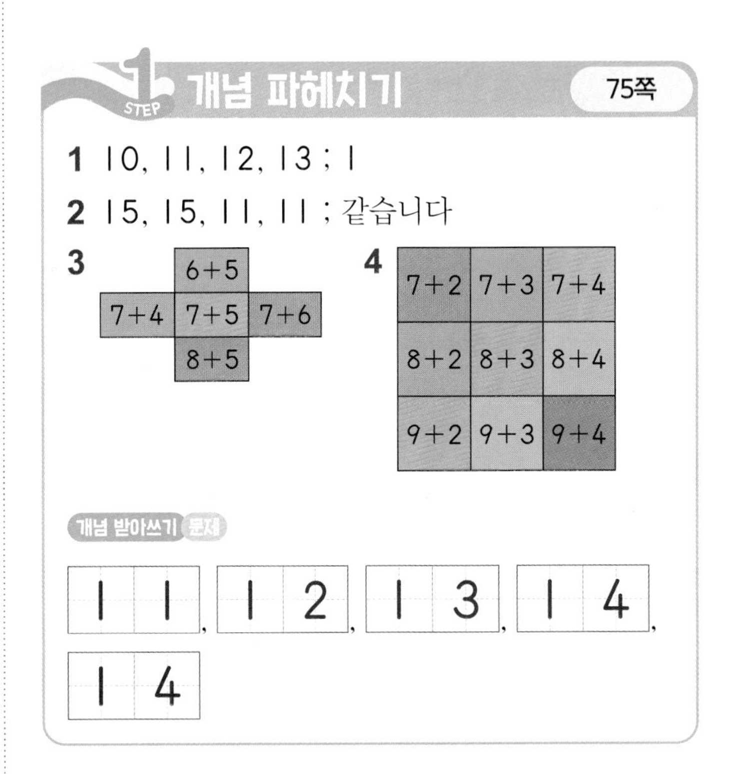

STEP 1 개념 파헤치기 75쪽

1 10, 11, 12, 13 ; 1

2 15, 15, 11, 11 ; 같습니다

3

	6+5	
7+4	7+5	7+6
	8+5	

4

7+2	7+3	7+4
8+2	8+3	8+4
9+2	9+3	9+4

개념 받아쓰기 문제

11, 12, 13, 14, 14

1 오른쪽 수가 4부터 1씩 커지고 합도 10부터 1씩 커집니다.

3

	6+5=11	
7+4=11	7+5=12	7+6=13
	8+5=13	

4

7+2=9	7+3=10	7+4=11
8+2=10	8+3=11	8+4=12
9+2=11	9+3=12	9+4=13

STEP 2 개념 확인하기 76~77쪽

1 예 4, 7, 11　　2 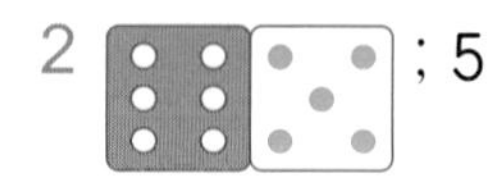 ; 5

3 예 7, 5, 12 ; 12

개념2 10, 10

4 (왼쪽에서부터) 3, 3, 13

5 (왼쪽에서부터) (1) 1, 3, 13　(2) 1, 4, 11

6 (1) 14　(2) 12　　7 ㉠

8 예  ; 6, 8, 14

9 몽이　　10 10, 11, 12, 13

11 14, 13, 12, 11　　12

13 (1) 16　(2) 7+9, 9+7

2 6 7 8 9 10 11

6에서 5만큼 이어 세어야 11이 됩니다.

3 곰 인형 7개에서 토끼 인형 5개만큼 이어 셉니다.

7 8 9 10 11 12

4 오른쪽 십 배열판에서 왼쪽 십 배열판으로 모형 3개를 옮겨 7과 3을 더해 10이 되도록 만들었고, 오른쪽에 남은 모형이 3개이므로 모두 13개입니다.

5 생각 열기 (1) 9와 더해서 10이 되는 수로 4를 가르기합니다.

(2) 6과 더해서 10이 되는 수로 5를 가르기합니다.

(1) 4를 1과 3으로 가르기하여 더할 수 있습니다.

(2) 5를 1과 4로 가르기하여 더할 수 있습니다.

6 (1) $9+5=14$ (1, 4)　　(2) $4+8=12$ (2, 2)

7 ㉠ $7+9=16$ (6, 1)　　㉡ $8+5=13$ (2, 3)

⇨ $16>13$

8 십 배열판의 ○를 옮겨 보면 4와 10이므로 $6+8=14$입니다.

9 7을 2와 5로 가르기할 수 있습니다.

10 1씩 큰 수를 더하면 합도 1씩 커집니다.

11 1씩 작은 수를 더하면 합도 1씩 작아집니다.

12 두 수를 바꾸어 더해도 합은 같습니다.

13 생각 열기 ■+▲에서 ■가 1씩 커지거나 ▲가 1씩 커질 때 합은 어떻게 되는지 알아봅니다.

(1) → 방향으로 더하는 수가 1씩 커지므로 $8+7$ 다음인 $8+8$은 16입니다.

(2) ↙ 방향으로 합이 같으므로 ↙ 방향의 덧셈을 찾아보면 $7+9$, $9+7$입니다.

STEP 1 개념 파헤치기 79쪽

1 9, 10, 11 ; 9　　**2** (1) 6　(2) 4

3 6　　**4** 12, 7, 5

1 13하고 12, 11, 10, 9이므로 $13-4=9$입니다.

2 (1) 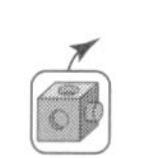

낱개 한 개를 먼저 빼고 4개를 더 빼면 6개가 남습니다.

(2) 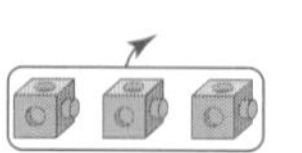

낱개 3개를 먼저 빼고 6개를 더 빼면 4개가 남습니다.

3

윗줄에서 8개를 오른쪽으로 옮기면 윗줄에 2개, 아랫줄에 4개로 모두 6개가 남습니다.

4 (강아지와 참새 짝 짓기 그림)

강아지와 참새를 짝 지으면 강아지가 5마리 남습니다.

STEP 1 개념 파헤치기 81쪽

1 (왼쪽에서부터) 5, 9

2 (1) 5 (2) 8　　3 (1) 4 (2) 9

개념 받아쓰기 문제

(왼쪽에서부터) 6, 8, 8, 9

1 10에서 먼저 6을 빼고 남은 4와 5를 더하면 9입니다.

2 (1) 십 배열판에 11개를 놓고, 먼저 1을 빼서 10이 되게 한 다음 5를 더 빼면 남은 모형은 5개입니다.

3 (1) 10에서 8을 빼고 남은 2와 2를 더합니다.　12−8=4 (10, 2)

(2) 13에서 먼저 3을 빼서 10이 되게 한 다음 1을 더 뺍니다.　13−4=9 (3, 1)

다른 풀이 (1) 12에서 먼저 2를 빼서 10이 되게 한 다음 6을 더 뺍니다.　12−8=4 (2, 6)

(2) 10에서 4를 빼고 남은 6과 3을 더합니다.　13−4=9 (10, 3)

STEP 1 개념 파헤치기 83쪽

1 7, 6, 5, 4 ; 1　　2 9, 9, 9, 9 ; 같습니다

3

	11−6	
12−5	12−6	12−7
	13−6	

4

12−5	12−6	12−7
13−5	13−6	13−7
14−5	14−6	14−7

개념 받아쓰기 문제

6, 7, 8, 9 ;
5, 5, 5, 5

3

	11−6=5	
12−5=7	12−6=6	12−7=5
	13−6=7	

4

12−5=7	12−6=6	12−7=5
13−5=8	13−6=7	13−7=6
14−5=9	14−6=8	14−7=7

STEP 2 개념 확인하기 84~85쪽

1 (1) 3, 9 (2) 6, 8　　2 장미에 ○표, 5

3 16, 7, 9 ; 9

개념5 10, 10, 10

4 (왼쪽에서부터) 5, 6

5 (선 잇기)　　6 8

7 ㉡

8 예 (십 배열판 그림) ; 13, 7, 6

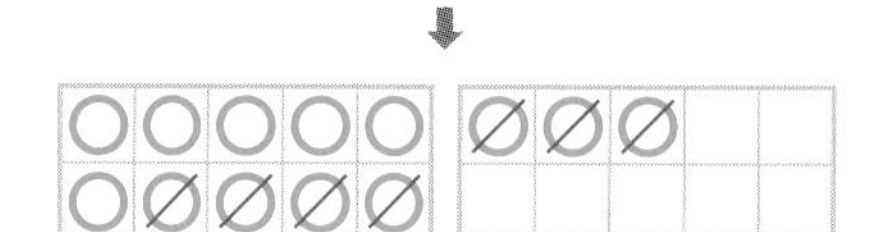

9 9, 8, 7, 6　　10 5, 5, 5, 5

11 9, 8, 9　　12 12−6, 14−8

1 (1) 낱개 2개를 먼저 빼고 1개를 더 빼면 9개가 남습니다.

(2) 낱개 4개를 먼저 빼고 2개를 더 빼면 8개가 남습니다.

2 (그림)

하나씩 짝 지어 봅니다.

3 16에서 7을 거꾸로 세면 16, 15, 14, 13, 12, 11, 10, 9입니다.

4 십 배열판에 모형을 15개 놓고, 왼쪽 십 배열판에 있는 10개에서 9개를 빼면 1개와 5개가 남아 이것을 더하면 모두 6개가 됩니다.

5 $12-6=6$, $13-8=5$
10 2 / 3 5

6 $15-7=8$
10 5

7 ㉠ $14-8=6$ ㉡ $16-9=7$
10 4 / 6 3
⇨ $6<7$

8 ○를 13개 그린 다음 /으로 7개를 지우면 남는 ○는 6개이므로 $13-7=6$입니다.

9 1씩 큰 수를 빼면 차는 1씩 작아집니다.

10 1씩 커지는 수에서 1씩 커지는 수를 빼면 차는 항상 같습니다.

11 규칙을 찾아 알맞게 수를 써넣습니다.

12 → 방향: ■−▲에서 ▲가 1씩 커지므로 $13-6$ 다음인 $13-7$은 6입니다.
↘ 방향으로 차가 같으므로 ↘ 방향의 뺄셈을 찾아보면 $12-6$, $14-8$입니다.

STEP 3 단원 마무리 평가 86~88쪽

1 10, 11, 12 ; 12
2 (왼쪽에서부터) 5, 1, 15
3 딸기에 ○표, 8
4 (왼쪽에서부터) 2, 5
5 $7+7=14$
3 4
6 $15-6=9$
10 5
7 (1) 15 (2) 8
8 (1) $<$ (2) $>$
9 (위에서부터) 12, 13, 13, 14
10 ( )(○)( )(○)
11 12명
12 13, 14, 16
13 ㉢
14

−	12	13	14	15
4	8	9	10	11
5	7	8	9	10
6	6	7	8	9
7	5	6	7	8

15
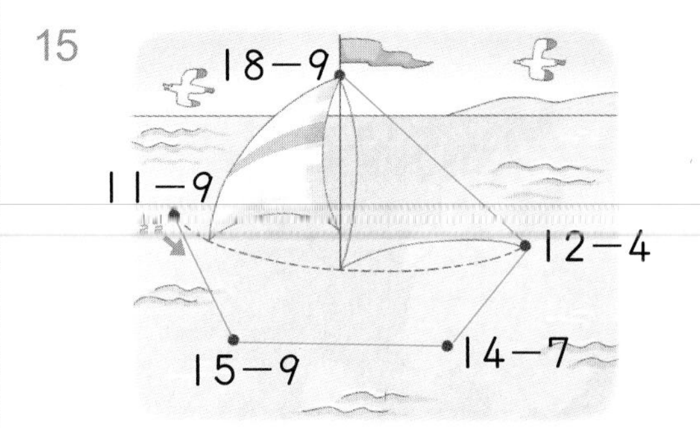

16 예 $4+7=11$; 11마리
17 현수
18

7	6	12	10
3 + 8 = 11			2
6	5 + 9 = 14		

19

13	16 − 9 = 7		
15 − 6 = 9			4
11	7	5	3

20 12, 7, 제기차기, 딱지치기 ; $12-7=5$

2 생각 열기 오른쪽 십 배열판을 10으로 만들었습니다.
왼쪽 십 배열판에 있는 6개 중 1개를 오른쪽 십 배열판으로 옮기면 오른쪽이 10개가 되고, 왼쪽에는 5개가 남습니다.
5개와 10개를 더하면 15개가 됩니다.

3 생각 열기 어느 것이 몇 개 더 많은지 ⇨ 뺄셈을 합니다.

하나씩 짝 지어 보면 딸기가 8개 남으므로 딸기가 8개 더 많습니다.

6 15를 10을 이용하여 가르기를 한 다음 계산합니다.

7 (1) $7+8=15$ (5, 2) (2) $11-3=8$ (10, 1)

8 (1) $8+3=11$, $9+7=16$
⇨ $11<16$
(2) $11-4=7$, $15-9=6$
⇨ $7>6$

9 $6+6=12$, $6+7=13$
$7+6=13$, $7+7=14$
참고 $6+7$은 $6+6$이 12이므로 그보다 1만큼 더 큰 수인 13이고, $7+6$은 $7+7$이 14이므로 그보다 1만큼 더 작은 수인 13입니다.

10 $12-5=7$, $11-5=6$, $14-9=5$, $12-6=6$

11 $8+4=12$(명)

12 $7+6=13$, $7+7=14$, $8+8=16$

13 ↘ 방향: 왼쪽 수와 오른쪽 수가 모두 1씩 커지므로 합은 2씩 커집니다.

14

−	12	13	14	15
4	8	9	10	11
5	7	㉠	9	10
6	㉡	㉢	8	9
7	5	6	7	㉣

㉠ $13-5=8$ ㉡ $12-6=6$
㉢ $13-6=7$ ㉣ $15-7=8$
↘ 방향: ■−▲에서 ■와 ▲가 모두 1씩 커지므로 차는 같습니다.

15 $11-9=2$ (10, 1), $15-9=6$ (5, 4), $14-7=7$ (10, 4),
$12-4=8$ (10, 2), $18-9=9$ (8, 1)

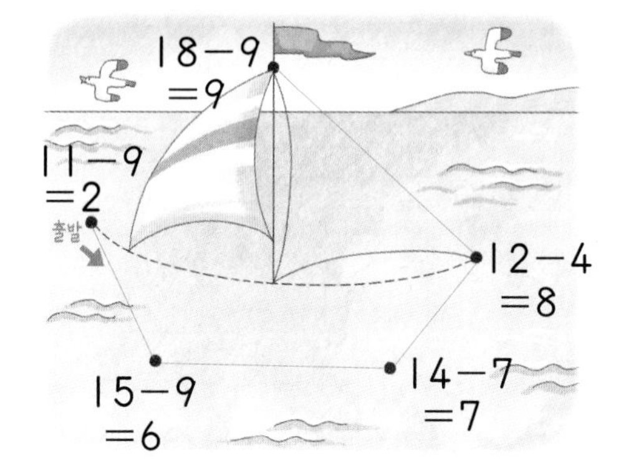

16 서술형 가이드 기린의 수와 원숭이의 수의 합을 구하는 식을 쓰고 답을 바르게 구했는지 확인합니다.

채점 기준		
	식 4+7을 쓰고 답을 바르게 구함.	상
	식 4+7만 썼음.	중
	식을 쓰지 못함.	하

17 $8+6=14$이고 $7+9=16$이므로 놀이에서 이긴 사람은 현수입니다.

18 $3+8=11$, $5+9=14$
참고 $7+6=13$

19 $16-9=7$, $15-6=9$
참고 $11-7=4$

20 서술형 가이드 제기차기를 하는 학생의 수와 딱지치기를 하는 학생의 수의 차를 구하는 식을 쓰고 답을 바르게 구했는지 확인합니다.

채점 기준		
	빈칸에 알맞게 써넣고 답을 바르게 구함.	상
	빈칸에 써넣었으나 일부가 틀림.	중
	빈칸에 써넣지 못함.	하

마무리 개념완성 89쪽

❶ 11 ; 11
❷ 15, 14
❸ 11, 12, 13, 14
❹ ○
❺ 6
❻ 6, 8
❼ 7, 6, 5, 4

5. 규칙 찾기

1 검은색 바둑돌, 흰색 바둑돌, 흰색 바둑돌이 반복됩니다.

2

신발과 모자가 반복됩니다.

3

수박과 포도가 반복되므로 수박 다음에는 포도입니다.

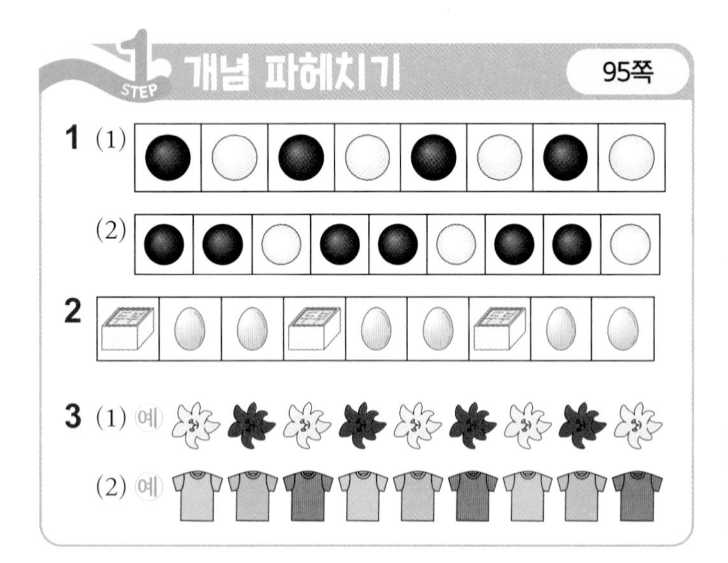

1 (1) 검은색 1개, 흰색 1개를 반복하여 놓습니다.
(2) 검은색 2개, 흰색 1개를 반복하여 놓습니다.

2 두부 1모와 달걀 2개를 반복하여 놓습니다.

3 (1) 여러 가지 방법으로 규칙을 만들 수 있습니다.
(2)
여러 가지 방법으로 규칙을 만들 수 있습니다.

1 첫째 줄에는 노란색과 초록색이 반복되므로 노란색 다음에는 초록색으로 색칠해야 합니다.

2 둘째 줄에는 ○과 ◇이 반복되므로 ○ 다음에는 ◇입니다.

3

여러 가지 방법으로 규칙을 만들 수 있습니다.

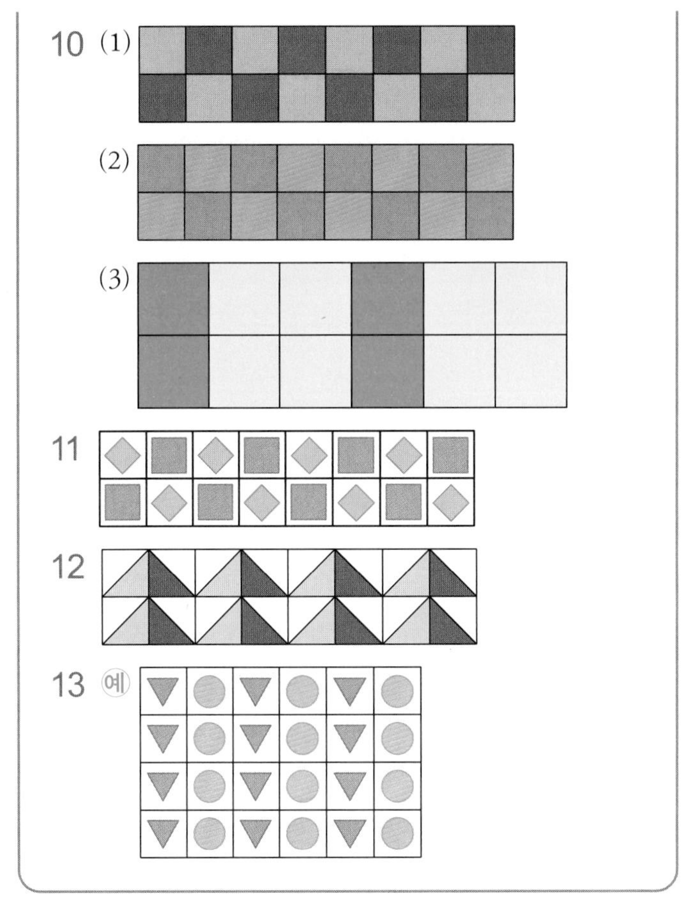

1 첫 번째에 농구공이 놓여 있으므로 농구공 앞에 /표 하고 이 부분이 반복되는지 확인합니다.
⇨ 농구공, 축구공이 반복됩니다.

2 가지, 고추, 고추가 반복되므로 가지 다음에는 고추입니다.

3 ○, ◎이 반복되므로 ○ 다음에는 ◎입니다.

4 분홍색, 노란색 줄무늬가 반복됩니다.

5 생각 열기 ① 첫 번째 놓인 것과 같은 것을 찾아 그 앞에 /로 표시합니다.
② 첫 번째 놓인 것부터 처음으로 / 표시한 곳까지가 반복되는지 확인합니다.
⬆, ⬇, ⬇이 반복되므로 ⬆ 다음에는 ⬇입니다.

6 여러 가지 방법으로 규칙을 만들 수 있습니다.

7 노랑, 보라, 보라가 반복되는 규칙을 만들어도 됩니다.

8 흰색과 검은색이 반복되게 만듭니다.

9 여러 가지 방법으로 규칙을 만들 수 있습니다.

10 (1) 첫째 줄에는 주황색, 보라색이 반복되므로 주황색 다음에는 보라색으로 색칠합니다.
둘째 줄에는 보라색, 주황색이 반복되므로 주황색 다음에는 보라색, 주황색으로 차례로 색칠합니다.
(2) 첫째 줄에는 분홍색, 초록색이 반복되므로 초록색 다음에는 분홍색, 초록색으로 차례로 색칠합니다.
둘째 줄에는 초록색, 분홍색이 반복되므로 분홍색 다음에는 초록색, 분홍색으로 차례로 색칠합니다.

11 첫째 줄에는 ◆, ■이 반복되므로 ■ 다음에는 ◆, ■를 차례로 그립니다.
둘째 줄에는 ■, ◆이 반복되므로 ◆ 다음에는 ■, ◆를 차례로 그립니다.

12 ◺, ◸이 반복됩니다.

13 ▼, ●이 반복되도록 그릴 수 있습니다.

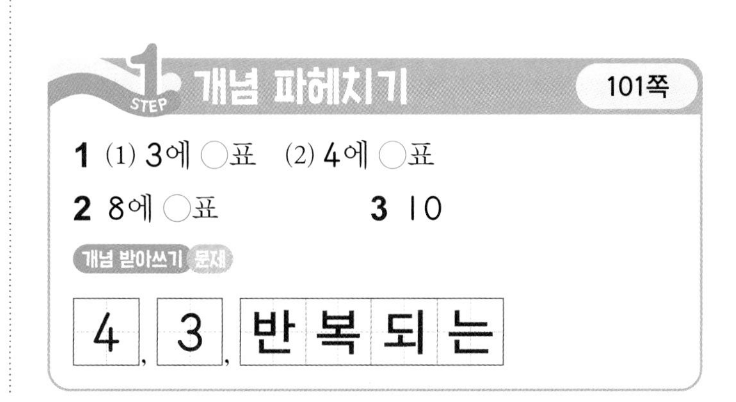

1 STEP 개념 파헤치기 101쪽

1 (1) 3에 ○표 (2) 4에 ○표
2 8에 ○표 3 10

개념 받아쓰기 문제

4, 3, 반복되는

꼼꼼 풀이집

1 (1) 2 3 / 2 3 / 2 ?
⇨ 2, 3이 반복되므로 2 다음에는 3입니다.
(2) 4 5 / 4 5 / ? 5
⇨ 4, 5가 반복되므로 5 다음에는 4입니다.

2 1 2 3 4 5 6 7 ?

이웃하는 두 수에서 오른쪽 수는 왼쪽 수보다 1만큼 더 크므로 1씩 커지는 규칙입니다.
따라서 7 다음에는 8입니다.

3 80 70 60 50 40 30 20 ?

이웃하는 두 수에서 오른쪽 수는 왼쪽 수보다 10만큼 더 작으므로 10씩 작아지는 규칙입니다.
따라서 20 다음에는 10입니다.

STEP 1 개념 파헤치기 103쪽

1 1　　2 2

3

61	62	63	64	65	66	67	68	69	70
71	72	73	74	75	76	77	78	79	80
81	82	83	84	85	86	87	88	89	90

개념 받아쓰기 문제

2, 아래쪽, 10

1 41, 42, 43, 44, 45, 46, 47, 48, 49, 50
⇨ 41부터 시작하여 1씩 커집니다.

2 1, 3, 5, 7, 9, 11, …, 29
⇨ 1부터 시작하여 2씩 커집니다.

3 61, 66, 71, 76
⇨ 61부터 시작하여 5씩 커지므로 76 다음에는 81, 86이 있는 칸을 색칠합니다.

STEP 1 개념 파헤치기 105쪽

1 ◇에 ○표　　2 6　　3 ♡

개념 받아쓰기 문제

♡, ○, ○, ♡, ○

1 야구공, 야구방망이가 반복되고 야구공을 ☆로, 야구방망이를 ◇로 나타낸 것입니다.

2 택시, 버스, 버스가 반복되고 택시를 4로, 버스를 6으로 나타낸 것입니다.

3 빨간색 물감, 파란색 물감이 반복되고 빨간색 물감을 ♡로, 파란색 물감을 ◎로 나타낸 것입니다.

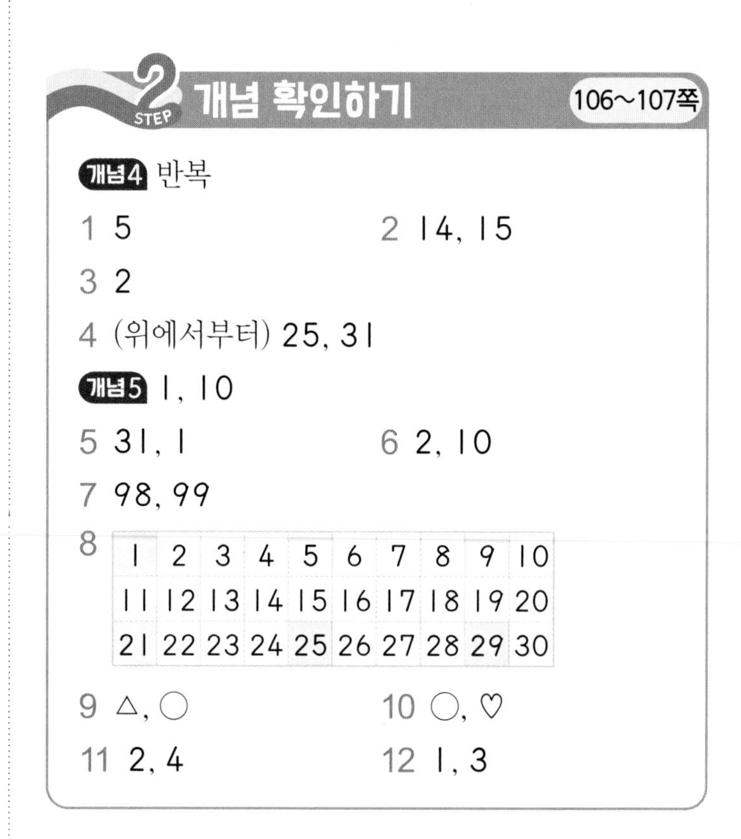

STEP 2 개념 확인하기 106~107쪽

개념4 반복

1 5　　2 14, 15

3 2

4 (위에서부터) 25, 31

개념5 1, 10

5 31, 1　　6 2, 10

7 98, 99

8

1	2	3	4	5	6	7	8	9	10
11	12	13	14	15	16	17	18	19	20
21	22	23	24	25	26	27	28	29	30

9 △, ○　　10 ○, ♡

11 2, 4　　12 1, 3

1 3 5 / 3 5 / 3
⇨ 3, 5가 반복되므로 3 다음에는 5입니다.

2 10 11 12 13
⇨ 이웃하는 두 수에서 오른쪽 수는 왼쪽 수보다 1만큼 더 크므로 1씩 커지는 규칙입니다.
따라서 13 다음에는 차례로 14, 15입니다.

3 10 8 6 4 2
⇨ 이웃하는 두 수에서 오른쪽 수는 왼쪽 수보다 2만큼 더 작으므로 2씩 작아지는 규칙입니다.

4 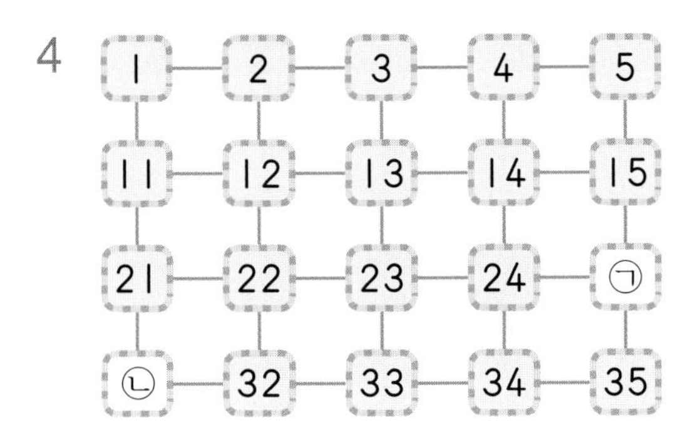

21, 22, 23, 24, ㉠
⇨ 1씩 커지는 규칙이므로 ㉠은 24보다 1만큼 더 큰 수인 25입니다.
1, 11, 21, ㉡
⇨ 10씩 커지는 규칙이므로 ㉡은 21보다 10만큼 더 큰 수인 31입니다.

5 31, 32, 33, 34, 35, 36, 37, 38, 39, 40
⇨ 31부터 시작하여 1씩 커집니다.

6 2, 12, 22, 32, 42, 52, 62, 72, 82, 92
⇨ 2부터 시작하여 10씩 커집니다.

7 오른쪽으로 1칸 갈 때마다 1씩 커지므로 97 다음에는 98(㉠), 99(㉡)를 차례로 씁니다.

8 1, 5, 9, 13, 17, 21
⇨ 1부터 시작하여 4씩 커지므로 21 다음에는 25, 29가 있는 칸을 차례로 색칠합니다.

9 '개념 해결의 법칙' 책, '유형 해결의 법칙' 책이 반복되고 '개념 해결의 법칙' 책을 △로, '유형 해결의 법칙' 책을 ○로 나타낸 것입니다.

10 신호등에서 초록불, 빨간불, 빨간불이 반복되고 초록불을 ○로, 빨간불을 ♡로 나타낸 것입니다.

11 타조, 호랑이가 반복되고 타조를 2로, 호랑이를 4로 나타낸 것입니다.

12 손가락 1개, 손가락 3개, 손가락 1개가 반복되고 손가락 1개를 1로, 손가락 3개를 3으로 나타낸 것입니다.

3 STEP 단원 마무리 평가 (108~110쪽)

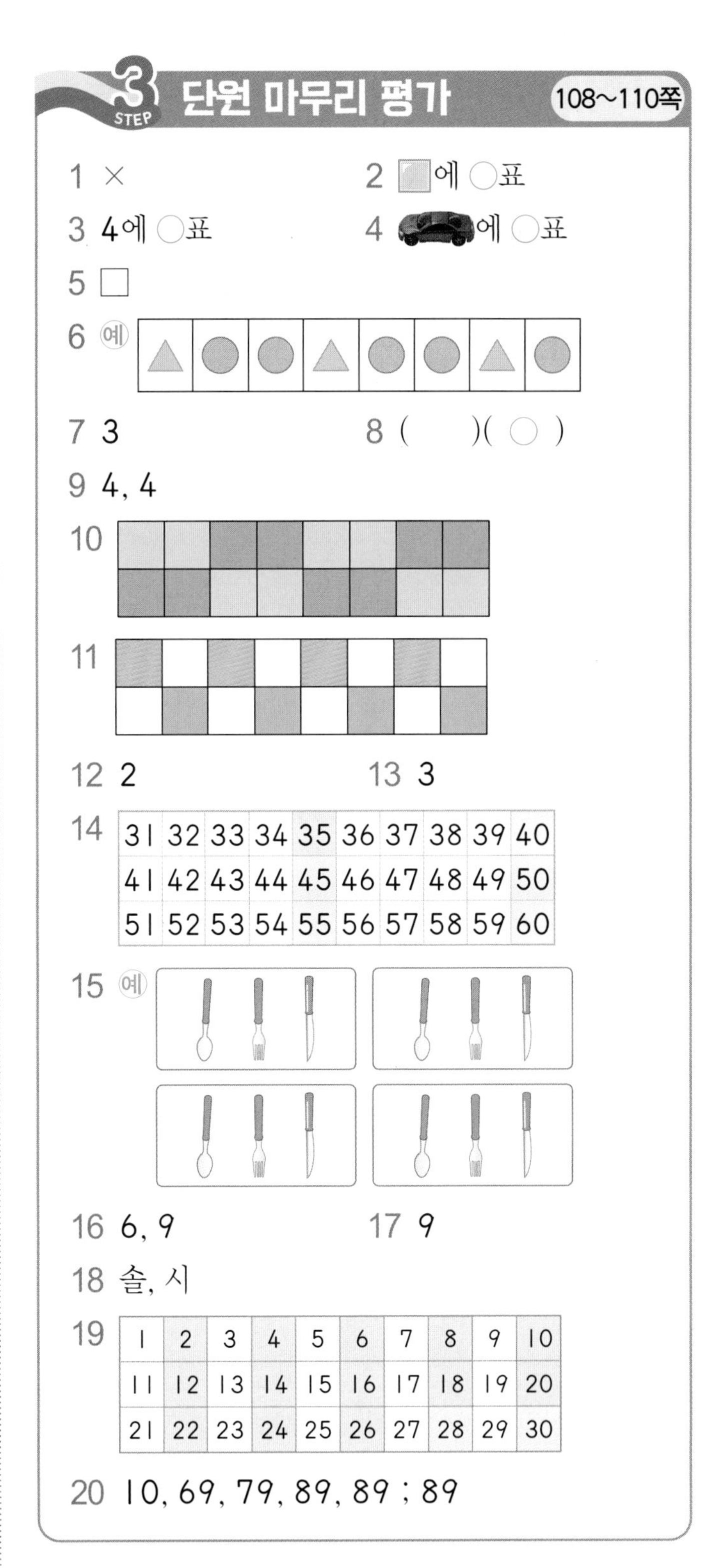

1

가위, 풀, 풀이 반복됩니다.

2 생각 열기 △와 ▢을 사용하여 만든 규칙입니다.
둘째 줄에는 ▢, △이 반복되므로 △ 다음에는 ▢입니다.

3 ⚅, ⚃가 반복되고 ⚅를 6으로, ⚃를 4로 나타낸 것입니다.

4 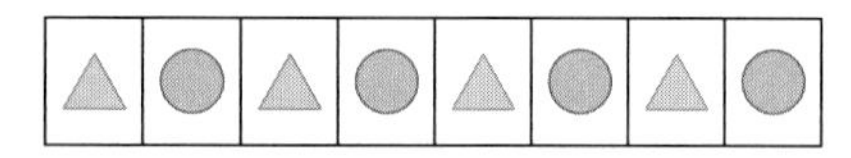

주황색 자동차, 파란색 자동차가 반복되므로 파란색 자동차 다음에는 주황색 자동차입니다.

5 원기둥, 상자가 반복되고 원기둥을 ○로, 상자를 □로 나타낸 것입니다.

6 여러 가지 방법으로 규칙을 만들 수 있습니다.

△	○	△	○	△	○	△	○

7 31, 34, 37, 40, 43, 46, ⋯, 58
⇨ 31부터 시작하여 3씩 커집니다.

8 ○●● / ○●● / ○●●
⇨ 흰색 바둑돌 1개와 검은색 바둑돌 2개가 반복됩니다.

9 개( ), 윷( ), 윷( )이 반복되고 개를 2로, 윷을 4로 나타낸 것입니다.

참고 윷놀이

도	개	걸	윷	모

10 첫째 줄과 둘째 줄에서 노란색과 분홍색이 2개씩 반복됩니다.
⇨ 둘째 줄에서 분홍색, 분홍색 다음에는 노란색, 노란색으로 차례로 색칠합니다.

11 첫째 줄에는 초록색이 한 칸씩 건너 뛰며 색칠됩니다.
둘째 줄에는 주황색이 한 칸씩 건너 뛰며 색칠됩니다.

12 10부터 2씩 작아지는 규칙이므로 4 다음에는 2입니다.

13 1 4 7 / 2 5 8 / 3 6 9
⇨ 3씩 커지는 규칙입니다.

14 35부터 시작하여 5씩 커지는 수:
35, 40, 45, 50, 55, 60

16 3 6 9 / 3 6 9 / 3
⇨ 3, 6, 9가 반복되므로 3 다음에는 차례로 6, 9입니다.

17 1 3 5 7
⇨ 이웃하는 두 수에서 오른쪽 수는 왼쪽 수보다 2 크므로 2씩 커지는 규칙입니다.
따라서 7 다음에는 9입니다.

18 1부터 2씩 커지면 1(도)−3(미)−5(솔)−7(시)입니다.

19 2, 4, 6, 8, 10, 12, ⋯
⇨ 2부터 시작하여 2씩 커지므로 26 다음에는 28, 30이 있는 칸을 차례로 색칠합니다.

20 9−19−29−39−49−59−69−79−89(★)

서술형 가이드 몇씩 커지는지 규칙을 찾고 그 규칙에 따라 59부터 차례로 쓴 다음 ★의 값을 바르게 구했는지 확인합니다.

채점 기준		
	□ 안에 알맞은 수를 쓰고 답을 바르게 구했음.	상
	□ 안에 알맞은 수를 일부만 썼음.	중
	□ 안에 알맞은 수를 쓰지 못함.	하

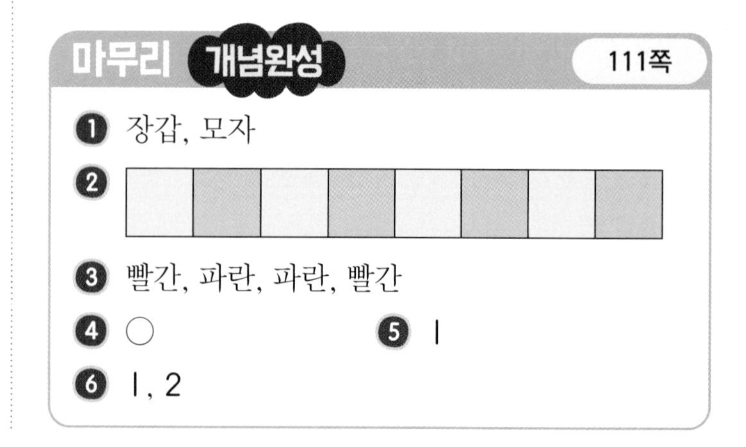

마무리 개념완성 111쪽

❶ 장갑, 모자

❷

❸ 빨간, 파란, 파란, 빨간

❹ ○ ❺ 1

❻ 1, 2

6. 덧셈과 뺄셈 (3)

STEP 1 개념 파헤치기 115쪽

1 33, 33 **2** 27

3 예

△	△	△	△	△
△	△	△		

; 38개

4 67

1 30부터 하나씩 세어 보면 30−31−32−33입니다.

2 딸기 20개에 7개를 더하면 27개입니다.

3 △를 4개 더 그리면 10개씩 묶음이 3개이고 낱개가 8개이므로 38입니다.

4 모두 십 모형 6개와 낱개 모형 7개이므로 67입니다.

STEP 1 개념 파헤치기 117쪽

1 4 **2** (1) 7, 0 (2) 6, 7

3 (선 잇기)

개념 받아쓰기 문제

8, 6, 6 8

1 감자 20개에 20개를 더하면 40개입니다.

2

(1) 30+40 [10개씩 묶음: 3+4=7 / 낱개: 0] 70

(2) 26+41 [낱개: 6+1=7 / 10개씩 묶음: 2+4=6] 67

3 36+22 [낱개: 6+2=8 / 10개씩 묶음: 3+2=5] 58

STEP 2 개념 확인하기 118~119쪽

개념1 3, 4, 4, 8

1 (1) 6 (2) 7, 3 2 39에 ○표

3 < 4 3, 9

5 (1) 28 (2) 88 6 (선 잇기)

개념2 7, 6, 8

7 (1) 60 (2) 90 8 80

9 90 10 (1) 8 (2) 7, 7

11 ○ 12 (선 잇기)

13 재영

1 생각 열기 (몇십)+(몇)의 계산

⇨ 10개씩 묶음은 그대로 쓰고 낱개끼리 더합니다.

(1) 20+6 [10개씩 묶음: 2 / 낱개: 0+6=6] 26

(2) 70+3 [10개씩 묶음: 7 / 낱개: 0+3=3] 73

2

$$\begin{array}{r} 3\,0 \\ +\ \ \,9 \\ \hline 3\,9 \end{array}$$

3 생각 열기 덧셈을 한 다음 크기를 비교합니다.

[몇십몇의 크기 비교]

- 10개씩 묶음의 수가 다르면 10개씩 묶음의 수가 큰 쪽이 큽니다.
- 10개씩 묶음의 수가 같으면 낱개의 수가 큰 쪽이 큽니다.

60+7=67 ⇨ 66 < 67

4 과자 35개에 4개를 더하면 39개입니다.

5

(1) 21+7 [10개씩 묶음: 2 / 낱개: 1+7=8] 28

(2) 2+86 [10개씩 묶음: 8 / 낱개: 2+6=8] 88

6 $75+3$ [10개씩 묶음: 7 / 낱개: $5+3=8$] 78

7 (1) $30+30$ [10개씩 묶음: $3+3=6$ / 낱개: 0] 60

(2) $50+40$ [10개씩 묶음: $5+4=9$ / 낱개: 0] 90

8 $30+50$ [10개씩 묶음: $3+5=8$ / 낱개: 0] 80

9 생각 열기 몇십끼리의 크기 비교

⇨ 10개씩 묶음의 수가 클수록 더 큰 수입니다.

10개씩 묶음의 수를 비교해 보면 가장 큰 수는 60이고 가장 작은 수는 30입니다.

⇨ (가장 큰 수)+(가장 작은 수)

$=60+30=90$

10 생각 열기 (몇십몇)+(몇십몇)의 계산

⇨ 낱개는 낱개끼리, 10개씩 묶음은 10개씩 묶음끼리 더합니다

(1) $35+43$ [낱개: $5+3=8$ / 10개씩 묶음: $3+4=7$] 78

(2) $42+35$ [낱개: $2+5=7$ / 10개씩 묶음: $4+3=7$] 77

11 $33+52$ [낱개: $3+2=5$ / 10개씩 묶음: $3+5=8$] 85

따라서 계산이 맞으므로 ◯표 합니다.

12

$$\begin{array}{r} 43 \\ +\ 42 \\ \hline 85 \end{array} \qquad \begin{array}{r} 56 \\ +\ 32 \\ \hline 88 \end{array}$$

13 생각 열기 (몇십몇)+(몇십몇)의 계산을 먼저 합니다.

승철: $25+52=77$, 재영: $46+32=78$

⇨ $77 < 78$

따라서 계산 결과가 더 큰 식을 가지고 있는 학생은 재영입니다.

STEP 1 개념 파헤치기 121쪽

1 예 (△ 표시 그림) ; 32장

2 3

3 2, 0

4 30 40

1 사용한 칭찬 붙임딱지 수만큼 /으로 지우면 10장씩 묶음 3개와 낱장 2장이 남으므로 32장입니다.

2 10개씩 묶음 6개와 낱개 7개에서 낱개 4개를 덜어 내면 10개씩 묶음 6개와 낱개 3개가 남으므로 63입니다.

3 쿠키 60개에서 40개를 빼면 20개가 남습니다.

4 $8-5=3$ ⇨ $80-50=30$

STEP 1 개념 파헤치기 123쪽

1 3

2 (1) 3, 2 (2) 3, 2

3 (선 잇기)

개념 받아쓰기 문제

1, 2, 21

1 $57-34$ [낱개: $7-4=3$ / 10개씩 묶음: $5-3=2$] 23

2 (1) $75-43$ [낱개: $5-3=2$ / 10개씩 묶음: $7-4=3$] 32

(2) $86-54$ [낱개: $6-4=2$ / 10개씩 묶음: $8-5=3$] 32

3 $98-75$ [낱개: $8-5=3$ / 10개씩 묶음: $9-7=2$] 23

STEP 1 개념 파헤치기 125쪽

1 4, 25
2 21, 13, 34 또는 13, 21, 34
3 38, 12, 26 **4** 29, 6, 23

1 고등어는 21마리이고 문어는 4마리입니다.
⇨ (고등어 수)+(문어 수)
$=21+4=25$

2 윗줄에는 고등어 21마리와 꽁치 13마리가 있습니다.
⇨ (고등어 수)+(꽁치 수)
$=21+13=34$

3 탁구공은 38개이고 테니스공은 12개입니다.
⇨ (탁구공 수)−(테니스공 수)
$=38-12=26$

4 야구공 29개 중에서 6개를 팔면
(남은 야구공 수)
=(처음에 있던 야구공 수)−(판 야구공 수)
$=29-6=23$

STEP 2 개념 확인하기 126~127쪽

개념3 3, 5, 1, 0
1 25 2 (1) 3 (2) 7, 2
3 92 4 ㉠
5 =
개념4 1, 2
6 (1) 1 (2) 4, 2 7 ( ) (○)
8 32 9 [2]에 △표
개념5 낱개, 10개씩 묶음, 낱개, 10개씩 묶음
10 (1) 37, 5, 32 (2) 59, 16, 43
11 $34+13=47$; 47개

1 막대 아이스크림 28개에서 3개를 빼면 25개가 남습니다.

2 생각 열기 (몇십몇)−(몇)의 계산
⇨ 10개씩 묶음은 그대로 쓰고 낱개끼리 뺍니다.
(1) 56−3 [10개씩 묶음: 5 / 낱개: $6-3=3$] 53
(2) 74−2 [10개씩 묶음: 7 / 낱개: $4-2=2$] 72

3 큰 수에서 작은 수를 뺍니다.
95−3 [10개씩 묶음: 9 / 낱개: $5-3=2$] 92

4 $90-20=70$이므로 지효는 ㉠쪽으로 갑니다.

5 $60-30=30$, $90-60=30$
⇨ 60−30 (=) 90−60
다른 풀이 (몇십)−(몇십)은 (몇)−(몇)의 뒤에 0을 쓴 것과 같으므로 (몇)−(몇)을 구해 비교해도 됩니다.
⇨ $6-3=3$, $9-6=3$으로 같으므로 60−30과 90−60도 같습니다.

6 생각 열기 (몇십몇)−(몇십몇)의 계산
⇨ 낱개는 낱개끼리, 10개씩 묶음은 10개씩 묶음끼리 뺍니다.
(1) 55−14 [낱개: $5-4=1$ / 10개씩 묶음: $5-1=4$] 41
(2) 87−45 [낱개: $7-5=2$ / 10개씩 묶음: $8-4=4$] 42

7 76−24 [낱개: $6-4=2$ / 10개씩 묶음: $7-2=5$] 52

8 생각 열기 두 수의 크기를 먼저 비교합니다.
큰 수에서 작은 수를 뺍니다.
$85>53$
⇨ 85−53 [낱개: $5-3=2$ / 10개씩 묶음: $8-5=3$] 32

9 67－54＝13
⇨ 1, 3이 적힌 카드를 고르면 2가 적힌 카드가 남으므로 2가 적힌 카드에 △표 합니다.

10 생각 열기 (물건을 사고 남은 붙임딱지 수)
＝(처음에 가지고 있던 붙임딱지 수)
－(물건을 사는 데 필요한 붙임딱지 수)
(1) 진호는 붙임딱지를 37장 가지고 있었고 로봇 한 개는 붙임딱지 5장으로 살 수 있습니다.
⇨ (남은 붙임딱지 수)＝37－5＝32
(2) 유미는 붙임딱지를 59장 가지고 있었고 신발 한 켤레는 붙임딱지 16장으로 살 수 있습니다.
⇨ (남은 붙임딱지 수)＝59－16＝43

11 생각 열기 모두 몇 개인지 구하는 것이므로 덧셈을 합니다.
갈색 달걀은 34개이고 흰색 달걀은 13개입니다.
⇨ (갈색 달걀 수)＋(흰색 달걀 수)
＝34＋13＝47

3 STEP 단원 마무리 평가 128~130쪽

1 36
2 40
3 (1) 37 (2) 22
4 80
5 (1) 25 (2) 22
6 ④
7 ㉠
8 (선 잇기)
9 55
10 50
11 ＞
12 ㉢
13 (△)( )( )
14 25, 3, 28 또는 3, 25, 28
15 25, 12, 37 또는 12, 25, 37
16 25－3＝22 ; 22명
17 28, 5, 23
18 34, 21, 13
19 36－24＝12 ; 12개
20 21, 21, 21, 21, 42, 42 ; 42

1 구슬 30개에 6개를 더하면 36개입니다.

2 초콜릿 50개에서 10개를 덜어 내면 40개 남습니다.

3 생각 열기 (몇십몇)＋(몇), (몇십몇)－(몇)
⇨ 10개씩 묶음은 그대로 쓰고, 낱개끼리 계산합니다.
(1) 33＋4 [10개씩 묶음: 3, 낱개: 3＋4＝7] 37
(2) 27－5 [10개씩 묶음: 2, 낱개: 7－5＝2] 22

4
$$\begin{array}{r} 50 \\ +\,30 \\ \hline 80 \end{array}$$

5 (1)
$$\begin{array}{r} 47 \\ -\,22 \\ \hline 25 \end{array}$$
(2)
$$\begin{array}{r} 68 \\ -\,46 \\ \hline 22 \end{array}$$

6 생각 열기 (몇십몇)＋(몇십몇) ⇨ 낱개는 낱개끼리, 10개씩 묶음은 10개씩 묶음끼리 더합니다.
$$\begin{array}{r} 63 \\ +\,25 \\ \hline 88 \end{array}$$

7 생각 열기 (몇십몇)－(몇십몇) ⇨ 낱개는 낱개끼리, 10개씩 묶음은 10개씩 묶음끼리 뺍니다.
49－37＝12
⇨ 개구리는 12가 있는 ㉠으로 뛰어야 합니다.

8
$$\begin{array}{r} 46 \\ +\,10 \\ \hline 56 \end{array} \qquad \begin{array}{r} 75 \\ -\,20 \\ \hline 55 \end{array}$$

9
$$\begin{array}{r} 97 \\ -\,42 \\ \hline 55 \end{array}$$

10 생각 열기 ■＞▲ ⇨ ■0＞▲0
10개씩 묶음의 수를 비교해 보면 가장 큰 수는 70이고 가장 작은 수는 20입니다.
⇨ (가장 큰 수)－(가장 작은 수)＝70－20＝50

11 생각 열기 계산 결과 비교하기
① 덧셈과 뺄셈을 합니다.
② 10개씩 묶음의 수끼리 비교합니다.
③ 10개씩 묶음의 수가 같으면 낱개의 수를 비교합니다.
42+4=46, 57-12=45
⇨ 46>45

12 ㉠
$$\begin{array}{r} 36 \\ +\ \ 2 \\ \hline 38 \end{array}$$
㉡
$$\begin{array}{r} 34 \\ +\ \ 4 \\ \hline 38 \end{array}$$
㉢
$$\begin{array}{r} 32 \\ +\ \ 5 \\ \hline 37 \end{array}$$
⇨ 계산 결과가 다른 하나는 ㉢입니다.
다른 풀이 ㉠, ㉡, ㉢이 모두 3■+▲이므로 ■+▲만 구하여 비교해도 됩니다.
㉠ 36+2 ⇨ 6+2=8
㉡ 34+4 ⇨ 4+4=8
㉢ 32+5 ⇨ 2+5=7
따라서 계산 결과가 다른 하나는 ㉢입니다.

13 50+7=57, 40+20=60, 28+31=59
⇨ 57, 60, 59 중 가장 작은 수는 57이므로 계산 결과가 가장 작은 것은 50+7입니다.

14 강아지 인형은 25개이고, 코끼리 인형은 3개입니다.
⇨ (강아지 인형 수)+(코끼리 인형 수)
=25+3=28
참고 더하는 두 수를 바꾸어 더해도 됩니다.
⇨ 3+25=28

15 윗줄에는 강아지 인형 25개와 토끼 인형 12개가 있습니다.
⇨ (강아지 인형 수)+(토끼 인형 수)
=25+12=37
참고 더하는 두 수를 바꾸어 더해도 됩니다.
⇨ 12+25=37

16 (운동장에 남아 있는 학생 수)
=(운동장에서 놀고 있던 학생 수)
-(교실로 들어간 학생 수)
=25-3=22(명)

서술형 가이드 운동장에서 놀고 있던 학생 수에서 교실로 들어간 학생 수를 빼는 식을 쓰고 답을 바르게 구했는지 확인합니다.

채점 기준		
	식 25-3을 쓰고 답을 바르게 구했음.	상
	식 25-3은 썼으나 답이 틀림.	중
	식을 바르게 쓰지 못함.	하

17 분홍색 화분 28개 중에서 5개를 팔았습니다.
⇨ (남는 분홍색 화분 수)
=(처음에 있던 분홍색 화분 수)
-(판 분홍색 화분 수)
=28-5=23

18 노란색 화분은 34개이고 파란색 화분은 21개입니다.
⇨ (노란색 화분 수)-(파란색 화분 수)
=34-21=13

19 우유는 36개이고 빵은 24개입니다.
⇨ (우유 수)-(빵 수)=36-24=12
서술형 가이드 우유의 수에서 빵의 수를 빼는 식을 쓰고 답을 바르게 구했는지 확인합니다.

채점 기준		
	식 36-24를 쓰고 답을 바르게 구했음.	상
	식 36-24는 썼으나 답이 틀림.	중
	식을 바르게 쓰지 못함.	하

20 ★을 먼저 구한 후 ♥를 구합니다.
서술형 가이드 ★을 구한 다음 ♥를 바르게 구했는지 확인합니다.

채점 기준		
	□ 안에 알맞은 수를 쓰고 답을 바르게 구했음.	상
	□ 안에 알맞은 수를 일부만 썼음.	중
	□ 안에 알맞은 수를 쓰지 못함.	하

마무리 개념완성 131쪽

❶ 43, 44, 45, 45 ❷ ×
❸ 5, 3, 8, 0, 80 ❹ 9, 9, 9, 9
❺ ○ ❻ 5, 3, 2, 0, 20
❼ 7, 2, 2, 7

1. 100까지의 수

1. 99까지의 수 읽기 2쪽

01	육십삼, 예순셋	07	구십육, 아흔여섯
02	칠십일, 일흔하나	08	오십이, 쉰둘
03	팔십구, 여든아홉	09	육십구, 예순아홉
04	구십사, 아흔넷	10	칠십오, 일흔다섯
05	육십칠, 예순일곱	11	구십팔, 아흔여덟
06	칠십구, 일흔아홉	12	칠십칠, 일흔일곱

2. 99까지의 수 쓰기 3쪽

01	58	08	77
02	73	09	94
03	66	10	55
04	85	11	78
05	91	12	64
06	59	13	86
07	62	14	99

3. 수의 순서 알아보기 4쪽

01	68	08	56
02	73	09	64
03	90	10	75
04	98	11	80
05	53	12	90
06	61	13	69
07	79	14	82

4. 1만큼 더 큰 수와 1만큼 더 작은 수 5쪽

01	52, 54	07	68, 70
02	71, 73	08	77, 79
03	85, 87	09	88, 90
04	94, 96	10	59, 61
05	79, 81	11	78, 80
06	96, 98	12	98, 100

5. 두 수의 크기 비교하기 (1) 6쪽

01	>	08	>	15	>
02	<	09	<	16	>
03	<	10	>	17	<
04	>	11	<	18	<
05	<	12	>	19	>
06	>	13	<	20	<
07	>	14	<	21	>

6. 두 수의 크기 비교하기 (2) 7쪽

01	>	08	<	15	<
02	<	09	<	16	<
03	<	10	>	17	<
04	>	11	>	18	>
05	>	12	<	19	<
06	<	13	<	20	<
07	<	14	<	21	>

7. 세 수의 크기 비교하기 8쪽

01 57에 ○표
02 66에 ○표
03 78에 ○표
04 86에 ○표
05 95에 ○표
06 76에 ○표
07 51에 △표
08 72에 △표
09 84에 △표
10 66에 △표
11 86에 △표
12 79에 △표

7. 세 수의 크기 비교하기 9쪽

13 58에 ○표, 51에 △표
14 67에 ○표, 63에 △표
15 79에 ○표, 70에 △표
16 87에 ○표, 81에 △표
17 95에 ○표, 92에 △표
18 59에 ○표, 53에 △표
19 68에 ○표, 64에 △표
20 77에 ○표, 72에 △표
21 65에 ○표, 59에 △표
22 72에 ○표, 56에 △표
23 81에 ○표, 75에 △표
24 92에 ○표, 84에 △표
25 80에 ○표, 63에 △표
26 70에 ○표, 56에 △표
27 92에 ○표, 79에 △표
28 84에 ○표, 69에 △표

8. 짝수와 홀수 찾기 10쪽

01 짝수에 ○표
02 홀수에 ○표
03 홀수에 ○표
04 짝수에 ○표
05 홀수
06 짝수
07 짝수
08 홀수
09 홀수
10 짝수

2. 덧셈과 뺄셈 (1)

1. 세 수의 덧셈 11쪽

(계산 순서대로)
01 2, 5, 5
02 3, 7, 7
03 4, 5, 5
04 5, 7, 7

(계산 순서대로)
05 5, 7, 7
06 6, 8, 8
07 5, 9, 9
08 6, 9, 9

09 9
10 8
11 9
12 9
13 9
14 9

2. 세 수의 뺄셈 12쪽

(계산 순서대로)
01 3, 1, 1
02 4, 2, 2
03 3, 1, 1
04 5, 4, 4

(계산 순서대로)
05 4, 1, 1
06 6, 3, 3
07 4, 1, 1
08 7, 3, 3

09 2
10 1
11 2
12 2
13 2
14 2

3. 10이 되는 더하기 13쪽

01 9
02 8
03 7
04 6
05 5
06 4
07 3
08 2
09 1
10 9
11 8
12 7
13 6
14 5
15 4
16 3
17 2
18 1

4. 10에서 빼기 14쪽

01 9
02 8
03 7
04 6
05 5
06 4
07 3
08 2
09 1
10 9
11 8
12 7
13 6
14 5
15 4
16 3
17 2
18 1

5. 10을 만들어 더하기 15쪽

(계산 순서대로)
01 10, 13, 13
02 10, 14, 14
03 10, 11, 11
04 10, 16, 16
(계산 순서대로)
05 10, 12, 12
06 10, 14, 14
07 10, 13, 13
08 10, 17, 17
09 11
10 18
11 19
12 13
13 15
14 18

4. 덧셈과 뺄셈 (2)

1. (몇)+(몇) (1) 16쪽

(위부터)
01 11, 1
02 11, 1
03 12, 2
04 11, 1
(위부터)
05 12, 3
06 12, 4
07 14, 2
08 12, 1
09 15
10 14
11 15
12 16
13 16
14 17

2. (몇)+(몇) (2) 17쪽

(위부터)
01 11, 4
02 12, 4
03 11, 3
04 12, 2
(위부터)
05 14, 4
06 11, 1
07 11, 1
08 14, 4
09 13
10 14
11 13
12 15
13 16
14 17

3. (십몇)−(몇) (1) 18쪽

(위부터)
01 9, 1
02 9, 2
03 9, 3
04 9, 4
05 9, 5
06 9, 6
07 9, 7
08 9, 8
09 8, 10
10 8, 10
11 8, 10
12 7, 10
13 7, 10
14 8, 10
15 8, 10

3. (십몇)−(몇) (1) 19쪽

16 8
17 7
18 6
19 5
20 4
21 3
22 2
23 9
24 7
25 6
26 5
27 3
28 7
29 6
30 5
31 6
32 6

4. (십몇)−(몇) (2) 20쪽

(위부터)
01 9, 1
02 9, 1
03 9, 1
04 9, 1
05 9, 1
06 9, 1
07 9, 1
08 9, 1
09 8, 4
10 8, 5
11 8, 3
12 7, 4
13 7, 5
14 8, 6
15 8, 7

4. (십몇)−(몇) (2) 21쪽

16 7
17 6
18 5
19 4
20 3
21 8
22 7
23 6
24 5
25 7
26 6
27 5
28 6
29 4
30 5
31 6
32 7

3. (몇십)+(몇십) 24쪽

01 50
02 70
03 90
04 60
05 80
06 70
07 60
08 80
09 70
10 90
11 80
12 90
13 40
14 60
15 80
16 90
17 80
18 80
19 90

6. 덧셈과 뺄셈 (3)

1. (몇십)+(몇), (몇)+(몇십) 22쪽

01 25
02 48
03 51
04 69
05 73
06 46
07 58
08 39
09 82
10 98
11 84
12 96
13 66
14 57
15 68
16 89

2. (몇십몇)+(몇), (몇)+(몇십몇) 23쪽

01 25
02 68
03 88
04 79
05 99
06 39
07 58
08 79
09 98
10 68
11 49
12 58
13 78
14 68
15 88
16 98

4. (몇십몇)+(몇십), (몇십)+(몇십몇) 25쪽

01 53
02 78
03 96
04 99
05 97
06 86
07 81
08 85
09 76
10 94
11 88
12 95
13 92
14 66
15 97
16 99

5. (몇십몇)+(몇십몇) 26쪽

01 47
02 76
03 89
04 99
05 96
06 98
07 54
08 66
09 76
10 86
11 97
12 66
13 88
14 67
15 78

5. (몇십몇)+(몇십몇) 27쪽

16	58	24	79	32	69
17	69	25	87	33	86
18	78	26	89	34	98
19	68	27	98	35	99
20	77	28	69	36	89
21	89	29	99	37	99
22	99	30	99	38	79
23	98	31	88	39	99

6. (몇십몇)−(몇) 28쪽

01	21	06	72	11	37
02	32	07	73	12	43
03	42	08	82	13	54
04	51	09	81	14	64
05	63	10	94	15	73
				16	80

7. (몇십)−(몇십) 29쪽

01	20	06	20	11	40
02	20	07	30	12	10
03	10	08	30	13	50
04	20	09	10	14	30
05	20	10	10	15	70
				16	30

8. (몇십몇)−(몇십) 30쪽

01	18	06	37	11	24
02	14	07	35	12	22
03	13	08	33	13	29
04	21	09	28	14	52
05	26	10	24	15	37
				16	29

9. (몇십몇)−(몇십몇) 31쪽

01	13	06	17	11	37
02	13	07	36	12	22
03	31	08	35	13	10
04	11	09	46	14	12
05	12	10	24	15	21

9. (몇십몇)−(몇십몇) 32쪽

16	11	24	54	32	23
17	12	25	13	33	10
18	12	26	15	34	70
19	22	27	22	35	61
20	24	28	31	36	51
21	21	29	21	37	42
22	13	30	40	38	32
23	31	31	13	39	15

참 잘했어요

수학의 모든 개념 문제를 풀 정도로
실력이 성장한 것을 축하하며
이 상장을 드립니다.

이름 ________________________

날짜 ________ 년 ____ 월 ____ 일

「차례」

연산의 법칙

1-2

1. 100까지의 수 2쪽

1. 99까지의 수 읽기
2. 99까지의 수 쓰기
3. 수의 순서 알아보기
4. 1만큼 더 큰 수와 1만큼 더 작은 수
5. 두 수의 크기 비교하기 (1)
6. 두 수의 크기 비교하기 (2)
7. 세 수의 크기 비교하기
8. 짝수와 홀수 찾기

2. 덧셈과 뺄셈 (1) 11쪽

1. 세 수의 덧셈
2. 세 수의 뺄셈
3. 10이 되는 더하기
4. 10에서 빼기
5. 10을 만들어 더하기

4. 덧셈과 뺄셈 (2) 16쪽

1. (몇)+(몇) (1)
2. (몇)+(몇) (2)
3. (십몇)−(몇) (1)
4. (십몇)−(몇) (2)

6. 덧셈과 뺄셈 (3) 22쪽

1. (몇십)+(몇), (몇)+(몇십)
2. (몇십몇)+(몇), (몇)+(몇십몇)
3. (몇십)+(몇십)
4. (몇십몇)+(몇십), (몇십)+(몇십몇)
5. (몇십몇)+(몇십몇)
6. (몇십몇)−(몇)
7. (몇십)−(몇십)
8. (몇십몇)−(몇십)
9. (몇십몇)−(몇십몇)

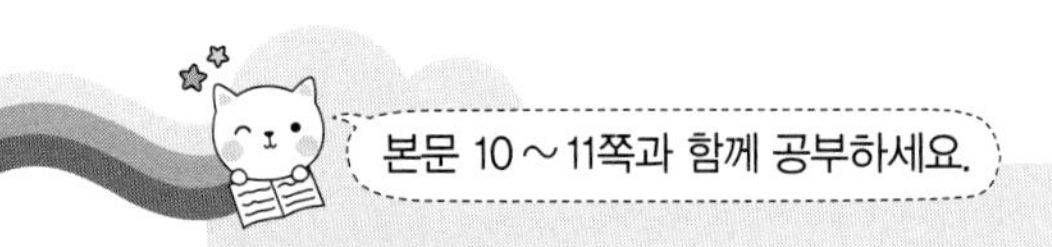

본문 10～11쪽과 함께 공부하세요.

1. 99까지의 수 읽기

학습 POINT

수는 두 가지 방법으로 읽을 수 있습니다.

예 58 ⇨ 오십팔 또는 쉰여덟

정답은 32쪽

[01～12] 수를 두 가지 방법으로 읽어 보시오.

01 63

읽기 ____________, ____________

02 71

읽기 ____________, ____________

03 89

읽기 ____________, ____________

04 94

읽기 ____________, ____________

05 67

읽기 ____________, ____________

06 79

읽기 ____________, ____________

07 96

읽기 ____________, ____________

08 52

읽기 ____________, ____________

09 69

읽기 ____________, ____________

10 75

읽기 ____________, ____________

11 98

읽기 ____________, ____________

12 77

읽기 ____________, ____________

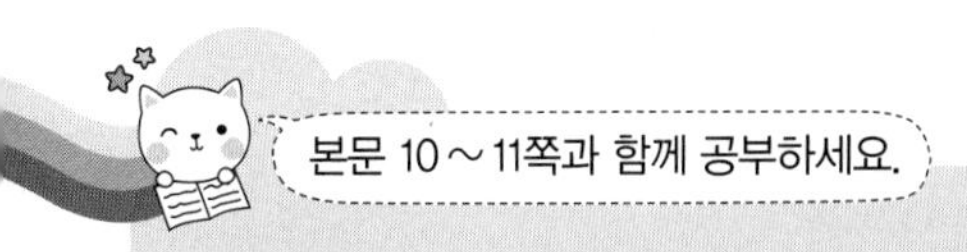

2. 99까지의 수 쓰기

두 가지 방법으로 읽은 수를 숫자로 쓸 수 있습니다.

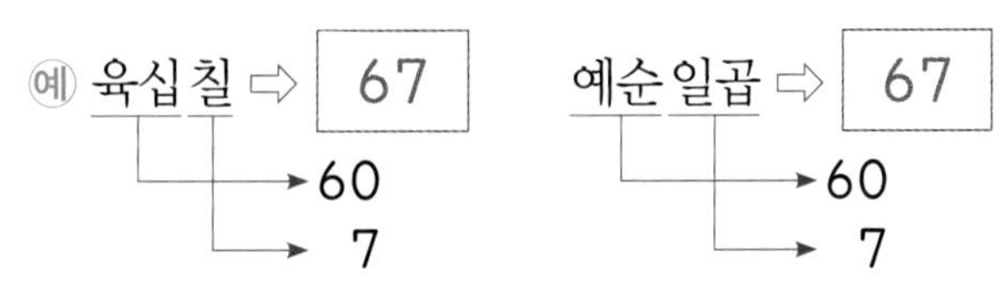

정답은 32쪽

[01 ~ 14] 다음을 수로 써 보시오.

01 오십팔 (　　　　)

02 일흔셋 (　　　　)

03 예순여섯 (　　　　)

04 팔십오 (　　　　)

05 아흔하나 (　　　　)

06 쉰아홉 (　　　　)

07 예순둘 (　　　　)

08 칠십칠 (　　　　)

09 아흔넷 (　　　　)

10 쉰다섯 (　　　　)

11 일흔여덟 (　　　　)

12 육십사 (　　　　)

13 여든여섯 (　　　　)

14 아흔아홉 (　　　　)

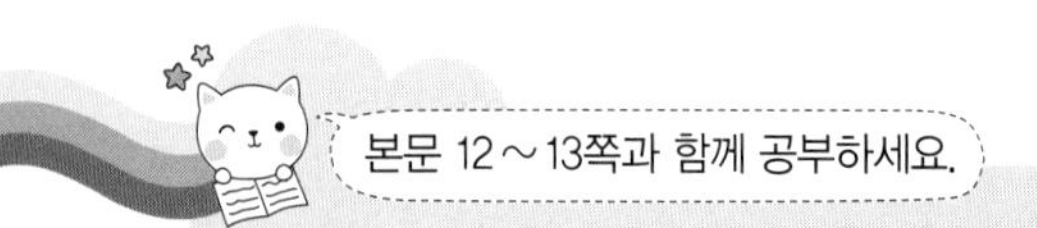

3. 수의 순서 알아보기

수를 순서대로 써 봅니다.

예 57 − 58 − 59 − [60] − 61 − 62 − [63]

정답은 32쪽

[01 ~ 14] 수의 순서를 생각하여 □ 안에 알맞은 수를 써넣으시오.

01 65 − 66 − 67 − □

08 55 − □ − 57 − 58

02 70 − 71 − 72 − □

09 63 − □ − 65 − 66

03 87 − 88 − 89 − □

10 74 − □ − 76 − 77

04 95 − 96 − 97 − □

11 79 − □ − 81 − 82

05 51 − 52 − □ − 54

12 □ − 91 − 92 − 93

06 59 − 60 − □ − 62

13 □ − 70 − 71 − 72

07 77 − 78 − □ − 80

14 □ − 83 − 84 − 85

본문 12～13쪽과 함께 공부하세요.

4. 1만큼 더 큰 수와 1만큼 더 작은 수

학습 POINT

1만큼 더 큰 수는 바로 뒤의 수이고 1만큼 더 작은 수는 바로 앞의 수입니다.

예 57보다 1만큼 더 큰 수는 57 바로 뒤의 수인 58이고,
57보다 1만큼 더 작은 수는 57 바로 앞의 수인 56입니다.

정답은 32쪽

[01～12] 빈 곳에 알맞은 수를 써넣으시오.

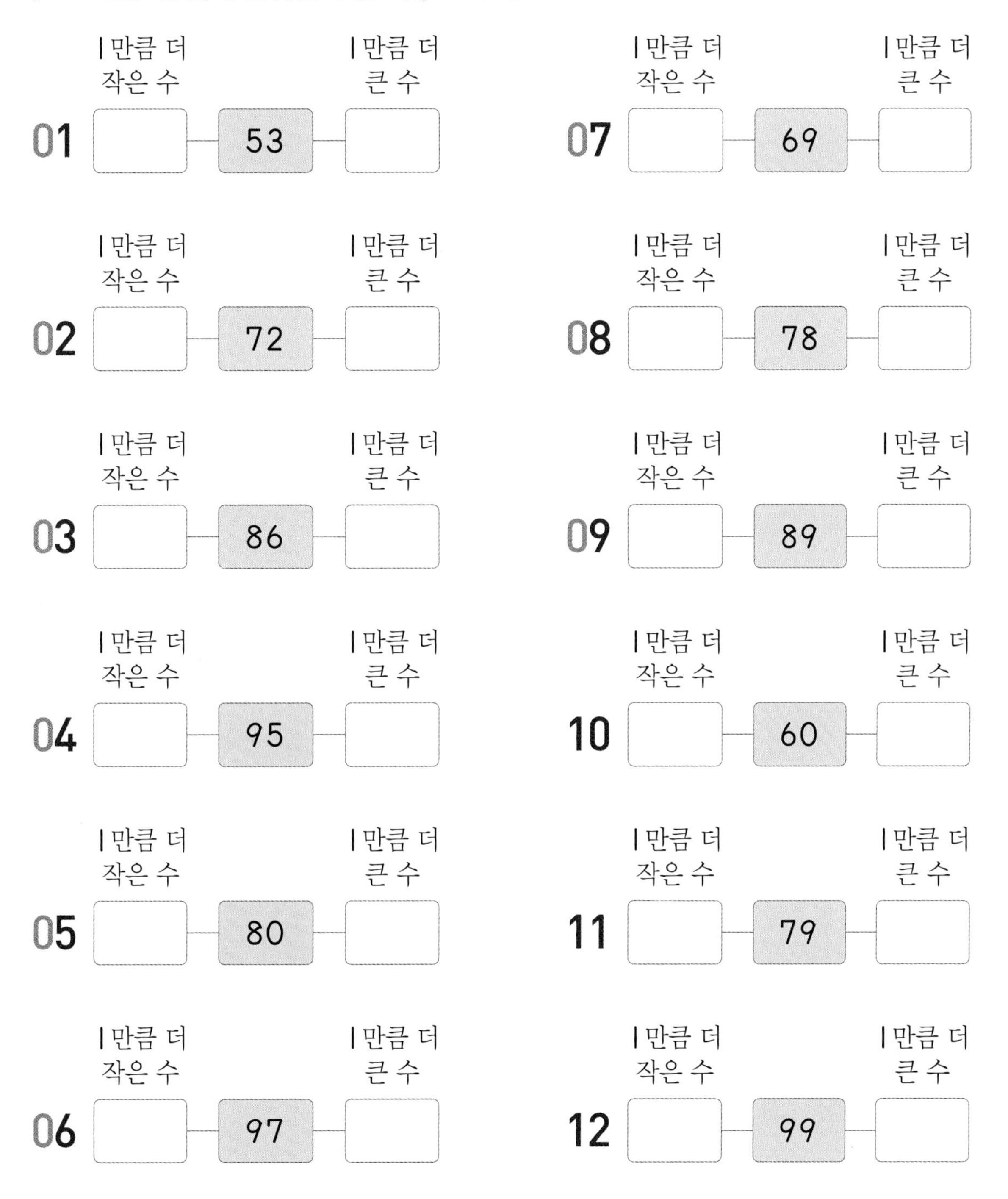

번호	1만큼 더 작은 수	수	1만큼 더 큰 수
01		53	
02		72	
03		86	
04		95	
05		80	
06		97	
07		69	
08		78	
09		89	
10		60	
11		79	
12		99	

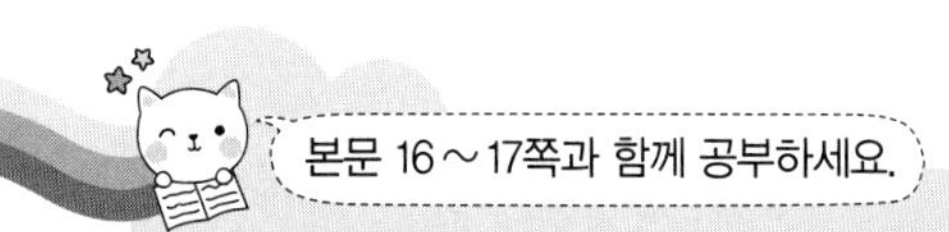

5. 두 수의 크기 비교하기 (1)

10개씩 묶음의 수가 다르면 [10개씩 묶음]의 수가 큰 쪽이 더 큽니다.

예 54와 61에서 10개씩 묶음의 수가 다르고 10개씩 묶음의 수를 비교하면 $5<6$이므로 54는 61보다 작습니다. ⇨ $54<61$

정답은 32쪽

[01~21] 두 수의 크기를 비교하여 ○ 안에 > 또는 <를 알맞게 써넣으시오.

01 58 ○ 47

02 65 ○ 70

03 78 ○ 83

04 88 ○ 75

05 87 ○ 92

06 61 ○ 49

07 72 ○ 68

08 93 ○ 79

09 56 ○ 61

10 73 ○ 66

11 77 ○ 82

12 80 ○ 69

13 79 ○ 85

14 67 ○ 74

15 66 ○ 57

16 73 ○ 68

17 69 ○ 84

18 79 ○ 90

19 62 ○ 55

20 58 ○ 83

21 95 ○ 89

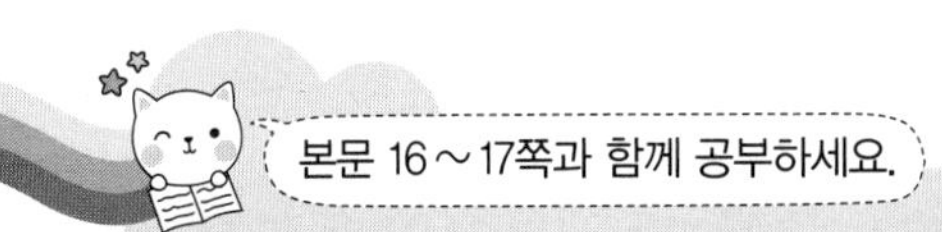

6. 두 수의 크기 비교하기 (2)

10개씩 묶음의 수가 같으면 [낱개]의 수가 큰 쪽이 더 큽니다.

예 57과 53에서 10개씩 묶음의 수가 5로 같고 낱개의 수를 비교하면 $7>3$ 이므로 57은 53보다 큽니다. ⇨ $57>53$

정답은 32쪽

[01~21] 두 수의 크기를 비교하여 ○ 안에 $>$ 또는 $<$를 알맞게 써넣으시오.

01 53 ○ 51

02 60 ○ 64

03 76 ○ 78

04 88 ○ 84

05 94 ○ 91

06 56 ○ 58

07 62 ○ 65

08 73 ○ 77

09 83 ○ 86

10 97 ○ 94

11 57 ○ 54

12 63 ○ 68

13 74 ○ 79

14 80 ○ 87

15 90 ○ 93

16 55 ○ 58

17 62 ○ 69

18 78 ○ 76

19 87 ○ 89

20 94 ○ 95

21 99 ○ 98

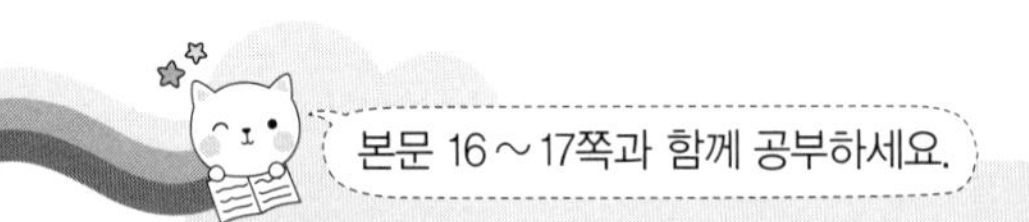

7. 세 수의 크기 비교하기

학습 POINT

(1) 세 수의 크기를 비교할 때 [두 수]씩 묶어서 비교합니다.

예) 56, 73, 64의 크기를 비교하면
56과 73은 10개씩 묶음의 수가 5<7이므로 56<73,
73과 64는 10개씩 묶음의 수가 7>6이므로 73>64,
56과 64는 10개씩 묶음의 수가 5<6이므로 56<64입니다.
⇨ 73>64>56

(2) 세 수의 크기를 비교할 때 [세 수]를 동시에 비교합니다.

예) 56, 73, 64의 크기를 비교하면
10개씩 묶음의 수가 5, 7, 6으로 모두 다릅니다.
10개씩 묶음의 수가 클수록 큰 수이므로 73>64>56입니다.

정답은 33쪽

[01~06] 가장 큰 수에 ○표 하시오.

01　53　57　52

02　66　62　64

03　75　73　78

04　86　68　82

05　93　77　95

06　57　76　71

[07~12] 가장 작은 수에 △표 하시오.

07　54　58　51

08　76　72　78

09　84　88　87

10　69　83　66

11　86　91　89

12　81　79　85

[13~28] 가장 큰 수에 ○표, 가장 작은 수에 △표 하시오.

13 | 51 58 55

14 | 67 65 63

15 | 76 70 79

16 | 85 87 81

17 | 95 92 94

18 | 53 58 59

19 | 66 68 64

20 | 77 72 75

21 | 59 61 65

22 | 57 72 56

23 | 81 75 78

24 | 88 84 92

25 | 63 80 74

26 | 70 63 56

27 | 79 92 80

28 | 79 69 84

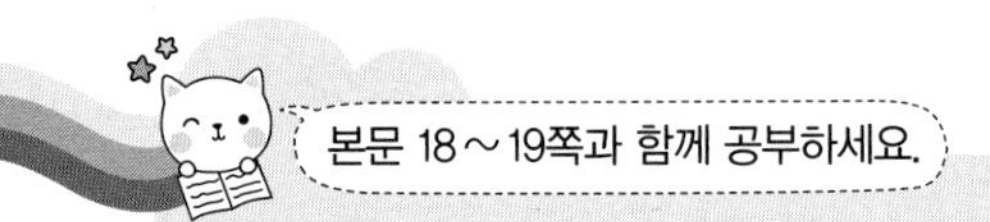

8. 짝수와 홀수 찾기

(1) 둘씩 짝을 지을 수 있는 수를 짝수 라고 합니다.

예 2, 4, 6, 8, 10, ...

(2) 둘씩 짝을 지을 수 없는 수를 홀수 라고 합니다.

예 1, 3, 5, 7, 9, ...

정답은 33쪽

[01~04] 수를 세어 알맞은 말에 ○표 하시오.

01 ● ● ● ● ● ● / ● ● ● ● ● ●

(짝수 , 홀수)

02 ● ● ● ● ● ● / ● ● ● ● ●

(짝수 , 홀수)

03 ● ● ● ● ● ● / ● ● ● ● ● ● ●

(짝수 , 홀수)

04 ● ● ● ● ● ● ● / ● ● ● ● ● ● ●

(짝수 , 홀수)

[05~10] □ 안에 짝수 또는 홀수를 써넣으시오.

05 25는 □입니다.

06 38은 □입니다.

07 42는 □입니다.

08 53은 □입니다.

09 47은 □입니다.

10 68은 □입니다.

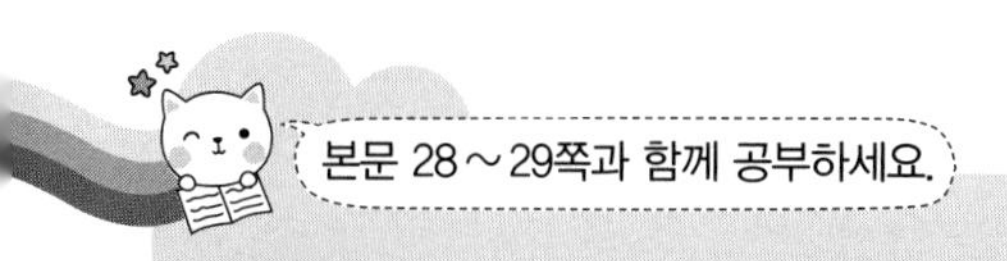

본문 28～29쪽과 함께 공부하세요.

1. 세 수의 덧셈

학습 POINT

앞의 두 수 를 먼저 더한 뒤 나머지 수를 더합니다.

예 $1+3+2=\boxed{4}+2=6$

정답은 33쪽

[01～14] 계산을 하시오.

01 $1+1+3=\square$

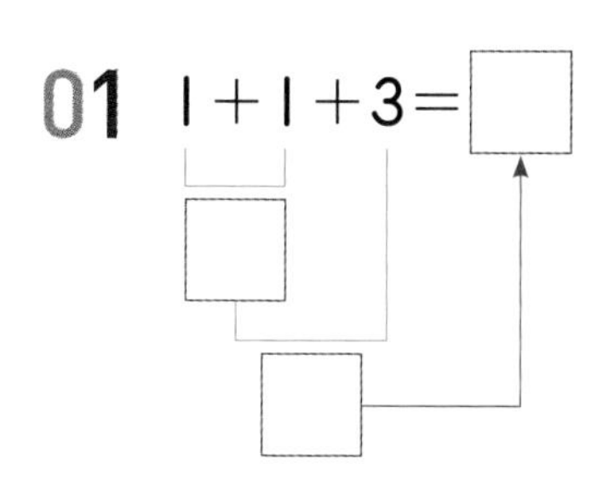

02 $2+1+4=\square$

03 $2+2+1=\square$

04 $2+3+2=\square$

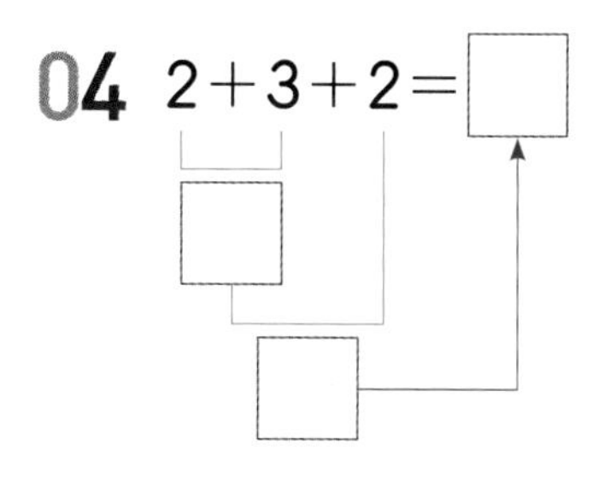

05 $4+1+2=\square$

06 $2+4+2=\square$

07 $2+3+4=\square$

08 $5+1+3=\square$

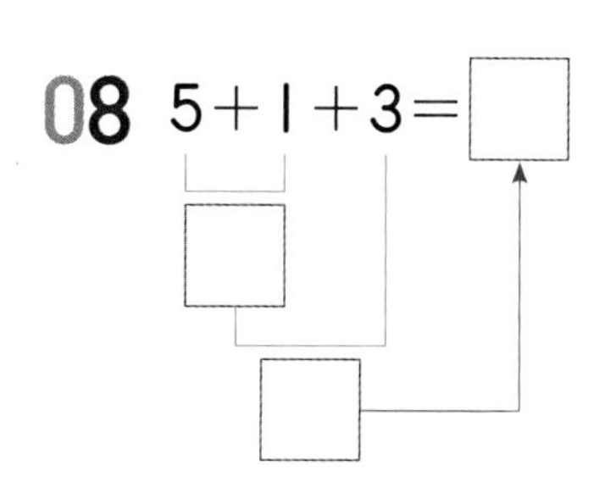

09 $1+3+5$

10 $2+3+3$

11 $3+3+3$

12 $4+1+4$

13 $3+5+1$

14 $3+4+2$

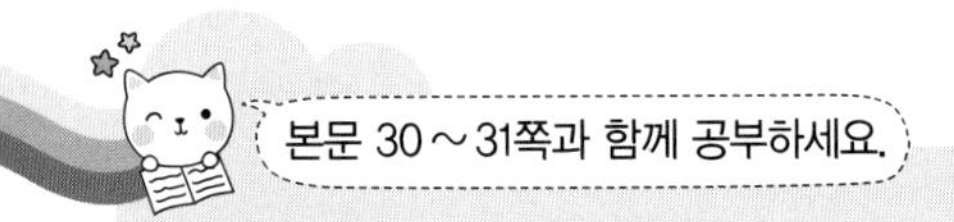

본문 30~31쪽과 함께 공부하세요.

2. 세 수의 뺄셈

학습 POINT

앞의 두 수 를 먼저 뺀 뒤 나머지 수를 뺍니다.

예 6－1－3＝ 5 －3＝2

정답은 33쪽

[01~14] **계산을 하시오.**

01 5－2－2＝

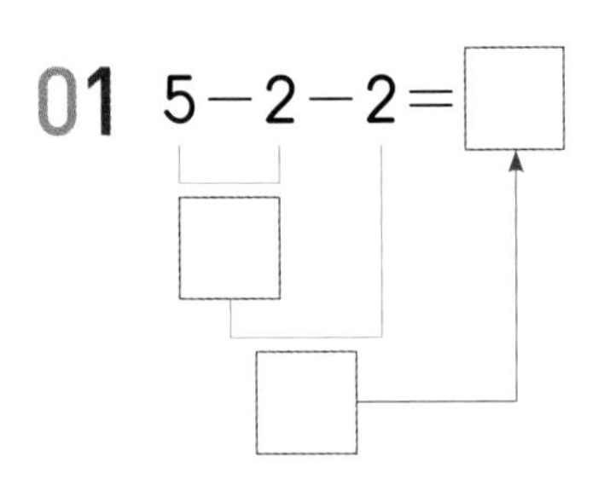

05 7－3－3＝

09 7－3－2

10 7－4－2

02 6－2－2＝

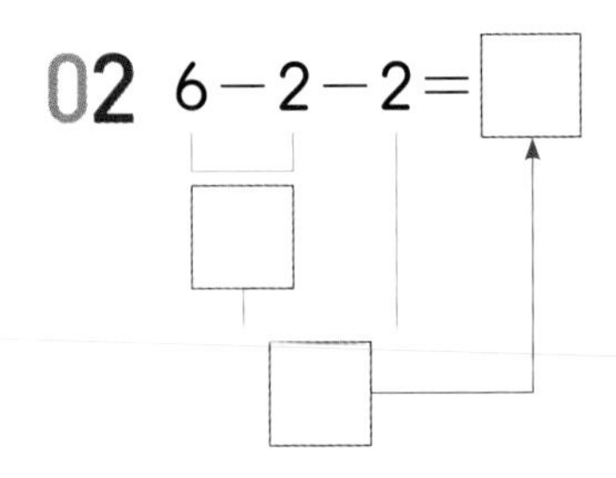

06 8－2－3＝

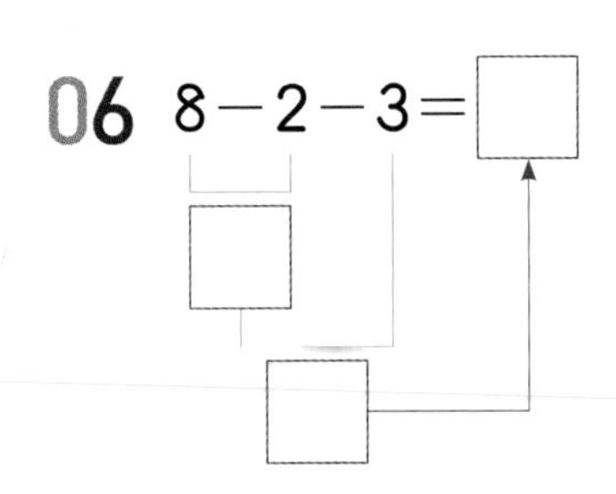

11 8－2－4

03 6－3－2＝

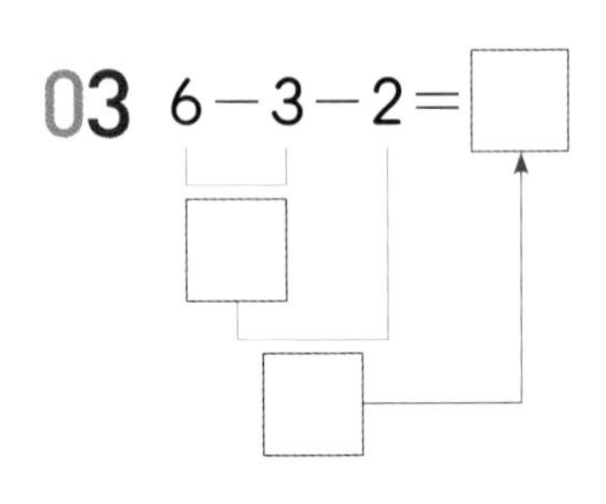

07 8－4－3＝

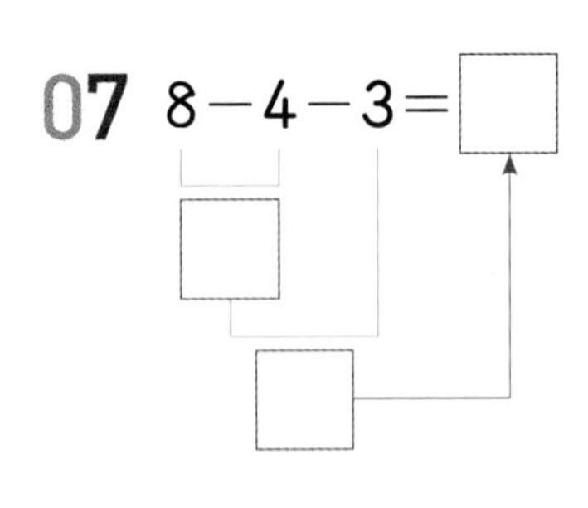

12 8－5－1

13 9－4－3

04 7－2－1＝

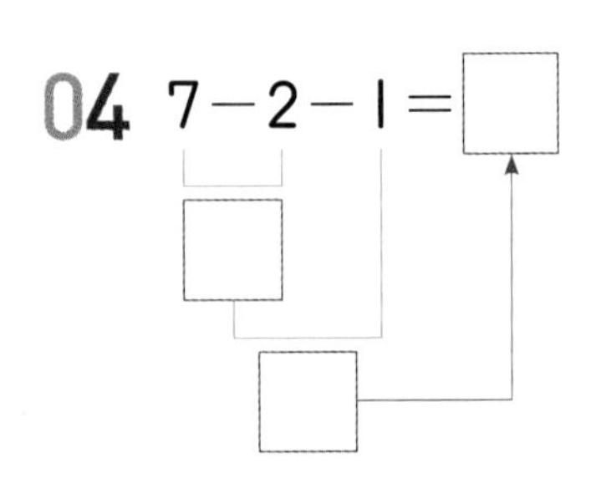

08 9－2－4＝

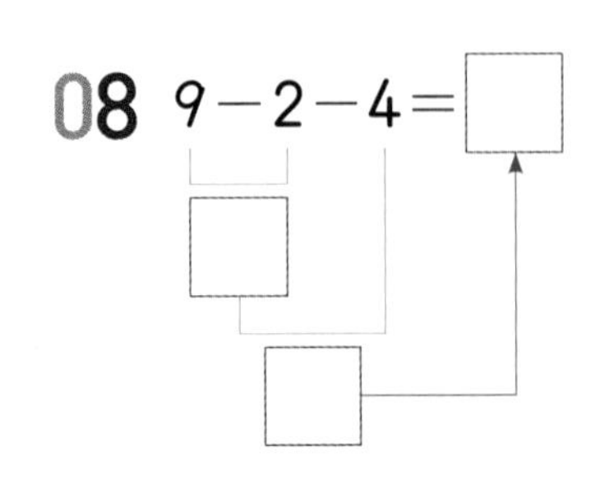

14 9－5－2

본문 34～35쪽과 함께 공부하세요.

3. 10이 되는 더하기

학습 POINT

위와 아래에 있는 두 수를 더하면 10 이 됩니다.

1	2	3	4	5	6	7	8	9
9	8	7	6	5	4	3	2	1

정답은 33쪽

[01 ~ 18] □ 안에 알맞은 수를 써넣으시오.

01 1+□=10

02 2+□=10

03 3+□=10

04 4+□=10

05 5+□=10

06 6+□=10

07 7+□=10

08 8+□=10

09 9+□=10

10 □+1=10

11 □+2=10

12 □+3=10

13 □+4=10

14 □+5=10

15 □+6=10

16 □+7=10

17 □+8=10

18 □+9=10

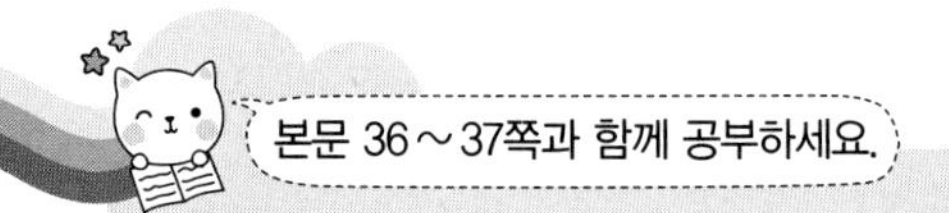

본문 36～37쪽과 함께 공부하세요.

4. 10에서 빼기

학습 POINT

10－[1]＝9, 10－[2]＝8, 10－[3]＝7, 10－[4]＝6,
10－[5]＝5, 10－[6]＝4, 10－[7]＝3, 10－[8]＝2,
10－[9]＝1

정답은 34쪽

[01 ~ 18] □ 안에 알맞은 수를 써넣으시오.

01 10－1＝□

02 10－2＝□

03 10－3＝□

04 10－4＝□

05 10－5＝□

06 10－6＝□

07 10－7＝□

08 10－8＝□

09 10－9＝□

10 10－□＝1

11 10－□＝2

12 10－□＝3

13 10－□＝4

14 10－□＝5

15 10－□＝6

16 10－□＝7

17 10－□＝8

18 10－□＝9

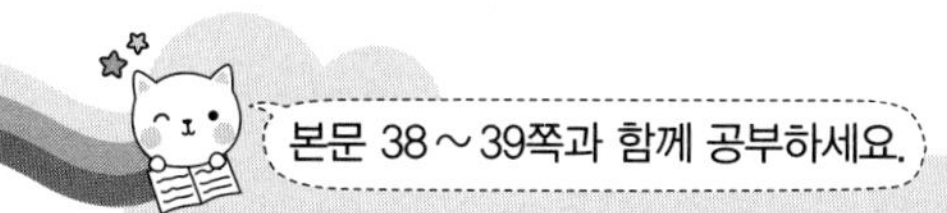

5. 10을 만들어 더하기

합이 10 이 되는 두 수를 먼저 더한 뒤 나머지 수를 더합니다.

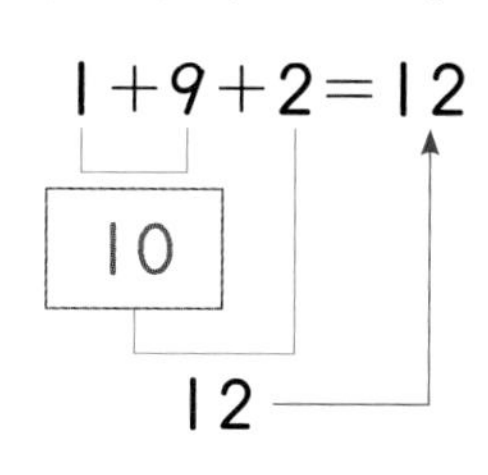

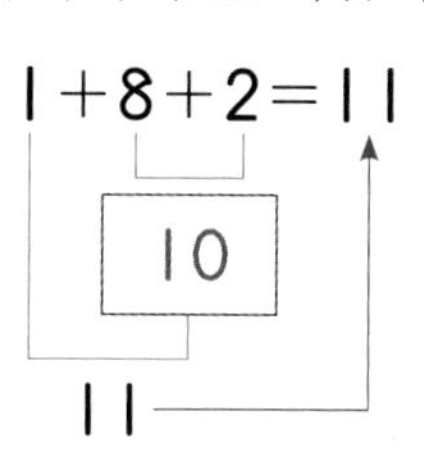

정답은 34쪽

[01~14] 계산을 하시오.

01 2+8+3=

02 3+7+4=

03 4+6+1=

04 5+5+6=

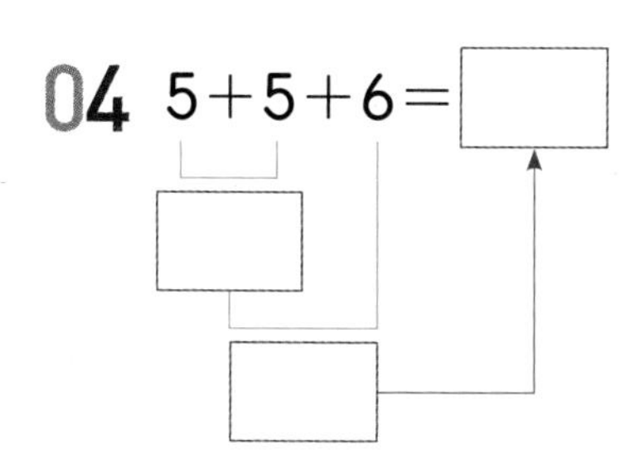

05 2+6+4=

06 4+7+3=

07 3+8+2=

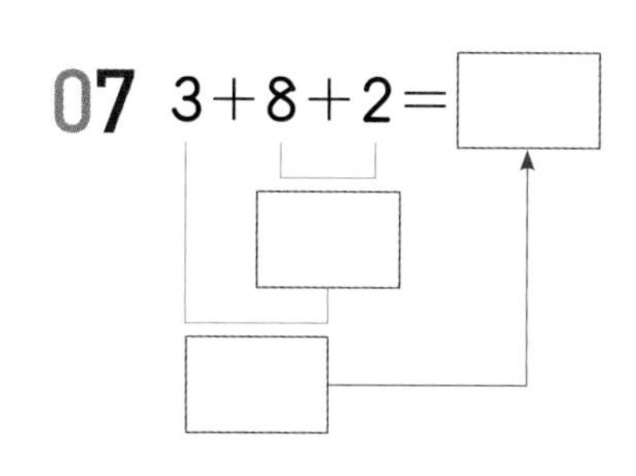

08 7+4+6=

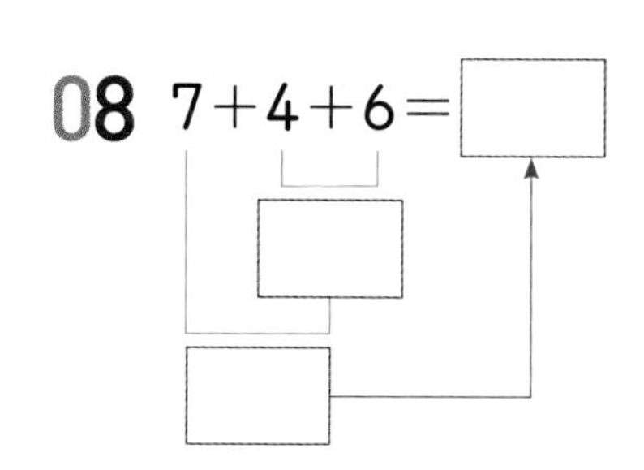

09 5+5+1

10 1+9+8

11 7+3+9

12 3+6+4

13 5+2+8

14 8+9+1

1. (몇)+(몇) (1)

앞의 수와 더해서 [10]이 되도록 뒤에 있는 수를 가르기한 뒤 계산합니다.

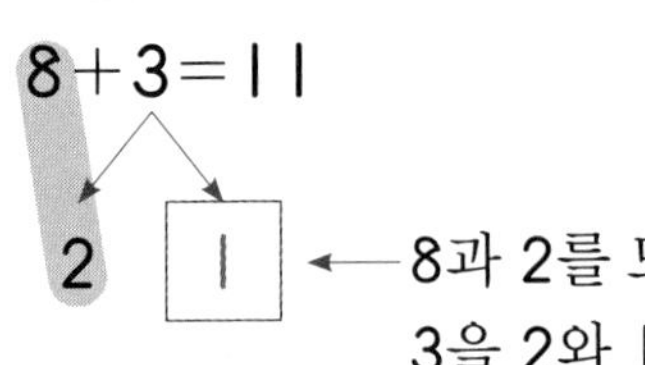

← 8과 2를 모으기하면 10이 되므로 3을 2와 1로 가르기합니다.

정답은 34쪽

[01~14] 계산을 하시오.

01 6+5=[ ]
4 [ ]

02 7+4=[ ]
3 [ ]

03 8+4=[ ]
2 [ ]

04 9+2=[ ]

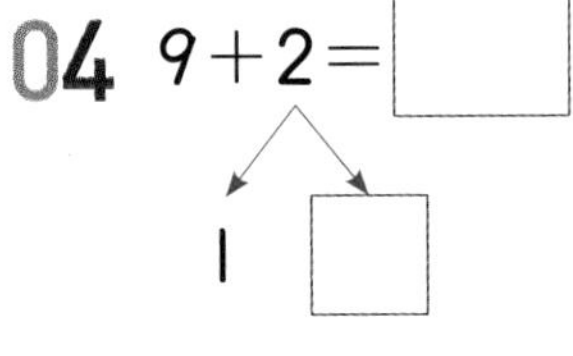

05 7+5=[ ]
[ ] 2

06 6+6=[ ]
[ ] 2

07 8+6=[ ]
[ ] 4

08 9+3=[ ]
[ ] 2

09 8+7

10 9+5

11 9+6

12 8+8

13 9+7

14 9+8

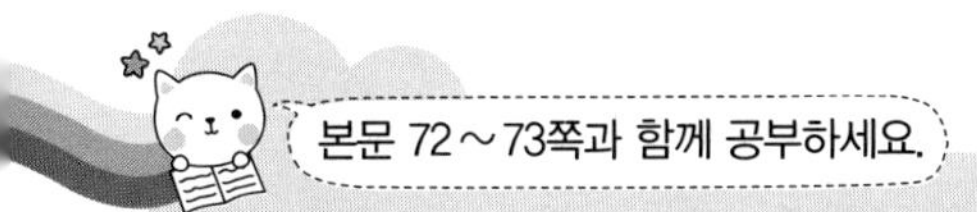

본문 72~73쪽과 함께 공부하세요.

2. (몇)+(몇) (2)

학습 POINT

뒤의 수와 더해서 [10]이 되도록 앞에 있는 수를 가르기한 뒤 계산합니다.

5+7=12

2 [3] ←7과 3을 모으기하면 10이 되므로 5를 2와 3으로 가르기합니다.

정답은 34쪽

[01~14] 계산을 하시오.

01 5+6=[ ]
1 [ ]

02 6+6=[ ]
2 [ ]

03 4+7=[ ]
1 [ ]

04 4+8=[ ]
2 [ ]

05 7+7=[ ]
[ ] 3

06 3+8=[ ]
[ ] 2

07 2+9=[ ]
[ ] 1

08 5+9=[ ]
[ ] 1

09 5+8

10 6+8

11 4+9

12 6+9

13 7+9

14 8+9

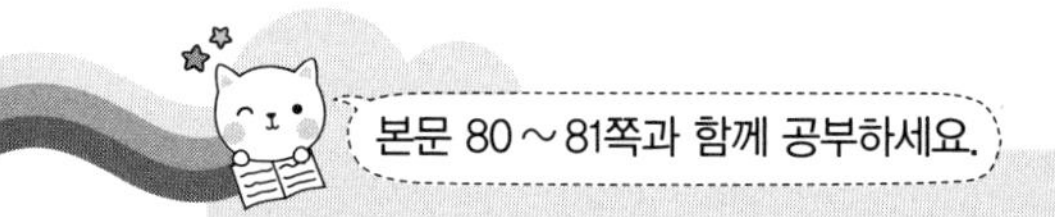

3. (십몇)－(몇) (1)

십몇을 10 과 몇으로 가르기한 다음 10에서 뺀 뒤 몇을 더합니다.

12－4＝8

10 2 ← 12는 10과 2로 가르기한 다음 10에서 4를 뺀 뒤 2를 더합니다.

정답은 34쪽

[01~15] □ 안에 알맞은 수를 써넣으시오.

01 11－2＝□ (10, □)

02 12－3＝□ (10, □)

03 13－4＝□ (10, □)

04 14－5＝□ (10, □)

05 15－6＝□ (10, □)

06 16－7＝□ (10, □)

07 17－8＝□ (10, □)

08 18－9＝□ (10, □)

09 14－6＝□ (□, 4)

10 15－7＝□ (□, 5)

11 13－5＝□ (□, 3)

12 14－7＝□ (□, 4)

13 15－8＝□ (□, 5)

14 16－8＝□ (□, 6)

15 17－9＝□ (□, 7)

[16~32] 보기 와 같은 방법으로 뺄셈을 하여 값을 구하시오.

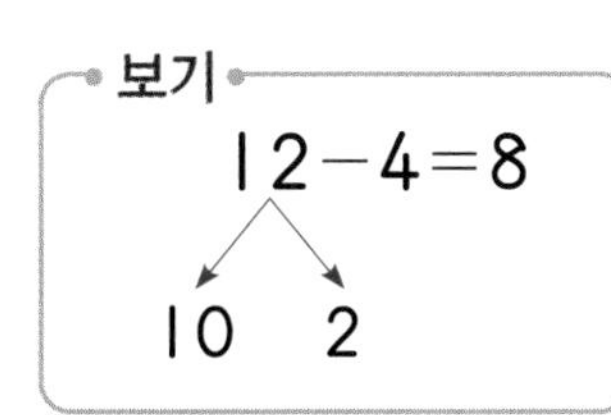

16 11−3

17 11−4

18 11−5

19 11−6

20 11−7

21 11−8

22 11−9

23 12−3

24 12−5

25 12−6

26 12−7

27 12−9

28 13−6

29 13−7

30 13−8

31 14−8

32 15−9

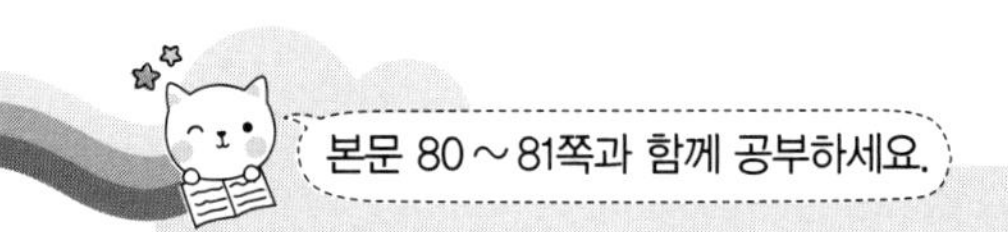

4. (십몇)−(몇) (2)

십몇에서 몇을 빼서 [10]이 되도록 빼는 몇을 가르기한 뒤 계산합니다.

11−3=8

[1] 2 ← 11에서 1을 빼면 10이 되므로 3을 1과 2로 가르기합니다.

정답은 34쪽

[01~15] □ 안에 알맞은 수를 써넣으시오.

01 11−2=□ (1, □)

02 12−3=□ (2, □)

03 13−4=□ (3, □)

04 14−5=□ (4, □)

05 15−6=□ (5, □)

06 16−7=□ (6, □)

07 17−8=□ (7, □)

08 18−9=□ (8, □)

09 14−6=□ (□, 2)

10 15−7=□ (□, 2)

11 13−5=□ (□, 2)

12 14−7=□ (□, 3)

13 15−8=□ (□, 3)

14 16−8=□ (□, 2)

15 17−9=□ (□, 2)

[16~32] 보기 와 같은 방법으로 뺄셈을 하여 값을 구하시오.

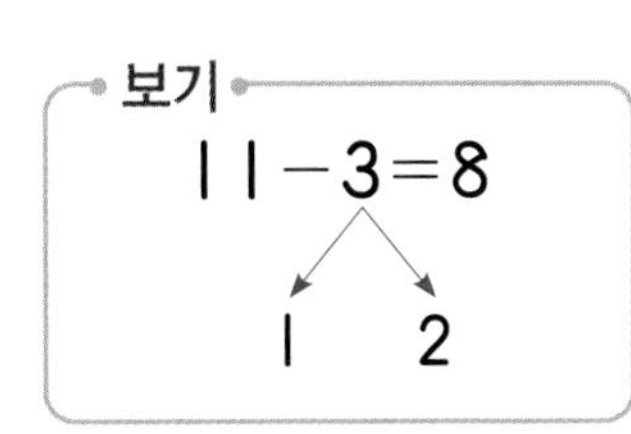

21 12－4

27 13－8

16 11－4

22 12－5

28 14－8

17 11－5

23 12－6

29 13－9

18 11－6

24 12－7

30 14－9

19 11－7

25 13－6

31 15－9

20 11－8

26 13－7

32 16－9

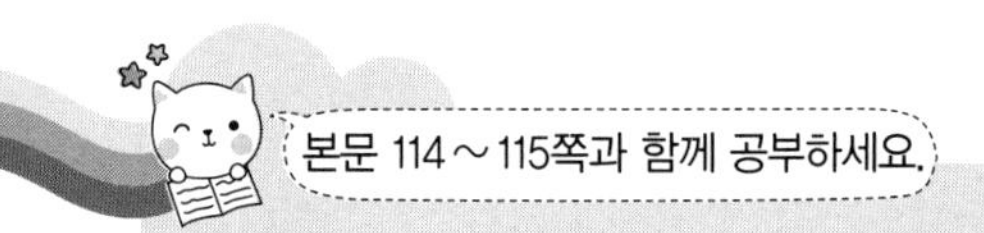

1. (몇십)+(몇), (몇)+(몇십)

10개씩 묶음의 수는 "몇십"의 몇 을 그대로 쓰고 낱개의 수는 "몇"의 몇 을 그대로 씁니다.

$$\begin{array}{r} 30 \\ +\ \ 2 \\ \hline 32 \end{array}$$

2는 그대로, 3은 그대로

$$\begin{array}{r} 3 \\ +\ 20 \\ \hline 23 \end{array}$$

3은 그대로, 2는 그대로

정답은 35쪽

[01 ~ 16] 계산을 하시오.

01 $\begin{array}{r} 20 \\ +\ \ 5 \\ \hline \end{array}$

02 $\begin{array}{r} 40 \\ +\ \ 8 \\ \hline \end{array}$

03 $\begin{array}{r} 50 \\ +\ \ 1 \\ \hline \end{array}$

04 $\begin{array}{r} 60 \\ +\ \ 9 \\ \hline \end{array}$

05 $\begin{array}{r} 70 \\ +\ \ 3 \\ \hline \end{array}$

06 $\begin{array}{r} 6 \\ +\ 40 \\ \hline \end{array}$

07 $\begin{array}{r} 8 \\ +\ 50 \\ \hline \end{array}$

08 $\begin{array}{r} 9 \\ +\ 30 \\ \hline \end{array}$

09 $\begin{array}{r} 2 \\ +\ 80 \\ \hline \end{array}$

10 $\begin{array}{r} 8 \\ +\ 90 \\ \hline \end{array}$

11 $80+4$

12 $90+6$

13 $60+6$

14 $7+50$

15 $8+60$

16 $9+80$

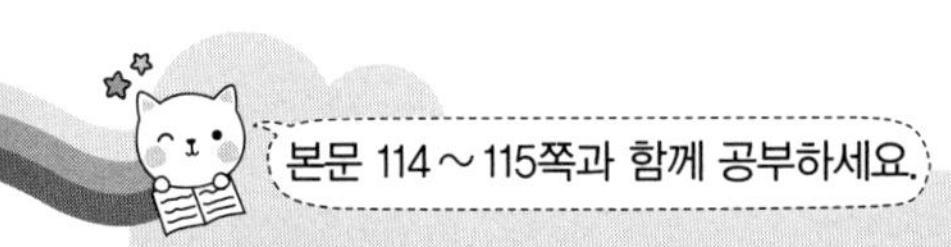

2. (몇십몇)+(몇), (몇)+(몇십몇)

10개씩 묶음 의 수는 10개씩 묶음의 자리에 그대로 쓰고
낱개 의 수끼리 더하여 낱개의 자리에 써 줍니다.

$$\begin{array}{r} 41 \\ +\ \ 2 \\ \hline 43 \end{array}$$

3 ← 1+2=3, 4 → 4는 그대로

$$\begin{array}{r} 2 \\ +\ 34 \\ \hline 36 \end{array}$$

6 ← 2+4=6, 3 → 3은 그대로

정답은 35쪽

[01～16] 계산을 하시오.

01 $\begin{array}{r} 23 \\ +\ \ 2 \\ \hline \end{array}$

02 $\begin{array}{r} 64 \\ +\ \ 4 \\ \hline \end{array}$

03 $\begin{array}{r} 85 \\ +\ \ 3 \\ \hline \end{array}$

04 $\begin{array}{r} 76 \\ +\ \ 3 \\ \hline \end{array}$

05 $\begin{array}{r} 94 \\ +\ \ 5 \\ \hline \end{array}$

06 $\begin{array}{r} 4 \\ +\ 35 \\ \hline \end{array}$

07 $\begin{array}{r} 5 \\ +\ 53 \\ \hline \end{array}$

08 $\begin{array}{r} 2 \\ +\ 77 \\ \hline \end{array}$

09 $\begin{array}{r} 6 \\ +\ 92 \\ \hline \end{array}$

10 $\begin{array}{r} 2 \\ +\ 66 \\ \hline \end{array}$

11 45+4

12 56+2

13 72+6

14 7+61

15 5+83

16 3+95

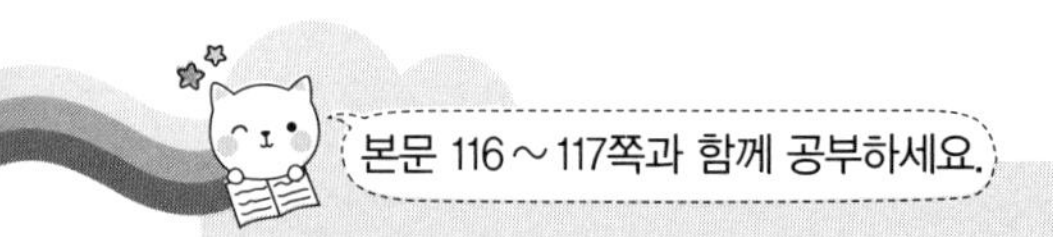

3. (몇십)+(몇십)

학습 POINT

10개씩 묶음 의 수끼리 더하여 10개씩 묶음의 자리에 쓰고 0 은 낱개의 자리에 그대로 써 줍니다.

$$\begin{array}{r} 10 \\ +\ 20 \\ \hline 30 \end{array}$$

0은 그대로

1+2=3

정답은 35쪽

[01～19] 계산을 하시오.

01 $\begin{array}{r} 20 \\ +\ 30 \\ \hline \end{array}$

02 $\begin{array}{r} 30 \\ +\ 40 \\ \hline \end{array}$

03 $\begin{array}{r} 40 \\ +\ 50 \\ \hline \end{array}$

04 $\begin{array}{r} 20 \\ +\ 40 \\ \hline \end{array}$

05 $\begin{array}{r} 30 \\ +\ 50 \\ \hline \end{array}$

06 20+50

07 10+50

08 20+60

09 10+60

10 20+70

11 10+70

12 30+60

13 20+20

14 30+30

15 40+40

16 50+40

17 50+30

18 60+20

19 70+20

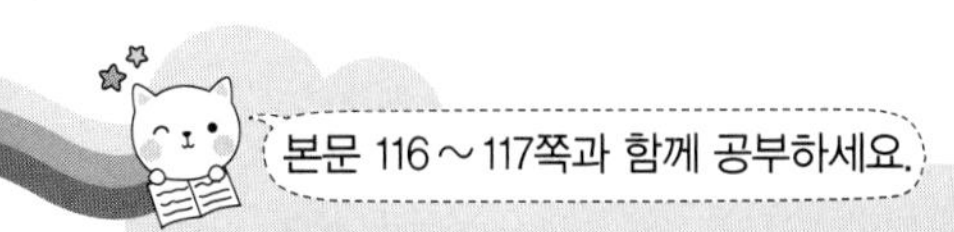

4. (몇십몇)+(몇십), (몇십)+(몇십몇)

학습 POINT

10개씩 묶음 의 수끼리 더하여 10개씩 묶음의 자리에 쓰고

낱개 의 수는 0이 아닌 수를 그대로 낱개의 자리에 써 줍니다.

$$\begin{array}{r} 34 \\ +\ 20 \\ \hline 54 \end{array}$$
4는 그대로, 3+2=5

$$\begin{array}{r} 30 \\ +\ 26 \\ \hline 56 \end{array}$$
6은 그대로, 3+2=5

정답은 35쪽

[01~16] 계산을 하시오.

01 $\begin{array}{r} 23 \\ +\ 30 \\ \hline \end{array}$

02 $\begin{array}{r} 38 \\ +\ 40 \\ \hline \end{array}$

03 $\begin{array}{r} 46 \\ +\ 50 \\ \hline \end{array}$

04 $\begin{array}{r} 39 \\ +\ 60 \\ \hline \end{array}$

05 $\begin{array}{r} 27 \\ +\ 70 \\ \hline \end{array}$

06 $\begin{array}{r} 20 \\ +\ 66 \\ \hline \end{array}$

07 $\begin{array}{r} 30 \\ +\ 51 \\ \hline \end{array}$

08 $\begin{array}{r} 40 \\ +\ 45 \\ \hline \end{array}$

09 $\begin{array}{r} 50 \\ +\ 26 \\ \hline \end{array}$

10 $\begin{array}{r} 60 \\ +\ 34 \\ \hline \end{array}$

11 $48+40$

12 $45+50$

13 $32+60$

14 $30+36$

15 $50+47$

16 $70+29$

5. (몇십몇)+(몇십몇)

10개씩 묶음 의 수끼리 더하여 10개씩 묶음의 자리에 쓰고 낱개 의 수끼리 더하여 낱개의 자리에 써 줍니다.

$$\begin{array}{r} 4\ 1 \\ +\ 3\ 2 \\ \hline 7\ 3 \end{array}$$

1+2=3

4+3=7

정답은 35쪽

[01～15] 계산을 하시오.

01 $\begin{array}{r} 2\ 3 \\ +\ 2\ 4 \\ \hline \end{array}$

06 $\begin{array}{r} 2\ 4 \\ +\ 7\ 4 \\ \hline \end{array}$

11 $\begin{array}{r} 2\ 3 \\ +\ 7\ 4 \\ \hline \end{array}$

02 $\begin{array}{r} 3\ 5 \\ +\ 4\ 1 \\ \hline \end{array}$

07 $\begin{array}{r} 2\ 1 \\ +\ 3\ 3 \\ \hline \end{array}$

12 $\begin{array}{r} 3\ 4 \\ +\ 3\ 2 \\ \hline \end{array}$

03 $\begin{array}{r} 4\ 2 \\ +\ 4\ 7 \\ \hline \end{array}$

08 $\begin{array}{r} 2\ 2 \\ +\ 4\ 4 \\ \hline \end{array}$

13 $\begin{array}{r} 3\ 5 \\ +\ 5\ 3 \\ \hline \end{array}$

04 $\begin{array}{r} 4\ 3 \\ +\ 5\ 6 \\ \hline \end{array}$

09 $\begin{array}{r} 2\ 3 \\ +\ 5\ 3 \\ \hline \end{array}$

14 $\begin{array}{r} 4\ 6 \\ +\ 2\ 1 \\ \hline \end{array}$

05 $\begin{array}{r} 3\ 4 \\ +\ 6\ 2 \\ \hline \end{array}$

10 $\begin{array}{r} 2\ 5 \\ +\ 6\ 1 \\ \hline \end{array}$

15 $\begin{array}{r} 4\ 2 \\ +\ 3\ 6 \\ \hline \end{array}$

[16~39] 계산을 하시오.

16 $26+32$

17 $24+45$

18 $21+57$

19 $36+32$

20 $33+44$

21 $38+51$

22 $35+64$

23 $46+52$

24 $57+22$

25 $53+34$

26 $65+24$

27 $77+21$

28 $43+26$

29 $58+41$

30 $67+32$

31 $44+44$

32 $53+16$

33 $63+23$

34 $64+34$

35 $25+74$

36 $55+34$

37 $53+46$

38 $38+41$

39 $54+45$

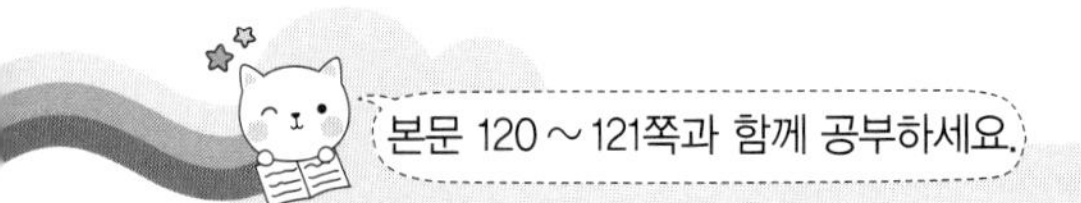

6. (몇십몇)−(몇)

"몇십"의 [몇]을 10개씩 묶음의 자리에 그대로 쓰고 [낱개]의 수끼리 빼어 낱개의 자리에 써 줍니다.

```
  4 5
−   2
─────
  4 3 ← 5−2=3
  └→ 4는 그대로
```

정답은 36쪽

[01 ~ 16] 계산을 하시오.

01 $\begin{array}{r} 24 \\ -\ \ 3 \\ \hline \end{array}$

02 $\begin{array}{r} 34 \\ -\ \ 2 \\ \hline \end{array}$

03 $\begin{array}{r} 46 \\ -\ \ 4 \\ \hline \end{array}$

04 $\begin{array}{r} 58 \\ -\ \ 7 \\ \hline \end{array}$

05 $\begin{array}{r} 66 \\ -\ \ 3 \\ \hline \end{array}$

06 $\begin{array}{r} 74 \\ -\ \ 2 \\ \hline \end{array}$

07 $\begin{array}{r} 77 \\ -\ \ 4 \\ \hline \end{array}$

08 $\begin{array}{r} 88 \\ -\ \ 6 \\ \hline \end{array}$

09 $\begin{array}{r} 89 \\ -\ \ 8 \\ \hline \end{array}$

10 $\begin{array}{r} 98 \\ -\ \ 4 \\ \hline \end{array}$

11 $39-2$

12 $48-5$

13 $57-3$

14 $68-4$

15 $79-6$

16 $88-8$

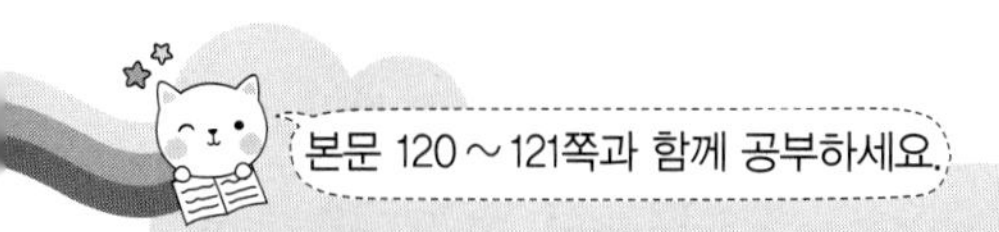

7. (몇십)−(몇십)

10개씩 묶음 의 수끼리 빼어 10개씩 묶음의 자리에 쓰고 0 은 낱개의 자리에 그대로 써 줍니다.

$$\begin{array}{r} 5\ 0 \\ -\ 2\ 0 \\ \hline 3\ 0 \end{array}$$

0은 그대로

5−2=3

정답은 36쪽

[01 ~ 16] 계산을 하시오.

01 $\begin{array}{r} 4\ 0 \\ -\ 2\ 0 \\ \hline \end{array}$

02 $\begin{array}{r} 5\ 0 \\ -\ 3\ 0 \\ \hline \end{array}$

03 $\begin{array}{r} 5\ 0 \\ -\ 4\ 0 \\ \hline \end{array}$

04 $\begin{array}{r} 7\ 0 \\ -\ 5\ 0 \\ \hline \end{array}$

05 $\begin{array}{r} 8\ 0 \\ -\ 6\ 0 \\ \hline \end{array}$

06 $\begin{array}{r} 9\ 0 \\ -\ 7\ 0 \\ \hline \end{array}$

07 $\begin{array}{r} 7\ 0 \\ -\ 4\ 0 \\ \hline \end{array}$

08 $\begin{array}{r} 8\ 0 \\ -\ 5\ 0 \\ \hline \end{array}$

09 $\begin{array}{r} 8\ 0 \\ -\ 7\ 0 \\ \hline \end{array}$

10 $\begin{array}{r} 9\ 0 \\ -\ 8\ 0 \\ \hline \end{array}$

11 $60-20$

12 $70-60$

13 $80-30$

14 $60-30$

15 $90-20$

16 $90-60$

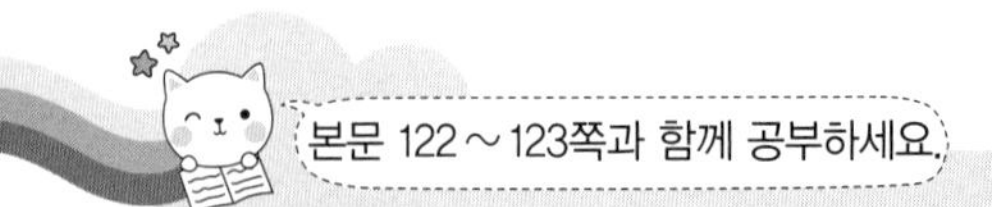

8. (몇십몇)－(몇십)

10개씩 묶음 의 수끼리 빼어 10개씩 묶음의 자리에 쓰고 낱개 의 수는 0이 아닌 수를 그대로 낱개의 자리에 써 줍니다.

$$\begin{array}{r} 4\ 1 \\ -\ 2\ 0 \\ \hline 2\ 1 \end{array}$$

1은 그대로

4－2＝2

정답은 36쪽

[01～16] 계산을 하시오.

01 $\begin{array}{r} 3\ 8 \\ -\ 2\ 0 \\ \hline \end{array}$

02 $\begin{array}{r} 4\ 4 \\ -\ 3\ 0 \\ \hline \end{array}$

03 $\begin{array}{r} 5\ 3 \\ -\ 4\ 0 \\ \hline \end{array}$

04 $\begin{array}{r} 7\ 1 \\ -\ 5\ 0 \\ \hline \end{array}$

05 $\begin{array}{r} 8\ 6 \\ -\ 6\ 0 \\ \hline \end{array}$

06 $\begin{array}{r} 6\ 7 \\ -\ 3\ 0 \\ \hline \end{array}$

07 $\begin{array}{r} 7\ 5 \\ -\ 4\ 0 \\ \hline \end{array}$

08 $\begin{array}{r} 8\ 3 \\ -\ 5\ 0 \\ \hline \end{array}$

09 $\begin{array}{r} 8\ 8 \\ -\ 6\ 0 \\ \hline \end{array}$

10 $\begin{array}{r} 9\ 4 \\ -\ 7\ 0 \\ \hline \end{array}$

11 54－30

12 62－40

13 79－50

14 82－30

15 97－60

16 99－70

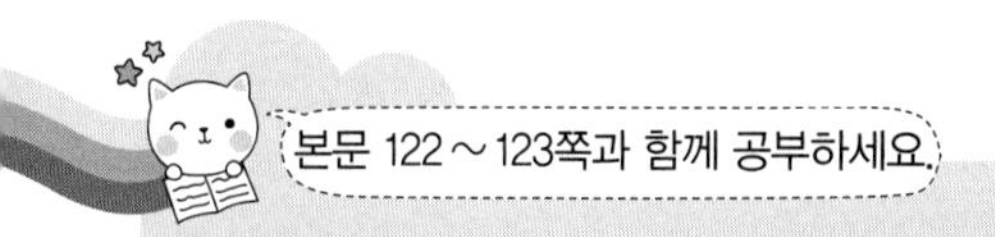

9. (몇십몇)−(몇십몇)

10개씩 묶음 의 수끼리 빼어 10개씩 묶음의 자리에 쓰고 낱개 의 수끼리 빼어 낱개의 자리에 써 줍니다.

$$\begin{array}{r} 4\ 3 \\ -\ 3\ 1 \\ \hline 1\ 2 \end{array}$$

3−1=2

4−3=1

정답은 36쪽

[01~15] 계산을 하시오.

01 $\begin{array}{r} 34 \\ -\ 21 \\ \hline \end{array}$

06 $\begin{array}{r} 69 \\ -\ 52 \\ \hline \end{array}$

11 $\begin{array}{r} 89 \\ -\ 52 \\ \hline \end{array}$

02 $\begin{array}{r} 45 \\ -\ 32 \\ \hline \end{array}$

07 $\begin{array}{r} 67 \\ -\ 31 \\ \hline \end{array}$

12 $\begin{array}{r} 88 \\ -\ 66 \\ \hline \end{array}$

03 $\begin{array}{r} 55 \\ -\ 24 \\ \hline \end{array}$

08 $\begin{array}{r} 77 \\ -\ 42 \\ \hline \end{array}$

13 $\begin{array}{r} 87 \\ -\ 77 \\ \hline \end{array}$

04 $\begin{array}{r} 56 \\ -\ 45 \\ \hline \end{array}$

09 $\begin{array}{r} 88 \\ -\ 42 \\ \hline \end{array}$

14 $\begin{array}{r} 98 \\ -\ 86 \\ \hline \end{array}$

05 $\begin{array}{r} 65 \\ -\ 53 \\ \hline \end{array}$

10 $\begin{array}{r} 79 \\ -\ 55 \\ \hline \end{array}$

15 $\begin{array}{r} 99 \\ -\ 78 \\ \hline \end{array}$

[16~39] 계산을 하시오.

16 39－28

17 49－37

18 57－45

19 58－36

20 67－43

21 68－47

22 69－56

23 76－45

24 78－24

25 77－64

26 78－63

27 83－61

28 84－53

29 85－64

30 86－46

31 88－75

32 89－66

33 87－77

34 91－21

35 92－31

36 93－42

37 94－52

38 95－63

39 96－81